U0291381

南方地区农村生活再生水灌溉理论与技术应用

浙江省水利河口研究院（浙江省海洋规划设计研究院）
肖梦华　郑世宗　肖万川　李圆圆　著

中国水利水电出版社
www.waterpub.com.cn
·北京·

内容提要

本书围绕农村生活污水再生利用的安全性和资源化利用问题开展了科学机理与技术模式研究。在微观机理方面，阐明了再生水灌溉条件下水肥吸收利用机制；探明了农村生活再生水中的盐分、传统污染物、微量污染物对土壤-地下水-作物的影响机理；阐明了作物生长特性对农村生活再生水灌溉的响应机理。在宏观调控机制方面，构建了基于节水、减氮、高效、安全的再生水灌溉评价体系，提出了农村生活再生水田间安全高效灌溉调控机制；围绕农村生活再生水回用关键环节，提出了可复制、可推广的农村生活再生水田间安全高效灌溉技术方案；开展了千人规模（村级）和万人规模（镇级）农村生活污水安全利用示范工程建设，评估了示范成效。

本书可供从事农业水土工程、水资源与水环境等领域的科技人员、专业管理人员等参考使用。

图书在版编目（CIP）数据

南方地区农村生活再生水灌溉理论与技术应用 / 肖梦华等著. -- 北京 : 中国水利水电出版社, 2022.12
ISBN 978-7-5226-1172-3

Ⅰ. ①南… Ⅱ. ①肖… Ⅲ. ①农村—再生水—灌溉—研究—南方地区 Ⅳ. ①S273.5

中国版本图书馆CIP数据核字(2022)第249417号

书　名	**南方地区农村生活再生水灌溉理论与技术应用** NANFANG DIQU NONGCUN SHENGHUO ZAISHENGSHUI GUANGAI LILUN YU JISHU YINGYONG
作　者	浙江省水利河口研究院（浙江省海洋规划设计研究院） 肖梦华　郑世宗　肖万川　李圆圆　著
出版发行	中国水利水电出版社 （北京市海淀区玉渊潭南路1号D座　100038） 网址：www.waterpub.com.cn E-mail：sales@mwr.gov.cn 电话：(010) 68545888（营销中心）
经　售	北京科水图书销售有限公司 电话：(010) 68545874、63202643 全国各地新华书店和相关出版物销售网点
排　版	中国水利水电出版社微机排版中心
印　刷	北京印匠彩色印刷有限公司
规　格	184mm×260mm　16开本　15印张　365千字
版　次	2022年12月第1版　2022年12月第1次印刷
印　数	0001—1000册
定　价	**88.00**元

前言

水资源短缺和水污染严重已成为制约我国经济社会可持续发展的主要瓶颈之一，即便是南方丰水地区，水质型缺水与水环境恶化问题依然突出。近年来，随着工业和城市生活用水的增加，农业灌溉用水缺口每年达到600亿m^3，并呈逐年增加趋势，农业节水和高效用水的需求更加迫切。污水处理安全回用作为替代性水源，可以有效缓解农业用水紧缺的局面。再生水灌溉作为再生水利用的主要途径，已经在许多国家得到广泛应用。

随着经济的快速发展和城乡一体化进程的不断加快，农村居民的生活水平日益提高，农村居民用水量和生活污水的排放量不断增加。2021年我国农村人口5.10亿人，按照人均日生活用水量83L、排放系数0.8估算，全年累计排放农村生活污水约123亿m^3。农村生活污水中污染物排放量在全国污染物排放量中占一半左右，然而农村生活污水资源化再生回用薄弱、农业面源污染问题突出。农村生活污水与城市污水（再生水）相比，具有水质差别小、水量分散、变化幅度大、粗放型排放等特征，其水质特点为N、P含量高，可生化性好，一般不含重金属等有毒物质，可作肥料资源利用，但小型污水处理站总纳管率低，就地处理率低，直排率高，出水水质达标率低；城市污水虽经多级处理，仍不可避免地残存有机物、重金属、致病微生物、营养盐及消毒副产物等有毒有害物质，存在污染土地、地下水与动植物等风险。可见，农村生活污水更容易保证灌溉回用的安全性，是有效解决南方水生态环境困境、缓解水资源供需矛盾的有效途径。因此，农村生活再生水灌溉是解决水资源矛盾、改善水环境的主要途径之一，特别是饮用水水源地保护区，更有现实意义。

2019—2022年，在国家重点研发计划项目“南方城乡生活节水和污水再生利用关键技术研发与集成示范”（项目编号：2019YFC0408800）子项目“农村生活再生水灌溉高效利用与安全调控技术”和“农村生活污水安全利用关键技术集成与示范”的支持下，在浙江大学、浙江省农业科学研究院、永康市水资源供水管理中心的协助下，课题围绕农村生活污水再生利用的安全性和资源化利用问题，开展科学机理与技术模式研究、设备系统研制和示范工程建设等工作，项目于2022年8月通过科技部课题绩效验收。

本书针对农村生活污水高效、安全利用的要求，重点围绕水稻、苗木与蔬菜，系统地开展了不同灌溉水源与灌溉方式的小区试验、测桶试验和理论研究。在微观机理方面，阐明了再生水灌溉条件下水肥吸收利用机制；探明了农村生活再生水中的盐分、传统污染物、微量污染物对土壤、地下水、作物的影响机理；阐明了作物生长特性对农村生活再生水灌溉的响应机理。在宏观调控机制方面，构建了基于节水、减氮、高效、安全的再生水灌溉评价体系，提出了农村生活再生水田间安全高效灌溉调控机制；围绕农村生活再生水回用关键环节，提出了可复制、可推广的农村生活再生水田间安全高效灌溉技术方案；开展了千人规模（村级）和万人规模（镇级）农村生活污水安全利用示范工程建设，评估了示范成效。

全书按绪论、水氮利用、环境效应、作物生长和技术模式与工程建设5篇共14章设计。

第1篇（第1章～第4章）聚焦研究背景、研究现状与进展、研究框架与成果、研究区域概况等。第2篇（第5章～第6章）聚焦农村生活再生水灌溉水氮利用机制，研究了作物需耗水规律对不同再生水水质及田间灌排调控措施的响应，探求了不同来源养分（肥料、土壤、再生水）的吸收利用机制，揭示了再生水中氮素的有效性。第3篇（第7章～第10章）聚焦农村生活再生水灌溉的环境效应，分析了农村生活再生水灌溉条件下盐分、养分、典型污染物（重金属、大肠杆菌）、新兴污染物（PPCPs）在土壤、地下水、作物中的运移、分布和累积规律，阐明了再生水灌溉对水环境、土壤理化性质、生物环境的影响，评估了农村生活再生水灌溉的潜在生态风险。第4篇（第11章）聚焦农村生活再生水灌溉对作物生长与品质的影响，研究了农村生活再生水灌溉对水稻生长指标（株高、叶面积、地面部分干物质量）、产量与品质（蛋白质、直链淀粉）的影响，以及对蔬菜产量与品质（硝酸盐、维生素）的影响。第5篇（第12章～第14章）聚焦农村生活再生水灌溉技术模式与工程建设，提出了农村生活再生水田间高效安全调控机制，通过监测技术、灌溉回用技术、工程建设等措施的集约集成应用，形成了集水源甄别、安全灌溉回用、科学蓄存与输送为一体的技术方案，在此基础上，开展了千人、万人规模的农村生活再生水安全利用示范工程建设，评估了示范成效。

本书按章节分工由不同作者撰写，全书由肖梦华、郑世宗统稿、审定。浙江省河口研究院技术人员肖万川全程参与了示范工程建设，华北水利水电大学李圆圆（研究院博士后）参与了所有的试验工作。浙江省河口研究院正高级工程师国家重点研发计划项目负责人王士武、研究院专业总工程师叶碎高，对研究方法和研究成果进行了细致的把关；课题参与单位相关成员浙江大学罗安成、逯慧杰，浙江省农业科学研究院王云龙、永康市水资源供水管理中心陈苏春，在项目开展的过程中给予充分协助；任务承担部门浙江省河口研究院农村水利研究所王磊、黄万勇、胡荣祥、廖春华、蔡佳坊、徐丹、程衡、熊玲等均参与了项目现场试验与数据分析工作；研究过程中还得到了河海大学俞双恩、佘冬立，中国水利水电科学研究院李久生、王珍，中国科学院南京土壤研究所夏永秋等诸多同仁的指导和帮助，在此一并表示衷心感谢。

由于作者水平有限、经验不足，书中仍有可能存在疏漏与错误之处，恳请各界同仁批评指正。

作者

2022年11月

目　　录

第 3 篇　环　境　效　应

第 4 篇　作　物　生　长

第5篇 技术模式与工程建设

第1篇　绪　　论

第1章　南方地区农村生活再生水灌溉利用现状及意义

农村生活污水是指农村家庭生活产生的含有一定量污染物的废水，主要由粪便、尿液及其冲洗水、厨房排水、洗澡水、洗衣水等构成。我国不同省份和地区对农村生活污水的定义不完全相同，不少省份的农村生活污水定义还包括少量散养养殖污水、农家乐等营业性污水等。农村生活污水根据来源可分为灰水和黑水。灰水由厨卫和洗衣用水构成，黑水由粪尿及其冲洗水构成。农村生活再生水，是指农村生活污水经适当处理，达到一定的水质，满足某种使用要求，可进行有益使用的水。

1.1　我国农村生活污水利用历史与现状

从农村生活污水的定义来看，可以说自从有了人类，就有了“生活污水”。在很长的一个历史阶段，农村生活污水都被当作重要的资源来加以利用。到近代，随着科学技术的发展，人们逐步认识到生活污水对人类生存的负面作用。生活污水从“资源”到“废物”的认识走过了一个漫长的历史，而达标排放的概念则是有了现代环境学的概念以后才提出来的。因此，“生活污水”的利用与处理从历史来看，大致可分为三个阶段，即资源利用阶段、处理后资源利用阶段、处理达标排放阶段。

农业文明在极大程度上依赖于农业科技的发展，其中“有机肥料”的施用是最重要的农业科技成果，即把人和动物的粪便、大豆油渣、植物油渣、鱼肥、绿肥、骨粉等用于培肥土壤，达到高产稳产。在农业生产中，给庄稼上粪是我们的祖先几千年生产实践积累的宝贵经验，而这些粪肥都是我们现在视为“废物”的农村生活污水。显然，古代农业活动中，来自于人畜粪便是极宝贵的资源，是保障农业产量的重要物质基础。

随着近代科学的传入，化学肥料逐步进入我国农业产业。但由于我国近代国力孱弱，化学肥料无法满足农业生产的需要，因此，化学肥料无法在近代替代人畜粪便的作用，施用人畜粪便等仍是农业养分的主要来源。近代科学的引入，明确了人畜粪便肥田的机制，了解到了人畜粪便大部分由蛋白等有机物构成，每人每天可产生大量的氮磷钾，其中以氮为主，养分速效，增产效果明显。尽管如此，近代科学的引入从根本上改变了人们对粪便、污水的认识。不仅认识到了人畜粪便的资源价值，更重要的是了解了人畜粪便含有大量病原菌、寄生虫卵等，是人类疾病传播的重要途径，必须进行处理、消毒后才能使用，尤其施用于生食农产品后，则更易传播疾病。因此，在我国近代，除了认识到人粪尿仍可以作为重要的肥料资源外，还逐步了解了其“污染”的一面。20世纪70—90年代乃至21世纪初，生活污水仍作为农业灌溉和作物养分的重要资源，但粪便中含有肠道病原菌、寄生虫卵、绦虫节片、病毒和其他致病微生物，应采用高温堆肥、三格化粪池厌气发酵等生化方法处理以减少环境污染、有效防止疾病传播。

“达标排放”是现代环境保护学的概念，要求污水处理后达到某一特定的标准值排入特定的纳污水体中。采用现代科学手段对农村生活污水中污染物的处理与利用取得了极大的成效，遏制了危害人民健康的传染病大规模传播。我国自20世纪50年代起，农村人居环境得到了极大的改善，消灭了血吸虫等恶性传染病的广泛传播。80年代，人民生活水平得到了根本的提高，农村开始建造现代洗浴洗涤设施和水冲厕。“厕所革命”带来的是污水产生量大大增加而有效利用则急剧减少。同时，农村散养畜禽数量明显减少，大量用于饲养牲畜的“泔水”不再加以利用，而是直接排入环境。随着社会的进步和经济的发展，农村生活污水处理不只是关注农村卫生问题，同时也把区域污染削减作为农村生活污水治理的重要内容，提出了达标排放的要求。

我国农村生活污水处理达标排放规模化工程实践始于2001年。自2008年以来，中央财政设立农村环境综合整治专项资金，支持开展农村生活污水治理在内的环境综合整治。2008—2018年全国农村环境综合整治工作累计投入1200多亿元，完成16万个建制村环境整治，累计建设污水管网近160万km，建成农村生活污水处理设施30多万套，处理能力近1000万t/d，农村生活污水污染物消减率、污水处理率均得到显著提升。

1.2　国内外再生水灌溉水质标准对比

污水中含有可能对人体健康和环境安全构成威胁的化学物质和微生物，许多国家都制定了涉及再生水灌溉的标准、政策和法律，用于指导用户安全高效地利用再生水进行灌溉，以尽量减少再生水灌溉对公众健康和环境的潜在风险。污水处理的目标一般为处理过的水满足排放或一定用途的水质要求，控制指标包括物理指标［总悬浮物（SS）］、化学指标［pH、生化需氧量（BOD）、化学需氧量（COD）］、养分指标［全氮（TN）、全磷（TP）］、微生物指标［粪大肠菌群数（FC）、总大肠菌群数（TC）、蛔虫卵数］等。与此同时，全盐含量、钠吸附比、阴离子表面活性剂（LAS）、重金属、有机污染物等可能影响植物生长或土壤特性的其他灌溉水质参数也常在再生水灌溉水质标准中予以考虑。

国内外再生水灌溉水质标准与农田灌溉水质标准对比见表1-1。首部相对完善的再生水灌溉水质标准由Westcol和Ayers（1985）提出。该标准对部分关乎农田环境及作物生长的再生水水质指标范围进行了界定，为后续不同组织或国家出台相应的再生水灌溉标准提供了很好的参考。在此之后，世界卫生组织（World Health Organization，WHO）综合考虑再生水处理过程、灌溉系统、灌溉作物类型等因素出台了相对具体的再生水灌溉标准，并首次将微生物指标纳入再生水灌溉标准。在灌溉作物方面，WHO标准考虑了树木、工业作物、饲料作物、食用作物的用水特点；在用水场所方面，WHO标准建议分为运动场、公共场所和普通农田等类别，明确规定了不同灌溉情况下的再生水微生物指标限制范围（如类大肠菌群最高浓度）及最低处理要求（一级处理、二级处理或三级处理）。随着污水处理技术的发展，各国根据本国的经济技术发展水平制定了不同的再生水灌溉水质标准。美国环境保护署（US EPA）制定了更加严格的再生水灌溉水质指南。EPA指南中指出，当再生水用于对可生食的作物灌溉时，再生水中不允许检出粪大肠菌群（WHO

标准中规定粪大肠菌群数不大于1000CFU/100mL）；而当再生水用于不可食用作物（如棉花）灌溉时，粪大肠菌群可检出浓度上限为200CFU/100mL。但是，对于多数发展中国家，再生水灌溉往往采用基于WHO建议的较低技术标准来控制其潜在的健康风险。我国于1985年首次发布了《农田灌溉水质标准》（GB 5084），该标准在我国第一次对可能影响作物生长和土壤特性的部分灌溉水质参数阈值进行了限定，并在1992年和2005年分别进行了修订。随着再生水灌溉的推广，直到2007年，我国才形成了第一部涉及再生水灌溉的国家标准，即《城市污水再生利用　农田灌溉用水水质》（GB 20922—2007）。随后，我国又颁布了《城市污水再生利用　绿地灌溉水质》（GB/T 25499—2010），用于规范再生水在绿地上的应用。与农业灌溉标准相比，景观灌溉过程中再生水的暴露风险较高，因此GB/T 25499—2010对再生水中生化需氧量（BOD）和粪大肠菌群数（FC）提出了更严格的限制（生化需氧量不大于20mg/L；粪大肠菌群数不大于20CFU/100mL）。2021年，我国再一次修订了《农田灌溉水质标准》（GB 5084—2021），对悬浮物（SS）、生化需氧量（BOD）、化学需氧量（COD）和粪大肠菌群数（FC）做出了更严格的限制（用于生食类蔬菜、瓜类和草本水果时，悬浮物和生化需氧量不大于15mg/L，化学需氧量不大于60mg/L，粪大肠菌群数不大于1000CFU/100mL）。欧盟于2020年发布了关于再生水重新使用的最低要求的法规（EU 2020），它首次将再生水重新使用的最低要求纳入了欧盟法规，该法规指出当再生水适用于牧草和饲料灌溉时，再生水中蛔虫卵数可检出上限为不大于1个/L（GB 20922—2007标准中规定蛔虫卵数不大于2个/L）。EU 2020与我国《农田灌溉水质标准》（GB 5084—2021）对比，在指标数目上少于我国标准，但是标准相对严格，我国农田灌溉水质基本控制项目中，生化需氧量（BOD）和悬浮物（SS）的最高标准限值均为15mg/L，而EU 2020中这两项指标的最高标准限值则都是10mg/L。

表1-1　　国内外再生水灌溉水质标准与农田灌溉水质标准对比

项　目	单位	Westcol 和 Ayers (1985)	WHO (1989)	US EPA (2004)	EU (2020)	GB 20922—2007	GB/T 25499—2010	GB 5084—2021
常　规　指　标								
电导率（EC）	dS/m	0.7～3						
钠吸附比（SAR）		3～9					≤9	
溶解性固体（TDS）	mg/L	450～2000		500～2000		≤1000；≤2000[d]	≤1000	≤1000；≤2000[d]
悬浮物（SS）	mg/L	50～100		≤30		≤60；≤80；≤90；≤100[e]		≤15；≤60；≤80；≤100[i]
pH		6.5～8		6～9	≤10	5.5～8.5	6～9	5.5～8.5
生化需氧量（BOD）	mg/L			≤10；≤30[a]	≤10	≤40；≤60；≤80；≤100[e]	≤20	≤15；≤40；≤60；≤100[i]
化学需氧量（COD）	mg/L					≤100；≤150；≤180；≤200[e]		≤60；≤100；≤150；≤200[i]

续表

项　目	单位	Westcol 和 Ayers (1985)	WHO (1989)	US EPA (2004)	EU (2020)	GB 20922—2007	GB/T 25499—2010	GB 5084—2021
养　分　指　标								
全氮（TN）	mg/L	5～30		≤10				
全磷（TP）	mg/L			≤5				
微　生　物　指　标								
粪大肠菌群数 (FC)	CFU/100mL		≤1000	≤0；≤200[a]	≤10	≤2000；≤4000[f]	≤20；≤100[h]	≤1000；≤2000；≤4000；≤4000[i]
总大肠菌群数 (TC)	CFU/100mL			0～1000[b]				
蛔虫卵数	个/L		≤1		≤1	≤2	≤1；≤2[h]	≤1；≤2；≤2；≤2[i]
重金属及其他有害物质								
Cl	mg/L	140～350				≤350	≤250	≤350
S	mg/L	0.5～2				≤1		≤1
余氯	mg/L	1～5		≤1		≤1；≤1.5[g]	0.2～0.5	
石油类	mg/L					≤1；≤10		≤1；≤5；≤10[j]
阴离子表面活性剂（LAS）	mg/L					≤5；≤8[g]	≤1	≤5；≤5；≤8[j]
Hg	mg/L					≤0.001	≤0.001	≤0.001
Cd	mg/L			≤0.01；≤0.05[c]		≤0.01	≤0.01	≤0.01
As	mg/L			≤0.1；≤2[c]		≤0.05；≤0.1[g]	≤0.05	≤0.05；≤0.05；≤0.1[j]
Cr	mg/L			≤0.1；≤1[c]		≤0.1	≤0.1	≤0.1
Pb	mg/L			≤5；≤10[c]		≤0.2	≤0.2	≤0.2
Zn	mg/L			≤2；≤10[c]		≤2	≤1	≤2
Cu	mg/L			≤0.2；≤5[c]		≤1	≤0.5	≤1；≤0.5；≤1[j]

a　参数值分别对应于可食用作物（包括可生食作物）和不可食用作物。

b　参数值依据美国不同地域再生水处理水平和作物类型（粗加工食物或可食用作物）确定。

c　参数值分别对应于长期灌溉和短期灌溉作物。

d　参数值分别对应于盐碱土和非盐碱土。

e　参数值分别对应于蔬菜、水田谷物、旱地谷物、纤维作物。

f　参数值分别对应于蔬菜作物和其他作物。

g　前一个参数值对应于水田蔬菜和水田谷物，后一个参数值对应于旱地谷物和纤维作物。

h　参数值分别对应非限制性绿地和限制性绿地。

i　参数值分别对应于生食类蔬菜、瓜类和草本水果，加工、烹调及去皮蔬菜，水田作物，旱地作物。

j　参数值分别对应于蔬菜、水田作物、旱地作物。

综上，整体来看我国和欧盟再生水农田灌溉水质标准较为严格，但针对农村生活再生水灌溉水质标准不明确，国内大多参考《农田灌溉水质标准》(GB 5084—2021)。

1.3 南方丰水地区生活用水与污水再生利用现状

1.3.1 生活用水现状

随着我国新型工业化、信息化和农业现代化的深入发展和人口的持续增长，经济要素和人口高度集聚，随之而来的是生活用水的增加、浪费和污染。根据《中国水资源公报》，2020 年全国用水总量 5812.9 亿 m^3，其中生活用水 863.1 亿 m^3，占用水总量的 14.9%。有效控制生活用水，提高节水效率，有利于城乡可持续发展。“十二五”以来，国家积极践行“节水优先、空间均衡、系统治理、两手发力”(简称“十六字”治水思路)，严格落实最严格水资源管理制度，在保证人们生活质量持续增长的情况下，保持了生活用水总量和用水效率的基本稳定。“十三五”期间我国居民生活用水量情况见图 1-1～图 1-4。

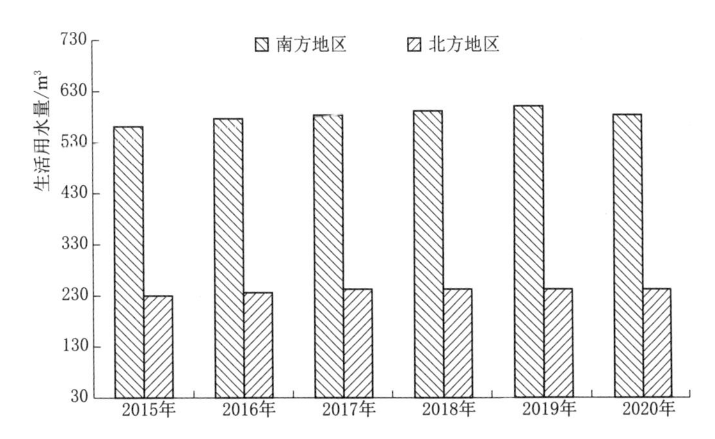

图 1-1 “十三五”期间南北方地区生活用水量趋势(南北方的分界线为长江)

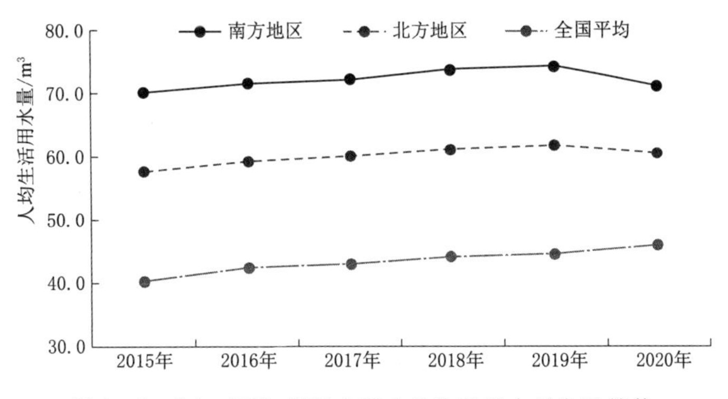

图 1-2 “十三五”期间全国人均生活用水量发展趋势

1.3.2 污水再生利用现状

我国在 20 世纪 40 年代开始将市政污水用于农田灌溉，这在当时仅是一种处理污水的

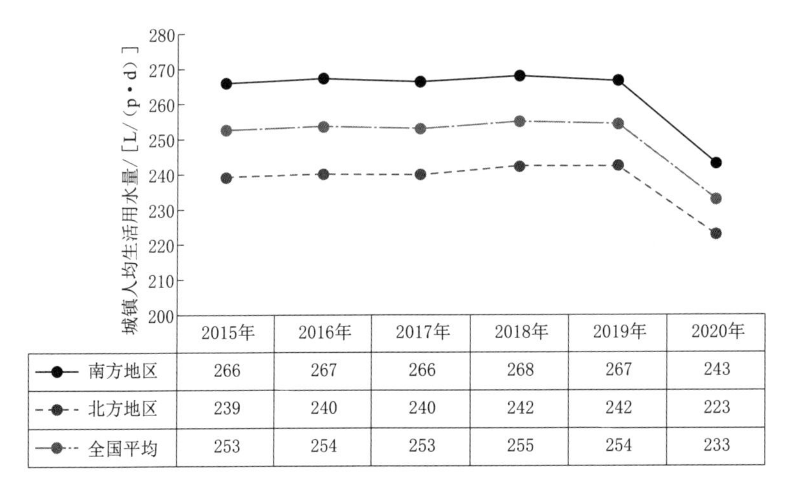

	2015年	2016年	2017年	2018年	2019年	2020年
南方地区	266	267	266	268	267	243
北方地区	239	240	240	242	242	223
全国平均	253	254	253	255	254	233

图1-3　“十三五”期间全国城镇人均生活用水量发展趋势

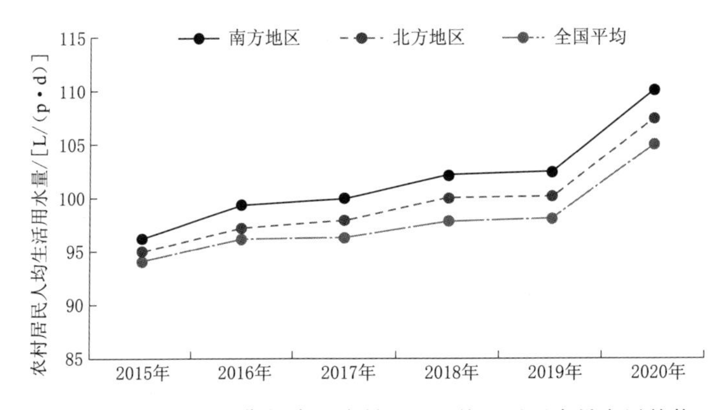

图1-4　“十三五”期间全国农村居民人均生活用水量发展趋势

手段。从20世纪80年代开始，随着城市、污水收集和处理系统的发展，再生污水循环利用得到逐步推广，《国民经济和社会发展第十个五年计划纲要》标志着我国再生水利用全面启动，各地涌现出一批大中型污水回用项目，再生水系列标准规范得到完善，推动了我国再生水利用发展。

2015—2020年我国再生水利用基本情况见表1-2。2020年不同地区污水再生利用率见图1-5。根据《中国城乡建设统计年鉴》，2020年全国城市和城镇污水再生利用量达到147.7亿 m^3，为2015年的3.05倍，污水再生利用量年均增加约19亿 m^3；污水再生利用率从2015年的11.3%提高到2020年的26.5%。污水再生利用已成为很多地区“开源”的一项重要举措。不同区域再生水利用差异较大，排名靠前的有北京（65.0%）、山东（43.1%）、河北（40.4%）、内蒙古（37.6%）、新疆（34.1%）、广东（33.1%）、天津（32.6%）、安徽（31.8%）、河南（30.3%），上海尚未开展污水再生利用，西藏仅为0.01%、江西为0.26%、重庆为1.15%。污水再生利用已成为很多区域特别是水资源短缺地区的“重要水源”之一。

表 1-2 2015—2020 年我国再生水利用基本情况

年份		2015	2016	2017	2018	2019	2020
污水再生利用量/亿 m^3	全国	48.36	50.446	78.156	94.02	126.17	147.70
	南方	17.47	15.26	35.11	41.92	65.10	76.76
	北方	30.89	35.18	43.04	52.09	61.07	70.94
污水再生利用率/%	全国	9.52	9.52	14.18	15.98	19.94	22.52
	南方	6.11	4.85	11.65	12.32	18.39	18.85
	北方	13.91	16.34	17.23	21.01	21.91	28.53

注 表中统计数据不包括台湾省、香港和澳门特别行政区数据。

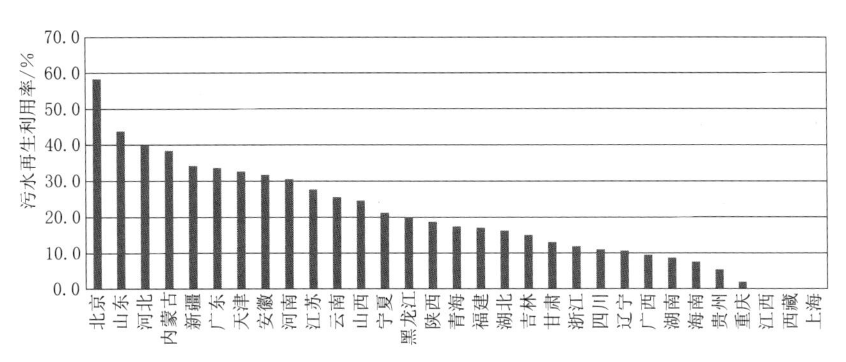

图 1-5 2020 年不同地区污水再生利用率
(图中不包括台湾省、香港和澳门特别行政区数据。)

浙江省 2015 年污水再生利用率仅为 3.05%，2020 年为 11.81%，但仍远低于全国平均水平。《中华人民共和国国民经济和社会发展第十四个五年规划和 2035 年远景目标纲要》提出，2025 年我国地级及以下缺水城市污水资源化利用要超过 25%；北京、天津、山东、内蒙古和宁夏等提出了“十四五”期间再生水利用的发展目标，江苏、湖南、湖北、山西、甘肃等也提出了鼓励或加快再生水利用的举措。《浙江省循环经济发展“十四五”规划》提出再生水利用目标，2025 年达到 20%、缺水城市达到 25%。

1.3.3 生活用水水平

从全国不同分区生活用水量对比情况（见表 1-3、表 1-4）可以看出，生活用水水平有着较大的差距，其中，南方丰水地区（以长江区、太湖流域、东南诸河区、珠江区为代表）的城镇居民人均生活用水量、农村居民人均生活用水量普遍高于全国平均水平，其中城镇居民人均生活用水量最大的珠江区（259L/d）比全国平均水平（207L/d）高出 25.1%，是用水量最小的海河区（138L/d）的两倍左右；农村居民人均生活用水量最大的西北诸河区（125L/d）比全国平均水平（100L/d）高出 25%，是最小用水量的黄河区（80L/d）的 1.5 倍。可以看出，由于水资源禀赋条件、经济社会发展水平的差异性，南方丰水地区的生活用水量普遍高于北方缺水地区 50%以上、高于全国平均水平 20%以上。

表1-3　不同分区生活用水量变化情况

分　区	水资源一级区	生活用水量/亿 m^3		增长率/%
		2010年	2020年	
全　国		765.8	863.1	12.7
北方	松花江区	34.4	27.8	-19.2
	辽河区	33.3	30.5	-8.4
	海河区	59.0	65.8	11.5
	黄河区	44.0	53.3	21.1
	淮河区	85.9	94.4	9.9
	西北诸河区	18.0	21.5	19.4
南方	长江区	268.5	330.2	23.0
	其中：太湖流域	48.5	59.5	22.7
	东南诸河区	53.1	67.1	26.4
	珠江区	157.4	160.3	1.8
	西南诸河区	12.3	12.1	-1.6

表1-4　不同分区生活用水量指标对比情况表

分　区	水资源一级区	2020年人均生活用水量/(L/d)		
		城镇生活	城镇居民生活	农村居民
全　国		207	134	100
北方	松花江区	169	122	104
	辽河区	183	122	112
	海河区	138	91	84
	黄河区	156	106	80
	淮河区	157	110	82
	西北诸河区	211	148	125
南方	长江区	249	157	108
	其中：太湖流域	279	161	107
	东南诸河区	242	139	120
	珠江区	259	167	122
	西南诸河区	240	132	85

通过南方丰水地区城乡生活用水量增长、用水水平等与全国平均水平、北方地区的现状对比来看，南方丰水地区城乡生活用水量、用水水平大多高于全国及北方地区。南方丰水地区作为长江三角洲、珠江三角洲的所在地，随着城镇化进程的持续推进，人口向城市的集聚，必将带来生活用水需求的持续增长。而随着“节水优先”理念以及经济社会高质量发展的提出，生活用水量增长趋势将难以持续，通过节水措施的实施控制生活用水量快速增长的态势成为必然的选择。

1.3.4 水资源面临的形势与挑战

南方地区水资源总量相对丰沛，产水量约 90 万 m^3/km^2，约为全国平均的 4 倍、北方地区的 5.5 倍，人均水资源占有量约 2800m^3，约为全国平均的 1.5 倍、北方地区的 4 倍。随着地区经济社会的快速发展，局部地区水资源紧缺问题日趋严重，水生态水环境不容乐观。

（1）水资源供需矛盾凸显。南方地区水资源时空分布不均，降水均较为集中，主要在夏秋季节。夏秋季节降水占全年的 60%～70%，且各省份、各市县间差距较大，局部地区已突破缺水警戒线，季节性缺水时有发生。随着城镇化进程的加快和工业发展转型升级，用水结构逐步发生转变，农业用水和工业用水比例持续下降，生活用水总体呈上升趋势，部分工业和农业挤占了水库等优质水资源，造成优质水供应的短缺。

（2）节水仍有较大潜力。受南方地区属丰水地区的观念影响，南方地区人们用水方式较为粗放，同时，由于用水设备的跑冒滴漏、输水管道漏损、日常生活习惯等造成的浪费水量仍旧较大。

（3）水生态环境不容乐观。由于城市人口和经济要素的快速集聚，污水产生量大，排放集中，超出了自然水体的承载能力，造成城市周边水污染严重。尽管近几年随着最严格水资源管理制度和水污染防治行动计划的实施，水环境改善明显，但很多城市内河水质仍为Ⅳ类、Ⅴ类甚至劣Ⅴ类，造成局部水质型缺水问题。根据生态环境部《2020 年全国生态环境质量简况》，1940 个国家地表水考核断面中，水质优良（Ⅰ～Ⅲ类）断面比例为 83.4%，劣Ⅴ类为 0.6%。

（4）再生水利用薄弱。南方水资源相对丰富，人们更愿意接受常规水资源，与北方相比，再生水利用率不高。原因有两方面：一方面是南方各级城乡自来水价格低廉，导致城市再生水系统的运营得不到预期的回报，其经济社会效益难以得到有效发挥；另一方面，再生水回用技术、工程建设、政策体系不完善，导致再生水利用推行较为困难。解决城乡缺水问题的关键在开源节流。从资源利用的角度来看，越是缺水的地区，想要开辟新水源的难度就越大，而城乡污水资源量巨大，大部分为日常洗涤污水，污染性不强，可利用性高。

1.4 南方地区农业灌溉特点及对污水灌溉回用的影响

1.4.1 南方地区农业灌溉特点

相比其他区域，南方地区由于地形地貌、种植结构、资源环境、经济发展等方面的差异，农业灌溉呈现出以下特点。

（1）从灌区特点看，以多水源灌溉为主，渠系结构复杂。南方丰水区大部分的大中型自流灌区都存在多个水源，比较典型的如浙江省衢州市铜山源水库灌区，为“长藤结瓜”型自流灌区，除主水源铜山源水库外，还有中小水库、山塘数百处；部分平原河网灌区也存在多水源情况，如浙江省台州市长潭水库灌区，其灌区范围位于平原河网区，但水源既有水库，也有河网。由于有多种水源，经过多年的建设与改造，灌区内输配水工程较为复杂，部分灌溉面积由单一水源供水，部分灌溉面积则是多水源联合供水。

(2) 从灌溉对象看，种植结构多样化。南方灌区耕地主要分为水田和旱地。水田以种植水稻为主，原有灌溉系统主要针对水稻灌溉需求进行工程布局，旱地主要种植小麦、玉米、花生、蔬菜和水果等。随着南方经济快速发展和农村劳动力日益短缺，土地流转后形成集约化经营成为一种趋势，流转后的土地以种植效益较高的经济作物为主，作物灌溉时空需求发生了极大变化，部分地区既有灌溉系统布局已无法满足新形势下的作物灌溉需水时空要求。随着南方地区农村城镇化进程加快，农业种植结构发生较大的变化，粮食作物种植面积大幅减少，其他各种经济作物的种植比例增加较快，同时出现新型种养殖结构，包括稻虾养殖、高品质鱼类养殖等。

(3) 从灌溉用水看，农业灌溉水量下降，用水效率偏低，面源污染严重。以浙江省为例，水稻播种面积占比由 1998 年的 48.8%降低到 2021 年的 43.0%，果蔬苗木种植面积占比由 1998 年的 11.9%增加到 2021 年的 32.7%，相比 2020 年，2021 年农业灌溉用水量降低了 0.82%。从发达国家农业发展的热点看，未来南方地区农业产业结构将会进一步调整，也势必造成灌溉面积的萎缩以及部分农业水源向城市供水的转移。浙江省杭嘉湖平原区域农业灌溉用水水平较高，高效节水灌溉技术普及较好，尤其在嘉兴平湖市，管道灌溉占比达到 85%以上，其他地区高效节水灌溉面积比例偏低。2021 年全省农业灌溉用水量为 63.63 亿 m^3，占用水总量的 38.23%，灌溉水利用系数为 0.606，在国内处于较高水平，但远低于发达国家。南方地区大部分农户习惯于凭传统经验施肥，单纯追求高产，导致农业施肥量呈现增加趋势，同时，不考虑各种肥料特性而盲目采用“以水冲肥”“一炮轰”等简单的施肥方法，导致化肥利用率偏低，并出现了作物肥害、土壤污染等现象。近年来，南方部分地区化肥施用过量，加之不合理的田间灌排措施，给农业生态环境带来了一定的影响，特别是农业面源污染问题已经受到广泛重视，在当前农业高质量发展背景下，减少化肥施用和防止农业面源污染尤为重要。

(4) 从灌溉手段看，仍以常规灌溉为主，自动化智能化灌溉手段发展缓慢。农业数字化转型背景下，将先进的传感器技术、3S 技术、计算机控制技术应用于农业灌溉，实施农田作物的“精准灌溉”是当前的热点问题。我国北方地区将智能灌溉广泛应用在草坪、果园和设施农业方面，而在南方丰水地区应用较少。以浙江省为例，在经济较好的杭嘉湖平原区域，已经开展了经济作物、水稻等智能化精准灌溉系统及设备的研发与应用，但没有进入规模化推广应用阶段。农业灌溉智能化设备与系统的研究与应用对挖掘南方地区农业灌溉节水潜力，实现水资源持续、高效利用，尤其对实现远程智能灌溉控制替代人工操作，解放农村劳动力具有重要的意义。

1.4.2　农业灌溉特点对污水灌溉回用的影响

(1) 农业灌溉用水量的影响。南方地区优质水资源紧缺，水质型缺水问题突出，随着工业和城市用水大量消耗，农业灌溉用水缺口每年达到 600 亿 m^3，并呈逐年加大趋势。水是农业的命脉，保障农业灌溉用水对保障粮食生产安全至关重要。在国家实行最严格的水资源管理的背景下，在极端气候愈加频繁的现实条件下，一方面要通过推广农业节水灌溉技术与高效节水灌溉工程措施，降低农业用水总量；另一方面要通过非常规水再生资源化利用，开辟新的灌溉水源，降低新鲜水取用量。农村生活再生水可生化性

较好，不含重金属等毒性物质，达到农田灌溉水质标准的前提下，可作为替代水源进行灌溉回用，在实现农村生活污水农业资源化利用的同时，降低了农业灌溉新鲜水取用，实现农业“节水”。

（2）农业化肥施用的影响。南方地区农业生产消耗了大量化肥用以保障作物高产，与实现化肥减量增效的需求存在矛盾。要实现化肥用量“零增长”，一方面需要调整当前肥料的结构；另一方面需要改进施肥技术，肥料施用和农机农艺技术相配合，合理进行施肥。同时，需要基于植物营养理论，平衡好肥料、土壤、作物之间的关系。农村生活污水经过处理后仍然含有较高的氮磷等营养元素，是农作物生长所必须的养分，若农村生活污水经安全处理，出水水质达到农田灌溉标准，安全回用于农业灌溉，污水中传统污染物（氮磷元素）将转变为作物生长的肥料资源，实现农业“节肥”，又可以减排污染物，实现农业“减排”。但需要关注农村生活污水灌溉回用可能导致的土壤氮素出现盈余问题，着重明晰农村生活再生水氮素高效性与有效性灌溉调控机制。

（3）农业灌溉工程布局的影响。农村生活污水排放比较分散，一般雨污混流排放，没有统一的污水排放口，雨水和污水均沿村庄道路边沟或路面排至受纳水体，有的生活污水直接泼洒在地表或者通过简单处理的地渗排放，容易造成水土环境污染。南方地区山丘区域较多，山塘、池塘星罗棋布，以浙江省为例，各县（市、区）山塘、池塘众多，为农村生活污水再生调蓄存储提供了可能。在非灌溉期，将农村生活污水存储于坑塘内，可以进一步净化污水水质；在灌溉期，通过输水工程将处理的农村生活污水回用于农田灌溉，可以有效缓解农业灌溉用水间歇性和农村生活污水产生连续性之间的矛盾。

1.4.3　农村生活污水灌溉回用的意义

（1）节水减氮降碳的必要途径。污水中含有的较高浓度的氮磷是作物的养分资源，可以被作物吸收利用。以浙江省为例，全省农村生活污水每年向水环境排放COD约10.5万t，氨氮约2万t，总磷约0.3万t。大量的养分资源直接排放到水体，除对农村水环境产生影响外，这部分氮磷在处理过程中还需要消耗大量的资金用于能源、药剂、运行维护上，也增加了大量的碳排放。浙江省是全国高产农区和主要农产品基地之一，多年平均水资源总量955亿m^3，水资源时空分布不均，工程性、资源性、水质性缺水并存。2021年全省用水总量166.42亿m^3，农田灌溉用水量63.63亿m^3，灌溉水利用系数仅为0.606，远低于发达国家的0.70～0.75。另外，水资源时空分布不均、水资源短缺、水生态损坏和水环境污染问题导致的“水脏、水少”一直是南方地区面临的两大根本性水问题。而农村生活污水处理与再生利用既是防治流域水污染的重要举措之一，也是综合节水的重要内容。

（2）缓解农村生活污水处理设施建设与运维资金压力。农业灌溉水质没有氮磷浓度指标要求，COD的指标值也高于一般排放水平。因此，在污水处理工程设计时，无须考虑氮磷的去除，相应的设施设备则可以省去，有效降低污水处理设施的建设费用。在配备农业灌溉系统的地区，可以充分利用原有灌溉体系，节省基建投资。由于氮磷的去除被省去，大量用于这个过程的能耗会被降低，设备维护费、人员巡检费等都可以下降，显著缩减运行维护费用，污水农业资源化利用后，可以明显降低地方政府的财政负担。

（3）有效改善农村水生态环境。将污水中氮、磷、钾、锌、镁等多种植物营养元素进行农业利用，可以更加有效地削减环境污染。当前农村生活污水处理的技术路线仍是从“供水、用水、处理达标排放”的单向思路出发，缺乏生态循环意识，这一思路显然具有其局限性。农村生活污水处理就其能耗效率来说，远低于城市污水处理，同时排放水体的氮磷仍未能得到最大的去除。从长期来看，水环境的改善仍是一个难题。农村生活污水的农业资源化利用，可实现区域内的水平衡和水循环，从而达到肥水资源的最大化再利用，减少污水外排，降低化学肥料投入量，进而降低面源污染，改善农村水环境。

第2章　国内外再生水灌溉利用研究进展

2.1　再生水灌溉对作物水氮利用的影响

2.1.1　需耗水及水分利用

研究农田需耗水规律及水分利用可为农田灌溉提供相应的科学依据。王璐璐等（2020）的研究发现，再生水灌溉下作物SPAD值（即叶绿素的相对含量）与光合作用指标最大、产量最高、品质适宜的处理为灌溉定额3780m^3/hm^2，相应的灌水定额为180m^3/hm^2，灌水次数为21次。徐桂红等（2019）针对再生水滴灌的蔬菜增产提质增效问题进行研究，确定再生水灌溉定额为3235m^3/hm^2，相应的灌水定额为135m^3/hm^2，灌水次数22次，是当地较适宜的滴灌灌溉制度。相同灌溉定额下再生水处理群体水分利用效率平均值比自来水灌溉下增加了8.86%。黄冠华等（2004）的研究发现，冬小麦再生水灌溉的耗水规律与清水灌溉下耗水规律十分接近，且累积耗水量随灌溉水量的增大而增加。水分利用效率与灌溉水质和施肥无关，仅与灌水量有关，且随灌溉水量的增加而减少。刘增进等（2013）的研究发现，不同再生水灌溉制度下，冬小麦全生育期耗水量和日耗水量变化不大，冬小麦水分生产率变化较大。王勇等（2012）的研究发现，草地再生水灌水量与生育期的总耗水量、耗水强度、灌溉水的消耗比例呈明显正相关，与灌溉水利用效率呈负相关，与水分利用效率呈二次抛物线关系。杨建国等（2003）的研究发现，污水灌溉条件下草坪草耗水量与清水灌溉条件下耗水量差异不显著，且污水灌溉条件下草坪草耗水规律和清水灌溉条件下草坪草耗水规律呈相似的变化趋势。李晓娜等（2009）通过研究再生水灌溉条件下牧草整个生长期耗水量发现，再生水对所选牧草耗水量影响较小，再生水灌溉下耗水量略高于井水灌溉，但差异并不显著；再生水对牧草水分利用效率及灌溉水分利用效率无显著影响。

侯利伟等（2007）的研究发现，再生水灌溉对玉米苗期水分利用效率有一定影响，拔节期后二级再生水灌溉下水分利用效率提高；而大豆各个生育期再生水灌溉对水分利用效率影响不大。胡超等（2011）的研究发现，再生水地下滴灌条件下水分利用效率比清水灌溉下提高21.01%。Cakmakci等（2021）研究发现再生水地下滴灌比地表滴灌和沟灌下水分利用效率分别提高28.2%和99.4%。朱伟等（2015）研究发现再生水灌溉下不同土壤类型对小白菜水分利用效率影响不同，红壤和埁土条件下水分利用效率显著增加，分别增加6.3%和9.6%，而潮土和黑土则没有达到显著水平。因此不同作物条件、不同土壤类型、不同灌溉方式等条件下水分利用效率有所不同，而关于不同水位条件下再生水灌溉作物的需耗水规律和水分利用效率方面的研究较少。

2.1.2　氮素利用

土壤中的 N 绝大部分为有机态存在，但有机 N 不能被植物直接吸收利用，必须通过矿化作用转化为无机 N。研究表明，氨挥发是稻田中氮素损失的重要途径，太湖流域稻田氨挥发损失可占施氮量的 9%～42%，其中基肥和分蘖肥期氨挥发强度较高（Cao et al.，2013；俞映倞等，2013）。李莹等（2017）的研究发现，再生水 TN 浓度为 15mg/L 时，由地表排水和渗漏带走的再生水 TN 量平均不超过 1kg/hm^2，再生水中 TN 利用效率可达 95%以上，实际被水稻利用的 TN 超过 20kg/hm^2，可减少清洁水用量 65%以上，减少氮肥施用比例超过 15%。马资厚等（2016）研究发现水稻生育期内生活污水尾水回用显著提高了氮肥利用率，降低了生育前期的径流损失风险。生活污水处理尾水灌溉回用的氮量为 107.1kg/hm^2，可以替代 44.41%的化肥用量。周媛等（2016a）的研究发现，再生水灌溉下土壤氮素矿化速率显著高于清水灌溉，适量减氮施肥与再生水灌溉相结合能够提高土壤供氮能力和自净能力，减少再生水的排放和氮肥用量；且与常规灌溉水源相比，再生水灌溉促进根际土壤氮的矿化、提高氮素的生物有效性，可节肥 9.30%～13.96%（周媛等，2016b）。黄冠华等（2004）的研究发现，冬小麦再生水灌溉下氮素利用效率受灌水量、灌溉水质、施肥量的影响较小。而查贵锋等（2003）的研究发现，夏玉米对氮的利用效率与灌水量和施肥无关，仅与灌溉水质有关，且污水灌溉下氮素利用效率高于清水灌溉。

程先军等（2012）通过再生水灌溉黑麦草发现，灌溉水中的氮素约有 34%可被作物吸收利用，62%可通过反硝化作用去除或调节土壤氮库中的氮量，随水分下渗到根系层以下并随排水排出系统的氮量仅占灌溉水中氮量的 3%～4%，且再生水中碳含量较高时有利于氮素的转化和作物吸收利用。宋佳宇等（2012）研究再生水补给条件下芦苇各组分 N、P 吸收能力表明，再生水的补给能有效提高芦苇的初级生产力，且地上部分对 N、P 的累积能力高于地下部分，分别为地下部分的 4.1 倍和 5.2 倍。因此，不同作物不同植株器官对肥料中的 N 素和再生水中 N 素的吸收利用差异较大，研究再生水中氮素在土壤和植株内的运移和分配对提高作物产量具有重要意义。

2.2　再生水灌溉对水环境的影响

2.2.1　地表水

国内外关于再生水的利用主要是农业灌溉，以色列的再生水回用量约为水资源总需求量的 25%，美国约有 42%的再生水用于农业灌溉，澳大利亚自 1987 年开始在农场利用再生水进行灌溉，中国则起步较晚。北京市在 2003—2013 年，其再生水供应量增加了 5.95 亿 t（McPherson，1979；Valentina，2005；裴亮等，2012；Lyu et al.，2016）。《2010 中国环境状况公报》显示，污水排放的 COD 和 NH_4^+－N 负荷中，生活污水排放分别占 67.5%和 76.2%。污水处理及再生回用过程中养分、污染物及其他化学物质不仅在土壤环境中发生迁移转化，同时对水环境产生一定的影响。徐洪斌等（2007）调查发现太湖流域农村生活污水污染物浓度略高于城镇生活污水。生活污水处理厂尾水及地表水中的 N 污染类别主要为亚硝态氮、硝态氮，P 污染的主要类别为有机 P，其浓度平均占 TP 浓度的

50%以上。污水中的N、P等营养元素通过直接外排流入地表水，或者河流流经污灌后的土壤带走残留在其中的N、P养分，导致地表水富营养化，进而使其不适应环境和生态的要求，造成地表水环境风险（李洪良等，2011）。姜瑞雪等（2020）的研究发现，再生水补给河道的地表水TN在所有监测点均出现超标，河道沿程N、P含量降低，pH升高，夏季更为显著，主要与藻类光合作用和反硝化作用等因素有关。李智等（2021）研究发现再生水补给水体中TP浓度增加，引起浮游藻类增加，最终导致水体总COD浓度上升。韩焕豪等（2021）的研究发现，再生水灌溉下N、P径流损失负荷量分别为2.65kg/hm^{2}和0.62kg/hm^2，比清水灌溉增加了26%和28.6%。稻田对所灌的再生水中N、P的消纳能力分别为92%和81%；灌再生水后4～5d，COD的去除率可达78.2%。

因此稻田不仅能净化周围河道水体，还能通过对生活污水中N、P的消纳起到减少化肥施用的作用。但稻田对N、P的消纳利用能力有多大，是否会增加稻田的径流、氨挥发等N损失风险等问题，还缺乏系统的研究，因此利用再生水补给河道用水进行灌溉要注意其带来的环境风险。

2.2.2 地下水

虽然再生水经处理后基本可达灌溉水质标准，但其中污染物并未完全去除，仍可释放较高浓度的污染物、盐分和营养物质等，部分可被植物或土壤微生物吸收利用，多余的营养物质由于残留累积效应，经渗漏淋溶作用，其中的高盐物质会渗透到地下水体，导致地下水硝态氮含量较高，且污水中较高的氨态氮会与Ca^{2+}、Mg^{2+}等发生离子交换，导致水质变硬，进而引发地下水污染（McBurnett et al.，2018；靳孟贵等，2012；崔丙健等，2019）。许多学者研究发现再生水灌溉导致地下水中盐分较高（陈卫平等，2013；Toze，2006），进而造成地下水电导率较高（Shang et al.，2016）。地下水中TN含量也因再生水灌溉输入氮素而出现增加（Candela et al.，2007；Essandoh et al.，2011；Li et al.，2019）。再生水灌区地下水中检测出了痕量有机物，并且其含量随再生水灌溉而增加（王美娥等，2012；Kinney et al.，2006）。李丛舟（2019）研究再生水回用对景观水体及周边地下水的影响发现，虽然再生水水质同未经处理的污水相比有大幅提高，但再生水中仍存在一定量的溶解盐类、N素和微量有机物。韩焕豪等（2021）的研究发现，再生水灌溉下地下水N、P浓度整体上呈随深度的增加而减小趋势，再生水灌溉下N素淋溶损失比清水灌溉少11%。夏绮文等（2021）发现再生水灌溉入渗过程中，包气带或黏土层较厚有利于再生水中N的去除，地表水中的NO_3^--N流经包气带时通过反硝化与同化作用衰减，NH_4^+-N通过吸附与硝化作用得以去除，入渗后未引起地下水中N浓度的明显增加。

由于不同区域再生水水质与水文地质条件存在差异，因此再生水长期灌溉下地下水中污染物组分的变化特征及作用机制需进一步探讨，以期为再生水利用过程中污染物的防控提供依据。

2.3 再生水灌溉对土壤环境的影响

2.3.1 土壤化学指标

再生水水质和再生水灌溉时长均会引起土壤pH变化，进而影响土壤养分的有效性和植物生理。王志超等（2016）和范春辉等（2021）的研究表明，短期再生水灌溉对土壤 pH 无显著影响，而 Wu 等（2010）和赵忠明等（2012）的研究表明，长期再生水灌溉后土壤 pH 有下降趋势，Baker - Austin 等（2006）的研究发现，不同来源再生水（城市废水再生水和乳制品废水再生水）灌溉下耕地或者放牧土壤 pH 均有所增加，而种植生菜、柑橘等农作物的土壤 pH 显著降低。高远等（2019）的研究发现，再生水回灌后土壤 pH 和有机碳含量均有所增加。韩洋等（2018）的研究发现再生水灌溉下土壤有机质和电导率显著提高，土壤 pH 略有下降。许多学者发现不同年限再生水灌溉下土壤有机质含量均显著增加（Chen et al.，2015；Wang et al.，2013；裴亮等，2013；李中阳等，2012）。郭晓明等（2012b）研究了再生水不同灌溉时间下（0～52 年）耕地土壤肥力特征，结果表明再生水灌区土壤有机质高于对照点，但与再生水灌溉时间无显著相关性。

再生水中含有盐分，长期不合理的灌溉会导致盐分在植物根部聚集，使土壤成分发生变化，影响土壤的渗透潜能，进而造成土壤板结。此外，土壤盐分中某些离子会导致土壤物理环境的改变，例如 Na^+ 的增加，会减小土壤孔隙度，导致土壤存留营养元素的能力降低（陈卫平等，2013）。王燕等（2020）和赵忠明等（2012）的研究发现，长期生活源再生水灌溉可显著提高土壤中有机质和总碳含量。莫宇等（2022）的研究表明，与清水灌溉相比，再生水灌溉降低了土壤 pH、EC 和水溶性 Na^+ 含量，显著增加土壤硝态氮和水溶性 K^+ 含量，对有机质、TN、NH_4^+ - N 含量无显著影响。范春辉等（2021）通过短期再生水灌溉研究表明，土壤有机质含量和 Ca^{2+}、Na^+ 和 K^+ 含量升高。Qian 等（2019）通过长期再生水灌溉绿地试验发现，与地表水灌溉相比，再生水灌溉下土壤盐碱大量积累，土壤电导率增加近 2 倍，土壤 Na^+ 增加 2 倍。徐小元等（2010）的研究发现，再生水灌溉导致 0～100cm 土壤中盐分明显增加，Na^+、Mg^{2+}、Cl^- 浓度在土壤耕层增加不显著，在土壤中层显著增加。李竞等（2017）的研究发现，再生水灌溉下园林植物土壤全盐量、Na^+ 和 Cl^- 含量均高于自来水灌溉。David 等（2019）研究发现，再生水灌溉 5 年的土壤中，Cl^-、Na^+ 和 EC 稳步增加，土壤没有发生盐渍化。但经过 15 年再生水灌溉的公园出现了轻微的土壤盐渍化（EC＞2dS/m）。周新伟等（2014）的研究发现再生水连续灌溉 3 茬可造成土壤盐分含量升高。

不同学者所得到的研究结果不一致，这可能是由于不同植物对再生水中营养元素的吸收利用能力不同，且土壤种类、再生水灌溉制度等因素对土壤肥力影响也不同（赵全勇等，2017）。因此研究不同来源不同年限下再生水灌溉对不同作物土壤化学因子变化具有重要意义。

2.3.2　土壤养分运移

再生水灌溉下土壤 N、P、K 等养分的运移分布主要受土壤质地及灌溉水质条件的影响，研究表明再生水灌溉下土壤 TN 和 TP 显著提高，有助于改善土壤养分状况（韩洋等，2020；韩洋等，2018）。Levy 等（2011）的研究表明，再生水中 N 素形式主要为 NH_4^+ - N 和可溶性有机 N，在快速硝化作用下再生水施入土壤后，N 素主要以 NO_3^- - N 形式存在。王燕等（2020）的研究发现，再生水灌溉增加了土壤 NH_4^+ - N 和 TP 的含量。赵忠明等（2012）的研究表明，再生水增加了土壤 TN 含量。仇振杰（2017）的研究发现，与地下水灌溉相比，再生水灌溉增加了土壤 NO_3^- - N 含量，降低了土壤 NH_4^+ - N 含量，且再

生水滴灌明显增加了 NO_3^- -N 淋失量，2014 年和 2015 年平均增加幅度分别为 65%和 84%。裴亮等（2013）通过再生水滴灌与地下水滴灌下黄瓜试验发现，再生水灌溉可显著提高土壤速效 P、硝态 N 含量。李中阳等（2012）通过研究城市污水再生水灌溉对黑麦草生长发现土壤 TP 含量变化不大并有减少趋势，但土壤速效 P 含量显著增加。叶澜涛等（2015）通过 2 年再生水灌溉对苜蓿影响试验表明，再生水灌溉土壤 NO_3^- -N、碱解氮、有效 P 含量平均高于清水灌溉，但差异不显著。陈黛慈等（2014）的研究表明，低浓度再生水回用可能使微生物活性逐渐增强，进而有助于提高土壤碱解氮含量。Chen 等（2015）和 Wang 等（2013）通过不同年限的再生水灌溉表明再生水灌溉提高 TN、有效 P，同时绿地土壤有轻微碱化。李平等（2013a）的研究表明，加氯再生水滴灌下表层土壤矿质氮显著提高，增加了根层土壤 N 素的可利用性及有效性，此外，再生水灌溉不同氮肥追施水平试验表明，设施番茄土壤矿质氮的消耗主要集中在 30cm 以上根层土壤（李平等，2013b）。然而李久生等（2015）通过研究发现，再生水加氯处理会造成表层土壤盐分过量累积而抑制矿质氮的形成，进而降低表层土壤中硝态氮含量。周新伟等（2014）研究发现再生水灌溉提高了土壤碱解氮的含量，对土壤有机质、速效 P、速效 K 无显著影响。因此使用再生水进行农田灌溉，必须考虑再生水中氮素含量，降低 NO_3^- -N 对地下水造成的污染风险。

2.3.3　土壤污染物

2.3.3.1　重金属

国内再生水灌溉水源多为工业废水，水中重金属含量普遍较高。王燕等（2020）研究发现与地下水灌溉相比，长期工业源再生水灌溉导致 Cd、Cr、Cu、Pb 和 Zn 在土壤表层大量累积。与城市污水相比，农村生活污水污染物含量低，一般不含重金属等有毒物质，将其作为肥料资源回用于农田灌溉更安全（李一等，2022；Dz 等，2019）。高远等（2019）的研究发现，再生水回灌后土壤 Cu 含量有所增加。Klay 等（2010）通过 14 年的再生水灌溉研究结果表明，重金属 Pb 和 Cd 有明显的残留。Roy 等（2008）的研究发现，污水灌溉能够明显增加土壤表层 Zn、Cu、Fe、Mn、Cd、Cr、Ni、Pb 含量，但均在环境允许的重金属含量范围内。Kalavrouziotis（2008）研究发现再生水灌溉下土壤中少量重金属含量超出了安全标准。Gwenzi 和 Munondo（2008）对再生水灌溉研究发现土壤 Cr 显著累积，但 Zn、Cu 和 Cd 含量却显著降低。吕谋超等（2007）的研究表明，污水灌溉后土壤中 Hg 和 As 含量在不同土层差异较大，其累积顺序为 As>Hg。污水灌溉条件下土壤中 Hg 和 As 含量都大于清水灌区，但污灌后果实中没有出现重金属显著偏高的现象。严兴等（2015）研究表明，经短期再生水灌溉后土壤中有一定程度重金属富集，蔬菜中重金属富集程度与菜品的种类和部位有关，果实类菜品符合安全标准，但茎叶类菜品的菜心部位重金属污染超标，不符合食品污染物限量标准。Liu 等（2021）对干旱区再生水灌溉绿地过程中土壤和植物重金属污染进行研究发现，与污水原水灌溉相比，再生水灌溉在一定程度上降低了土壤重金属污染。然而再生水通过吸入途径引起的风险最高，职业人群通过皮肤接触土壤和植物的风险较高。以上研究均说明再生水灌溉有残留效应，灌溉利用时要对风险进行评价。

2.3.3.2　病原菌

再生水中通常含有一定量的病原菌，如致病性大肠杆菌、沙门氏菌等卫生指示菌，病原菌在土壤中的数量分布和迁移受到土壤水分、温度、养分以及土壤酸碱度等土壤特性的影响（Vergine et al.，2015）。再生水灌溉对土壤病原菌的影响也常常作为评价再生水灌溉安全性的重要指标。Ibekwe 等（2018）研究发现再生水灌溉增加了土壤中不动杆菌、军团菌、分枝杆菌和假单胞菌数量。作为最典型的病原体指示物，大肠杆菌（Escherichi-acoli）在土壤-作物系统的运移被广泛关注。再生水中含有大量的大肠杆菌会增加土壤中大肠杆菌累积风险，且再生水中含有较高的 C、N 等微生物生长繁殖所不可缺少的营养物质，这些营养物质在随水进入土壤后提高了土壤肥力，使土壤环境得到改善，从而给大肠菌群提供了更充足的养分来源和更适宜的生长繁殖环境（Guo et al.，2017）。尽管频繁的使用再生水灌溉会导致土壤中大肠杆菌的短期污染，但长期再生水灌溉下土壤中大肠杆菌浓度呈下降趋势（Li et al.，2016）。Chen 等（2012）和陈治江等（2012）通过再生水灌溉小白菜均发现小白菜体内菌群总数和大肠菌群数显著高于清水灌溉，存在安全食用风险。韩洋等（2018）的研究发现，再生水灌溉下，各土层粪大肠菌群数量均显著高于清水灌溉，且土壤粪大肠菌群数量与有机质、TN、TP 和 EC 均正相关，与土壤 pH 负相关。然而 Qiu 等（2017）的研究表明，再生水灌溉对土壤大肠杆菌无显著影响，土壤渗滤液中也未检测到大肠杆菌。

Ayres 等（1992）的研究发现，经污水灌溉后的植物叶表面上发现有病原菌的累积现象，而在作物果实表面未发现有累积。李平等（2013a）的研究表明，再生水灌溉前增加消毒处理可大大降低病原菌对作物和土壤的污染风险。李萍等（2017）的研究发现，景观再生水经紫外消毒和人工湿地处理后，总大肠菌群和粪大肠菌群仍存在不同程度的复活和增殖现象。与地面灌溉相比，地下滴灌能够有效避免人畜和作物与再生水中病原体等污染物直接接触，降低污染物随地表径流迁移的风险，但会增加作物根区污染物的含量，可能会抑制根区土壤养分交换，影响作物生长。为了降低再生水灌溉的致病风险，不少国家制定了再生水灌溉使用准则，严格控制再生水中大肠杆菌和粪大肠杆菌的浓度范围（0～1000CFU/100mL）（EPA，2012；EPB，2014）。

2.3.3.3　新兴污染物

药物以及个人护理品（Pharmaceuticals and Personal Care Products，PPCPs）作为一种新兴污染物，种类繁杂，包括各类抗生素、人工合成麝香、止痛药、降压药、避孕药、催眠药、减肥药、发胶、染发剂和杀菌剂等。PPCPs 广泛且越来越多地用于人类和兽医学，导致它们不断释放到环境中，由于其广泛存在于地表水、地下水、饮用水和污水中，传统的水处理工艺很难将其去除，进而对水生生物产生不利影响（Nikolaou et al.，2007）。尽管 PPCPs 在淡水环境中浓度相对较低，但其代谢物大多具有生物活性，且由于药物在环境中的持久性、生态毒性和生物蓄积性等原因，不仅影响非目标水生生物（例如鱼类、藻类和甲壳类动物），其生物蓄积因子从 0.66 到 32022 不等（Anekwe et al.，2017；Du et al.，2015），对水生生物有生态风险，而且导致抗生素耐药菌的出现和传播（Costanzo et al.，2005）。研究表明，多环芳烃、重金属、农药以及杀菌剂等可显著增强抗生素抗性基因（ARGs）在土壤中的增殖和传播（Chen et al.，2016；Zhang et al.，

2020)。Katz 等（2008）的研究发现，再生水喷灌的农田中 PPCPs 的含量明显升高。Wang 等（2014）研究长期再生水灌溉对绿地中抗生素的影响，从土壤中检测出 5 种四环素类抗生素及其 9 种代谢产物，且抗生素总检出浓度范围为 12.7～145.2μg/kg。

2.3.3.4　其他污染物

农村生活污水中还包括许多微量污染物和少量有机污染物。特定的邻苯二甲酸酯（PAEs）可通过改变与脂质、碳水化合物以及能量转换相关的功能基因的水平进而改变微生物群落结构和功能（Kong et al.，2018）。Li 等（2021a）的研究发现，与地下水灌溉相比，再生水灌溉对表层土壤和农产品中的苯酚浓度没有显著影响。李欣红等（2019）通过研究农田不同等级再生水灌溉对土壤和地下水产生的风险发现，人体经土壤暴露的危险水平远低于人群可接受危险水平，处于低致癌水平。朱琳跃等（2020）的研究发现，农田地下水明显受到再生水灌溉的影响，PAHs 污染相对较为严重，整体处于低致癌风险水平。李艳（2018）的研究表明，与清水灌溉相比，再生水灌溉没有显著影响蔬菜 PAHs 质量分数，未引起表层土壤和各蔬菜 PAHs 污染风险。Hu 等（2021）通过模拟长期再生水灌溉下土壤-芹菜系统中壬基酚（NP）的残留发现，人类暴露于芹菜和土壤中的 NP 的总非癌症危害商（HQs）低于可接受的风险水平，在长期再生水灌溉下较为安全。不同学者关于污染物的研究结果差异显著，这可能与再生水水源水质和再生水处理工艺有关。

2.4　再生水灌溉对土壤生物环境的影响

2.4.1　酶活性

土壤微生物的生长状况与土壤酶活性的大小直接或间接地影响到土壤质量，微生物与酶活性常常作为评价再生水灌溉对环境安全效应的重要指标。土壤中一切生物化学过程都少不了酶的参与，土壤酶活性高低可以反映土壤养分尤其是 N、P 转化的强弱，因此有学者认为土壤酶活性可以作为土壤生物活性和土壤肥力的重要指标之一，这可能归因于酶活性与土壤微生物和理化性质的密切联系（Karaca et al.，2010）。

表层土壤的水分和养分较深层土壤更加充足，微生物的数量和活性相对更高，因此表层土壤酶活性一般均高于深层土壤（Heinze et al.，2014）。Chen 等（2008）通过对再生水灌溉下与土壤碳氮循环相关的 17 种酶活性的研究表明，与对照相比，酶活性平均提高了 2.1～3.1 倍。周媛等（2016a）研究表明，随着再生水灌溉年限的增加，土壤脲酶活性逐渐增强，且再生水灌溉根层土壤脲酶和过氧化氢酶活性高于清水灌溉。郭魏等（2015）同样发现再生水灌溉提高了土壤脲酶和过氧化氢酶活性，但降低了蔗糖酶活性。莫宇等（2022）的研究表明，与清水灌溉相比，再生水灌溉显著增加了 0～10cm 土层脲酶活性。Adrover 等（2017）的研究发现，再生水灌溉使土壤葡萄糖苷酶和脲酶活性得到了显著提高。而潘能（2012）的研究发现，再生水灌溉后土壤脲酶、蔗糖酶、碱性磷酸酶活性显著提高，但对过氧化氢酶影响不显著。Truu（2009）和 Adrover（2012）等的研究表明，再生水灌溉后可以提高土壤碱性磷酸酶活性。Brzezinska（2006）的研究发现，城市再生水灌溉显著提高了土壤脱氢酶、酸性和碱性磷酸酶活性。Filip 等（2000）发现长期再生水灌溉下土壤 β-葡糖苷酶、β-乙酰葡糖胺糖苷酶和蛋白酶活性高于未灌溉土壤。然而 Shang 等（2020）的研究发现，与清水灌溉相比，再生水灌溉并没有显著增加土壤脲酶、过氧化氢酶和蔗糖酶活性，土壤酶活性在施缓释尿素肥的土壤中较大。大量研究发现再生水中较高的金属离子和盐分会抑制土壤酶活性（Shukla et al.，2011；Yang et al.，2006；Rietz et al.，2003）。

研究发现酶活性与土壤环境因子之间存在不同程度的相关关系，其中脲酶、脱氢酶、过氧化氢酶等对有机质的动态变化具有直接作用和一定程度的间接影响（张崇邦等，2004；Karaca et al.，2010）。Green 等（2009）的研究发现，再生水灌溉下土壤脲酶、脱氢酶和蔗糖酶活性与全氮显著正相关。仇振杰（2017）的研究表明，土壤脲酶活性受土壤水分的影响较大，再生水处理前后碱性磷酸酶、脲酶和蔗糖酶活性与土壤有机质、TN、TP 和 pH 显著相关。莫宇等（2022）发现 0～5cm 土壤脲酶活性与全氮和水溶性 Na^+ 呈显著负相关，与水溶性 K^+ 显著正相关。郭魏（2016）研究发现，脲酶活性与土壤全氮、速效氮含量、有机质含量和微生物数量呈正相关。Frankenberger 和 Bingham（1982）的研究发现，土壤酶活性随着土壤电导率的增加而降低，因此土壤中可溶性盐分的累积对酶活性有潜在的负效应。张楠等（2006）的研究表明土壤过氧化氢酶活性随再生水中全盐量的增加而增加。目前关于再生水灌溉下原位土壤酶活性变化与土壤肥力因子的关系研究较少，大多为室内模拟试验，研究农田尺度下再生水灌溉对土壤酶活性的影响具有重要意义。

2.4.2　物种多样性

土壤微生物是土壤环境条件变化的敏感指标。微生物在土壤形成和物质转化过程中有着重要的作用。土壤微生物多样性代表着微生物群落的稳定性。微生物群落结构的组成和种群的多样性在一定程度上反映了土壤的环境质量。微生物促进土壤中动植物残体的腐解和土壤腐殖质的形成，固定空气中的氮素，参与土壤中氮、磷、钾等元素的转化，进而影响着土壤的物理、化学以及生物学性质，还在调节土壤肥力、植物生长、养分循环及污染物降解转化等方面发挥着重要的作用（Uddin et al.，2019；Katz et al.，2009；焦志华，2010）。土壤微生物群落受土壤微环境的影响，包括 pH、湿度、养分水平和盐分等。再生水作为灌溉水源，其水质直接影响土壤微生物区系的组成变化，对土壤细菌变化影响显著。且再生水中 BOD 含量较高，加速了土壤中氮素通过反硝化过程转变成氮气的挥发过程（Prassd et al.，1995）。再生水灌溉导致的土壤理化特性的改变将对土壤微生物群落结构产生直接和间接的影响，Turlapati 等（2013）的研究发现，再生水灌溉引起的土壤中硝酸盐的累积是微生物群落发生改变的重要原因。此外，再生水中丰富的营养元素有利于根际微生物生长繁殖，加快根系层营养元素循环和流动，使土壤微生态环境更有利于微生物繁殖和植物生长，从而改善土壤环境（Becerra－Castro et al.，2015；王燕，2021），但也有研究表明再生水灌溉引发的土壤中营养元素的过量增加也会对微生物群落产生负面影响（Ramirez et al.，2012；Bastida et al.，2017）。Cirelli 等（2012）研究表明长期再生水灌溉显著提高了土壤微生物活性。李竞等（2017）通过对园林植物的研究发现，再生水灌溉在不同程度上促进了土壤微生物数量的增加，土壤微生物均以细菌最多，占微生物总数的 90%以上，其次是放线菌和真菌。Zolti 等（2019）发现再生水灌溉可使得变形杆菌丰度增加，放线菌丰度降低。龚雪等（2014）研究表明再生水灌溉促进芽孢杆菌的增加，其

中总磷和总氮对链球菌属（Streptococcus）、气球菌属（Aerococcus）等影响显著。高远等（2019）研究发现再生水回灌后土壤变形菌门丰度升高至37.27%，放线菌门减少至20.62%。Becerra-castro等（2015）研究发现再生水灌溉促进了变形菌门（Proteobacteria）、芽单胞菌门（Gemmatimonadetes）和拟杆菌门（Bacteroidetes）数量的提高。王燕等（2020）研究发现再生水灌溉显著增加了土壤中酸杆菌门（Acidobacteria）和浮霉菌门（Planctomycetes）的相对丰度，降低了拟杆菌门（Firmicutes）和护微菌门（Tectomicrobia）的相对丰度。

不同来源再生水对土壤中微生物的影响不同，生活源再生水灌溉中存在一定浓度的杀菌剂、抗生素和激素，灌溉后可显著增加绿弯菌门（Chloroflexi）和硝化螺旋菌门（Nitrospirae）的相对丰度，而工业源再生水含有大量重金属和有机污染物，灌溉后对放线菌门（Actinobacteria）具有显著的抑制作用。生活源再生水灌溉土壤菌群主要受TN、TP和可溶性有机碳（Dissolve Organic Carbon，DOC）等影响，工业源再生水灌溉土壤菌群主要受重金属的影响（Xu et al.，2019）。关于生活污水灌溉下大田土壤中微生物多样性变化方面的研究较少，因此研究不同的大田作物（水稻和经济作物）在再生水灌溉下的土壤微生物多样性变化具有重要意义。

2.5 再生水灌溉对作物生长与品质的影响

2.5.1 生长指标

许多学者研究表明，正常施氮肥时，生活污水灌溉显著促进了水稻根系和植株生长，水稻根长、根表面积、根体积、根系活力、水稻分蘖数和干物质累积量均显著高于自来水灌溉处理；能显著促进植株生物量的增加，且果实中各品质指标间存在显著差异（吕谋超等，2007）。Jung等（2014）研究发现，未经处理的污水和再生水灌溉小区的水稻穗长和穗数显著高于地下水灌溉。Shannag等（2021）通过研究发现，再生水和清水灌溉的蚕豆干鲜质量和叶面积差异并不明显。曹玉钧等（2021）研究发现再生水灌溉定额对苜蓿株高、茎粗、分枝数、N、P、K和Ca影响显著（$P<0.05$），灌水水质对粗灰分影响显著（$P<0.05$），灌水技术因素和灌水水质因素对其他指标影响不显著。张志华等（2009）研究发现，与清水灌溉相比，再生水灌溉能显著增加苜蓿的株高、侧枝数及产草量。而李晓娜等（2011）的研究表明，再生水灌溉对苜蓿生长高度无明显影响。吴卫熊等（2016）的研究发现，再生水灌溉能够促进甘蔗的分蘖和蔗茎的生长。居煇等（2010）通过研究不同程度处理的再生水对冬小麦生长的影响表明，再生水灌溉能显著提高冬小麦的株高、叶面积、叶绿素含量，但开花前对光合作用的改善不显著。马福生等（2008）的研究发现，再生水灌溉和清水灌溉处理拔节期后的冬小麦株高和单株总叶面积无显著性差异，收获时不同处理冬小麦的根长密度、根重密度和单位体积土壤内的根表面积均随着土层深度的增加而减小，再生水灌溉并未影响收获时冬小麦根系的主要分布深度。李中阳等（2012）通过对城市污水再生水灌溉的研究发现，黑麦草地上部和根系的生物量显著增加，再生水灌溉处理黑麦草地上部和根系生物量在播种55d后较清水对照分别增加26.79%和10.55%。刘金荣等（2013）研究发现，再生水灌溉使草坪草的叶绿素含量显著提高，灌溉后期草坪

草叶宽显著提高。王志超等（2016）研究发现再生水灌溉能显著增加玉米干物质、株高、叶面积，短期再生水灌溉不会对玉米重金属含量产生影响。李河等（2016）研究发现再生水灌溉对草坪草的生长速率有很明显的促进作用，与清水灌溉相比，清水和再生水交替灌溉、再生水灌溉下的草坪草生长速率分别增长了23%和34%。短期内再生水灌溉不会对草坪草产生盐害，土壤也未受到污染。

2.5.2　重金属

大多研究认为，再生水灌溉对作物体内重金属含量有一定的影响，作物不同器官内重金属含量有所不同。居煇等（2011）的研究发现，再生水灌溉后，小麦各器官Cd含量较清水对照有一定的提高，但差异不显著，再生水灌溉处理小麦各器官的Cd含量分布是根＞叶＞茎＞籽粒，Pb含量分布是叶＞根＞茎＞籽粒。而张志华等（2009）的研究发现，再生水灌溉苜蓿地上部分Cd量较清水灌溉增加98.6%。重金属Cd含量表现出一定程度的累积，但含量低于国家卫生标准限值。同样的研究结果在苜蓿、大豆、玉米的研究中也有所体现（曹玉钧等，2021；黄占斌等，2007）。王磊等（2022）的研究发现，水稻各部分重金属质量比按器官排序依次为茎＞籽粒≈叶。吴卫熊等（2016）在研究再生水灌溉中发现，甘蔗重金属分布表现为：根＞茎＞叶。Jung等（2014）的研究发现，生活污水灌溉下水稻重金属含量与地下水灌溉的水稻没有显著差异，李晓娜等（2011）关于苜蓿的研究也有类似结果。Al-Lahham等（2003）通过不同混合比例清水与再生水对西红柿品质影响的试验结果表明，西红柿果肉不会受到再生水中微生物的污染。而Pollice等（1998）的研究表明，消毒的三级处理水灌溉食用作物是安全的。辛宏杰等（2012）研究发现再生水灌溉条件下，籽粒重金属含量与清水灌溉并无差异，重金属在植株体内的累积表现为根＞茎＞籽粒，籽粒含重金属量符合《粮食卫生标准》（GB 2715—2005）和《食品中污染物限量》（GB 2762—2005）的要求。因此以上研究结果表明籽粒中重金属含量相对较低，这可能是由于根茎叶系统具有屏障作用，可以阻止重金属向果实迁移，从而使籽粒中的重金属累积减少（Li et al.，2021c）。

2.5.3　产量和品质

作物的产量和品质作为基础指标，在有关再生水灌溉方面的研究必不可少。Jung等（2014）对生活污水灌溉水稻的研究发现，未经处理的污水和再生水灌溉小区的水稻产量均显著高于地下水灌溉，水稻产量与灌溉水中总养分含量高度相关。再生水灌溉下稻米中蛋白质含量和精米比例显著高于地下水灌溉。吴卫熊等（2016）的研究发现，再生水灌溉可提高甘蔗的单产，其单产比清水灌溉处理提高17.31%；再生水富含N元素，在甘蔗成熟期灌溉会对甘蔗含糖分的累积有轻微的影响。除此之外，再生水灌溉对生菜、番茄、黄瓜等作物也有类似的研究结论，这是由于再生水中的营养成分通过灌溉进入土壤，可提高土壤肥力，促进作物生长并增加作物生物量（胡超等，2013；Li et al.，2019）。然而Chaganti等（2020）的研究发现，再生水灌溉与清水灌溉下高粱的产量无显著差异；同样在Li等（2021a）的试验中，再生水灌溉对小麦和蔬菜的产量影响不显著，类似的结果在刘洪禄等（2010）对冬小麦和夏玉米的再生水灌溉试验中也有体现。

在David等（2019）的试验中，再生水灌溉也导致了盐分（Cl和Na）在植物叶片中

不断积累。周新伟等（2014）的研究发现，与单施化肥相比，采用44%～77%氮素替代率的再生水灌溉对白菜的产量及植株生长无显著影响；再生水氮替代化学氮肥施用可以显著促进白菜还原糖含量的增加，并且随着替代率的增加而提高，对维生素C、硝酸盐含量影响不大。曹玉钧等（2021）的研究发现，苜蓿品质指标（如粗脂肪和粗蛋白含量等）随再生水灌溉定额的增加而增加，品质指标（如粗纤维和酸性洗涤纤维等）随再生水灌溉定额的增加而减少，再生水灌溉有利于苜蓿品质的提高。张志华等（2009）的研究发现，再生水灌溉使苜蓿可溶性蛋白量增加78.43%；李晓娜等（2011）也发现使用再生水灌溉苜蓿会使苜蓿植株品质提高。Cirelli等（2012）通过研究长期再生水灌溉对土壤及蔬菜类作物（茄子、西红柿）品质的影响发现，再生水中氮过多供应造成植株体中含氮量过高、植物晚熟，果实不够丰满、味道减退、糖及淀粉成分减少。许翠平等（2010）的研究表明，再生水灌溉条件下叶菜含水率、可溶性总糖、维生素C、粗蛋白、氨基酸、粗灰分、粗纤维等含量均值与对照相比没有明显差异（$\alpha=0.05$）；刘洪禄等（2010）和吴文勇等（2010）关于冬小麦、夏玉米和果菜类蔬菜的研究也有相似的结论。

再生水灌溉在农业资源应用方面有很大的发展潜力，目前的研究大多为短期研究或当季效应，而长期再生水灌溉对作物生长和品质影响仍需要更深入的研究。再生水对不同作物的影响复杂多样，探索再生水对不同类型作物的效应及差异，对节约水资源、提高经济效益有重要意义。

2.6 再生水灌溉高效利用与安全调控技术与应用

再生水灌溉已成为世界范围内缓解水资源供需矛盾的有效手段，围绕再生水灌溉的高效性和安全性问题，开展了大量机理研究，集中在污水收集、处理、利用全过程中污染物的迁移转化规律及其影响机理，但再生水灌溉高效利用与安全调控机制不明晰，灌溉调控技术及其应用较为匮乏。

农村生活再生水灌溉条件下的水肥管理调控原理与常规灌溉类似，主要是借助灌溉施肥技术参数，如灌溉上限、下限、蓄雨（污）上限、耐淹与耐旱历时、施肥量、施肥次数与时机等参数，改变水肥在土壤中的分布特性，进而影响作物的吸收利用过程。再生水灌溉调控除了要提高水肥的利用效率以外，还需实现防止污染物（重金属、大肠杆菌、有机污染物、新兴污染物等）与盐分累积，降低污染风险、保证再生水灌溉安全性的目标。因此，再生水灌溉调控应综合考虑养分、盐分和污染物等的运移转化过程及作物生长和品质的响应，基于此构建节水、减氮、高效、安全的再生水灌溉技术评价体系，建立再生水灌溉高效利用与安全调控准则。

在此基础上，以降低农村生活污水对水环境的污染并提高其安全回用率为目标，以农村生活污水中水、肥安全资源化利用为主线，依据法律法规原则（严格执行国家和地方的相关法律法规、规章制度、政策性文件、技术标准和规范）、安全可靠原则（再生水利用涉及的作物、土壤、地下水、河湖等要素环境应确保安全）、经济合理原则（技术先进适用、经济可接受、管理高效智能），针对再生水回用过程中水源选择、田间灌溉回用技术与灌溉工程建设等关键环节，需要开展再生水安全高效灌溉技术模式研究，在保障安全的前提下，形成集水源甄别、安全灌溉回用、科学蓄存与输送为一体的可复制可推广的技术方案。

世界上应用工业和生活污水进行灌溉已有近百年的历史，其中，美国、澳大利亚、日本和以色列等国家的污水灌溉工程技术比较成熟。我国是从 20 世纪 80 年代逐步开发城市污水再生利用技术。在北京、天津、西安、大连等地已经开始系统地开展利用城市再生水灌溉的试验和推广工作，建设了具有一定规模的再生水灌溉回用工程，农村生活污水资源化回用还处于相对空白阶段，缺少灌溉回用工程建设规范与标准。农村生活再生水灌溉回用工程建设应转换现有的农村生活污水处理思路，秉承可持续发展的理念，从碳减排和资源化利用的角度来探索农村生活污水资源化回用工程建设的发展方向，实现农村生活污水用于农田灌溉的再利用。因此在农村生活再生水灌溉回用工程建设过程中，要统筹考虑污水处理设施、输水工程、缓存工程、田间灌溉工程与控制系统建设等方面：一方面工程建设要为充分利用农村生活污水中的水、肥资源创造条件；另一方面工程建设要解决农业灌溉用水间歇性和农村生活污水产生连续性之间矛盾，实现农村生活污水的基本全回用，同时需要持续监测农村生活再生水灌溉回用工程建设区域作物品质、环境介质（水土环境）生态环境效应指标等，综合评估其建设成效。

第3章　研究架构、关键科学问题与研究成果

3.1　研究架构

本书从农村生活再生水的安全与高效利用出发，以水稻、苗木、蔬菜为研究对象，着重考虑水稻灌排调控、苗木与蔬菜滴灌，按照水氮高效利用、环境效应、作物安全、技术模式与示范建设四个方面。

1. 农村生活再生水灌溉对水氮高效利用的影响机制

（1）农村生活再生水灌溉对水分利用的影响：研究不同灌溉水源（污水处理站一级出水R1、二级出水R2、二级出水在生态塘净化水R3和河道水R4）、不同田间灌排调控（低水位调控W1、中水位调控W2、高水位调控W3）下水稻需耗水规律、水分利用效率变化，以及不同灌溉水源滴灌下苗木、经济作物灌溉用水量（用水定额）的影响，为确定再生水灌溉水量调控区间、综合制定再生水灌溉标准提供参考。

（2）农村生活再生水灌溉对氮素利用高效性与有效性的影响：采用^{15}N示踪法结合肥料当量法，研究不同灌溉水源（R1、R2、R3和R4）在中水位灌排调控（W2）下，不同来源氮素（再生水氮、肥料氮）在土壤中运移分布特征，通过土壤-作物系统氮素平衡确定再生水氮素有效性，阐明作物对肥料氮与农村生活再生水氮的耦合利用特点，揭示再生水灌溉氮素高效利用机理，为探明再生水灌溉下如何实现氮素高效利用以及化肥减量提效提供参考。

2. 农村生活再生水灌溉对环境介质的影响机理

（1）农村生活再生水灌溉下土壤理化性质的变化特征：研究不同灌溉水源（R1、R2、R3和R4）、不同田间灌排调控（W1、W2和W3）条件下，稻田土壤养分指标（有机质OM、NH_4^+-N、NO_3^--N、TN、TP）、酸碱度pH、盐分WSS和电导率EC等指标的变化特征，为探索水氮盐交互影响机制提供理论参考。

（2）农村生活再生水灌溉下稻田水环境的变化特征：研究不同灌溉水源（R1、R2、R3和R4）、不同田间灌排调控（W1、W2和W3）条件下，稻田渗漏水和地下水中污染物（NH_4^+-N、NO_3^--N、LAS、COD）的分布特征，阐明污染物在稻田水环境中的迁移规律，探明农村生活再生水灌溉对地下水的污染风险，为评价再生水灌溉对水环境的影响提供参考。

（3）稻田酶活性和生物多样性对再生水灌溉的响应：研究不同灌溉水源（R1、R2、R3和R4）、不同田间灌排调控（W1、W2和W3）条件下，稻田氮碳转化相关的酶活性（蔗糖酶INV、淀粉酶AMS、氢氧化氢酶CAT、脲酶UR）在生育期内和年际间的变化规律，明确土壤酶活性与土壤环境质量因子间的关系，阐明再生水灌溉对物种多样

性（Operational taxonomic units，OTUs）、丰度和微生物多样性的影响，为探明农村生活再生水灌溉下微生物作用机制提供理论参考。

（4）农村生活再生水灌溉安全分析与风险评价：研究不同灌溉水源（R1、R2、R3 和 R4）、不同田间灌排调控（W1、W2 和 W3）条件下，典型重金属（Cu、Cr、Pb、Cd 和 Zn）在土壤-作物系统的迁移规律，评价再生水灌溉对农田重金属的生态风险，将 PPCPs 列为重点监测指标，探明 PPCPs 在土壤-作物系统的分布规律，为实现再生水灌溉健康可持续发展提供理论参考。

3. 农村生活再生水灌溉对作物生长特性与品质的影响

研究不同灌溉水源（R1、R2、R3 和 R4）、不同田间灌排调控（W1、W2 和 W3）条件下，水稻和蔬菜作物生长特性（株高、叶面积、地面部分干物质量）、产量与品质（直链淀粉、蛋白质、硝酸盐、维生素 C）等指标的变化，建立结构方程模型（SEM），明确农村生活再生水灌溉对稻田水氮利用-土壤环境质量-产量的影响机制，为确定农村生活再生水灌溉田间安全高效调控机制评价因子提供参考。

4. 农村生活再生水安全高效灌溉技术模式与示范工程建设

（1）农村生活再生水灌溉田间安全高效调控机制：建立基于节水、减氮、高效、安全的再生水灌溉评价技术指标体系，建立 TOPSIS 评价模型，选取土壤-作物安全（土壤重金属综合潜在生态风险指数 RI 和新兴污染物含量 PPCPs、籽粒重金属和 PPCPs 含量）、水氮高效利用与微生物多样性（灌溉水利用效率 WUE_I、降雨利用效率 RUE、氮素利用效率 NUE 和生物多样性 Shannon 指数）、经济效益（Yield）共计 19 个指标作为评价因子，对不同灌溉水源与灌排水位调控方案进行优选，确定农村生活再生水安全高效灌溉调控准则。

（2）农村生活再生水安全高效灌溉技术方案：以科技支撑提升农村生活污水再生回用能力和水平为目标，在保障安全的前提下，通过水源监测、灌溉回用技术、工程建设等措施的集约集成应用，形成集水源甄别、安全灌溉回用、科学蓄存与输送为一体的技术方案，为提升南方地区农村水环境质量、改善农村人居环境、促进水资源可持续发展提供可复制可推广的解决方案。

（3）农村生活再生水安全高效灌溉示范工程：在国家重点研发计划项目和水利部水利技术示范项目支持下，在永康市舟山镇围绕农村生活污水再生回用研究和示范开展千人规模（村级）和万人规模（镇级）农村生活污水安全利用示范工程建设，示范工程围绕农村生活污水处理、缓存与输送、安全回用环节，形成集技术集成、设备研发、成果示范为一体的再生水安全利用示范区，评估示范区水质净化成效、节水节肥减排成效。

3.2　关键科学问题

（1）再生水灌溉对水分、养分吸收利用的影响机制，重点探讨不同来源（土壤、肥料、再生水）养分、不同再生水处理等级、不同施肥梯度下氮素吸收特征。

（2）农村生活再生水灌溉对水土环境的影响，包括氮磷养分、盐分、电导率、典型重金属、新兴污染物等在环境介质中的迁移特征与累积变化。

（3）农村生活再生水灌溉宏观调控机制与技术模式，包括灌溉评价指标体系及其调控准则，形成集水源甄别、安全灌溉回用、科学蓄存与输送为一体的可复制可推广的技术方案。

3.3 主要研究成果

本书围绕农村生活再生水安全高效灌溉的目标，重点针对水氮利用、环境效应、作物生长、技术模式与示范建设四个方面的科学问题与技术应用，开展了一系列的研究工作与示范工程建设。研究尺度从再生水氮磷养分、重金属与 PPCPs 等微量污染物在土壤-地下水-作物系统迁移转化的微观行为，到再生水安全高效灌排调控机制的宏观调控变化。研究方法包括了田间试验、实验室化验分析、理论分析、技术集成，实现了南方地区农村生活再生水灌溉调控理论与技术的系统突破。

3.3.1 水氮利用

针对农村生活再生水灌溉调控对再生水中养分考虑不足、水分利用机制不明晰等问题，研究作物需耗水对不同再生水水质及田间灌排调控措施的响应，探求不同来源养分的吸收利用机制，揭示再生水中氮素的有效性，为再生水高效安全灌溉提供技术支持。

3.3.1.1 作物需耗水对农村生活再生水灌溉的响应

（1）田间水位调控对稻田灌溉水量影响显著，灌溉水源对稻田灌溉水量影响不显著。稻田可消纳的再生水水量区间为 3560～7106m^3/hm^2，苗木罗汉松可消纳的再生水水量区间为 230～384m^3/hm^2，蔬菜萝卜可消纳的再生水水量为 150m^3/hm^2，空心菜可消纳的再生水水量为 400m^3/hm^2。

（2）田间灌排水位调控对稻田耗水量影响显著，随着田间灌溉水位上限和蓄水（蓄污）上限提高，稻田需耗水（耗水量、腾发量）显著提高；灌溉水源对稻田耗水量影响不显著；再生水灌溉条件下水稻日均耗水量和日均腾发量在拔节孕穗期和抽穗开花期较大，河道水灌溉在拔节孕穗期耗水量最大，分蘖期次之，再生水灌溉下使水稻耗水高峰发生滞后。

（3）田间灌溉水位上限和蓄水（蓄污）上限提高，灌溉水利用效率（WUE_I）、降雨利用效率（WUE_P）、耗水利用效率（WUE_{ET}）呈降低趋势，但降雨利用率（RUE）呈升高趋势，说明高水位调控不利于灌溉水、降雨以及田间水分利用，但可以有效提高降雨利用率；农村生活污水一级出水（R1）和二级出水（R2）灌溉下 WUE_I 和 WUE_{ET} 基本一致，均高于二级出水生态塘净化水（R3）、河道水（R4），说明农村生活再生水灌溉可以有效提高田间水分利用效率。

3.3.1.2 稻田农村生活再生水氮素高效利用机制

（1）农村生活污水一级、二级出水（R1、R2 水源）灌溉下高施肥量（N1，90%常规施肥量）对肥料氮（NF）在表层（0～20cm）土壤积累效果较为明显。农村生活再生水灌溉 N1、N2（70%常规施肥量）再生水氮素（NRW）含量在表层（0～20cm）土壤中积累明显高于不施肥处理（N0）。因此适量施肥有利于提高表层（0～20cm）土壤 NRW 利用，过量施肥则阻碍 NRW 吸收利用和转化。

（2）农村生活再生水灌溉与河道水灌溉相比，阻碍了植株对NF的吸收。较高的施肥梯度（N1）有助于促进植株体对NF的吸收，但降低了植株对NF的利用效率。同一水源灌溉下，较高的施肥梯度（N1）能增加植株中NF和土壤氮（SNF）含量，但降低了肥料氮利用效率（FNUE）和肥料氮残留率（FNRE），由此显著提高了肥料氮损失率（FN-LE）。同一施肥梯度下，农村生活再生水灌溉增加了植株对SNF吸收利用，抑制了对NF利用。

（3）水稻全生育期灌溉水源带入氮素含量随再生水氮素浓度的升高而增大，但再生水氮素利用效率（RWNUE）不与浓度呈正比；再生水氮素残留率（RWNRE）与再生水氮素浓度呈反比。不同施肥梯度下，高施肥梯度下（N1）NRW含量在土壤中的残留和损失最大、利用最少，而适量减施下（N2）NRW吸收利用最大、损失最小。因此适量降低肥量施用量有利于提高植株对NRW的吸收利用，过量施肥则抑制植株对NRW的吸收利用。

（4）采用肥料当量法得到R1、R2、R3在N1、N2施肥梯度下再生水氮的肥料氮相对替代当量（RFE）范围分别为28.1%～56.3%、13.6%～46.6%、1.3%～5.4%，表明农村生活再生水灌溉下低施肥梯度可以代替更多的肥料氮。基于此，水管理和氮肥施用应采用农村生活再生水灌溉和30%减氮施肥作为理想的水氮调控，不仅可以降低新鲜水取用、减少肥料利用，还可以降低水稻氮素损失。

3.3.2 环境效应

针对农村生活再生水灌溉下盐分、养分、典型污染物（重金属、大肠杆菌）、新兴污染物（PPCPs）在土壤、地下水、作物中的运移、分布和累积规律，研究农村生活再生水灌溉对水环境、土壤理化性质、生物环境的影响，科学评估农村生活再生水灌溉对水土环境介质的影响，为保障再生水灌溉的环境安全和作物产品安全提供理论基础与科学依据。

3.3.2.1 农村生活再生水灌溉对土壤理化性质的影响

1. 水稻试区

（1）在水稻生育期内，再生水灌溉稻田pH呈中性变化，随着田间灌溉水位的提高，可以有效提高20～40cm土层土壤pH；R1水源灌溉对稻田20～40cm土层电导率（EC）增加较明显，且在W3水位调控下表现最大；农村生活再生水灌溉可以有效增加稻田有机质（OM）含量，中高水位调控可以有效增加表层土壤OM含量，水稻生长旺盛期，有机质分解较快，再生水灌溉稻田OM含量下降较明显；再生水灌溉能明显提高土壤水溶性盐分（WSS）含量，高水位调控可有效增加20～40cm土层土壤WSS含量，说明高水位条件下盐分向下迁移明显。

（2）在水稻生育期内，R1、R2水源灌溉可以提高0～20cm和20～40cm土层土壤TN含量，20～40cm土层TN增加显著高于0～20cm土层增加幅度，W2、W3调控可以显著提高0～20cm土层TN含量，对20～40cm土层TN含量影响不显著；NH_4^+-N含量在生育期内波动较大，农村生活再生水灌溉可以有效提高各土层稻田NH_4^+-N含量，随着田间控制水位提高，稻田各土层NH_4^+-N含量均有提高，中低水位调控稻田NH_4^+-N含量接近；土壤中NO_3^--N含量远低于NH_4^+-N，NO_3^--N与NH_4^+-N变化呈此消彼长的变化趋势，再生水灌溉稻田NO_3^--N含量低于河道水灌溉，高水位调控稻田20～40cm

的 NO_3^- -N 含量显著增加。

（3）相比背景值，再生水灌溉与河道水灌溉相比可以有效提高 0～20cm 和 20～40cm 土层土壤 pH，高水位调控可以降低 60～80cm 土层 pH；R1 水源灌溉稻田各土层 EC 值均显著增加，R2 水源灌溉对稻田深层土壤 EC 值增加速率降低，R3、R4 水源灌溉仅增加稻田 0～20cm 土层 EC 值；再生水灌溉对土壤表层和深层 OM 含量增加最为有利，W3 高水位调控有利于表层 0～20cm 土层 OM 含量增加；再生水灌溉稻田 WSS 含量波动较大，水位调控对稻田 WSS 含量影响较小；R1 水源灌溉有利于增加稻田表层土壤 TN 含量，其余水源灌溉稻田 TN 含量年际变化均呈现降低趋势，高水位调控有利于表层稻田 TN 含量的增加；W2 水位调控有利于 0～20cm 土层 TP 含量增加，W3 水位调控有利于 60～80cm 土层 TP 含量增加，R2 水源灌溉有利于增加稻田表层 TP 含量。

（4）R1 灌溉水源中低水位调控对各土层 pH 年际变化影响显著，随着水源等级下降与控制水位升高显著性降低；在 W2 水位调控下，R1、R2、R3、R4 水源灌溉稻田 EC 值年际间差异性显著；灌溉水源对土壤 OM 含量变化影响显著；灌溉水源和水位调控对土壤 WSS 的影响较大，且随着土壤深度增加，R3、R4 水源灌溉对土壤 WSS 的影响逐渐降低；不同土层各处理 TN 含量年际间变化差异显著，水位调控和水源短期内对土壤 TP 的影响有限，R3、R4 灌溉水源低水位调控对稻田 NH_4^+ -N 和 NO_3^- -N 含量变化影响不显著，R1、R2 灌溉水源高水位调控对 NH_4^+ -N 和 NO_3^- -N 含量变化影响显著。

2. 经济作物试区

（1）对于苗木试区，0～20cm、20～40cm 土层，各水源灌溉土壤 pH 呈现升高趋势，再生水灌溉土壤 pH 增幅高于河道水灌溉；EC 与 WSS 变化趋势一致，再生水灌溉可以增加 0～20cm、20～40cm、60～80cm 土层 EC 值，且 WSS 含量增幅高于 R3 与 R4 灌溉；R1 水源灌溉可以增加 0～20cm 土层 OM 含量；再生水灌溉可以增加 20～40cm 土层 NH_4^+ -N 含量和 60～80cm 土层 NO_3^- -N 含量；各土层土壤 TN、TP 含量均呈现降低趋势；0～20cm 土层，土壤中 Cd、Cu 含量增加，20～80cm 土层土壤中 Cd 含量增加，总体上 R3、R4 水源灌溉土壤重金属含量变化基本一致。

（2）对于蔬菜试区，0～20cm、20～40cm 土层，各水源灌溉土壤 pH 呈现升高趋势，再生水灌溉土壤 pH 增幅高于 R4 灌溉，40～60cm、60～80cm 土层，pH 变化相反；EC 与 WSS 变化趋势一致，各水源灌溉后，EC 值均呈现增加趋势，随着土层深度增加，EC 增幅降低，再生水灌溉 EC、WSS 增幅高于 R3 与 R4；除 60～80cm 土层，各水源灌溉土壤 OM 含量均呈现降低趋势，再生水灌溉土壤 OM 降幅高于 R4；R1 水源灌溉可以增加 0～20cm 土层 NH_4^+ -N 含量，再生水灌溉土壤 NO_3^- -N 含量高于 R4；0～20cm 和 60～80cm 土层，各水源灌溉土壤 TN 含量均呈现增加趋势，再生水灌溉表层土壤 TN 含量增幅高于 R4；0～20cm、40～60cm、60～80cm 土层土壤中 Cd、Pb 含量增加，20～40cm 土层土壤中 Cd 含量增加，总体上 R3、R4 水源灌溉土壤重金属含量变化基本一致。

3.3.2.2 农村生活再生水灌溉对稻田水环境的影响

（1）灌溉水水质优劣表现为 R1＞R2＞R4＞R3。其中各水源条件下 TN 与 NH_4^+ -N 浓度变化规律一致，NO_3^- -N 含量较低，且 R1 与 R2 水源灌溉时 TN 和 NH_4^+ -N 含量在 7 月、8 月较高，而 NO_3^- -N 含量变化趋势与 TN 和 NH_4^+ -N 呈相反趋势，R3 和 R4 水源氮素变化较为同步且变化平稳。灌溉水中各污染物含量均符合《城镇污水处理厂污染物排放标准》（GB 18918—2002）以及《农田灌溉水质标准》（GB 5084—2021）。

（2）R1、R2 水源灌溉渗漏水中 COD 含量远高于 R3 和 R4 水源灌溉，且低水位（W1）调控下整个生育期内 COD 含量远高于同一水源条件下中高（W2、W3）水位处理；R1 水源灌溉渗漏水中 NH_4^+ －N 平均含量远高于其余灌溉水源处理，且渗漏水中 NH_4^+ －N 含量远高于 NO_3^- －N，高水位调控有利于 NH_4^+ －N 的转化利用；农村生活再生水灌溉回用不会导致土壤渗漏水 LAS 含量增加，乳熟期渗漏水中均未检测出 LAS。

（3）地下水水质变化表现为分蘖期 NH_4^+ －N 含量显著高于 NO_3^- －N 含量，进入拔节孕穗期后 NH_4^+ －N 含量显著下降、NO_3^- －N 含量上升，拔节孕穗后期 LAS 均未检出。根据《地下水质量标准》（GB/T 14848—2017），该污水灌溉区域地下水中 NO_3^- －N 和阴离子表面活性剂均达到Ⅰ类标准，但 COD 含量略高，因此再生水灌溉对地下水有一定影响。

3.3.2.3　稻田生物环境对农村生活再生水灌溉的响应

（1）再生水灌溉能显著提高过氧化氢酶（CAT）活性，0～20cm 土层土壤中淀粉酶（AMS）先升高后降低，而河道水灌溉则相反，且 R1 水源灌溉下 AMS 峰值最大，R1 水源灌溉低水位调控有利于提高脲酶（UR）活性；随着时间的推移，相比背景值，再生水灌溉可以有效提高土壤蔗糖酶（INV）、AMS、UR 活性，其中高水位调控（W2、W3）酶活性增幅高于低水位调控（W1）。

（2）不同灌溉水源对各土层土壤 UR 活性变化无显著影响，不同水位调控仅对 0～20cm 土层土壤 UR 活性有显著影响；酶活性与土壤环境质量相关表现为 R3＞R4＞R2＞R1，即生态塘水、河道水灌溉稻田酶活性与土壤环境质量相关性优于再生水灌溉；存在不同土层酶活性与土壤环境质量相关性相反情况，主要与生育期内稻田氮素、有机质等运移和转化有关；R1、R2、R3 水源灌溉 UR、INV、AMS 存在共性关系，与灌溉施肥管理响应一致。

（3）R1 水源灌溉，0～20cm 和 20～40cm 土层，随着控制水位的升高，OTUs 数目均增多；R2 水源灌溉后，0～20cm 土层，W2 水位调控下 OTUs 数目最多，20～40cm 土层，随着控制水位的升高，OTUs 数目逐渐减少；河道水灌溉 0～20cm 和 20～40cm 土层，OTUs 数目变化与控制水位呈相反的趋势，即 0～20cm 土层 OTUs 数目随水位升高而增多，20～40cm 土层 OTUs 数目随水位升高则下降。R2 灌溉，OTUs 数目最多，0～20cm 土层河道水灌溉 OUTs 数目最少，20～40cm 土层 R1 灌溉下 OUTs 数目最少，可见再生水灌溉能显著增加表层土壤微生物多样性。

3.3.2.4　农村生活再生水灌溉生态风险评价

（1）农村生活再生水灌溉稻田 Cd、Pb 含量略有升高，Cr、Cu、Zn 含量下降，不同水位和水源处理对土壤中 0～20cm 土层 Cd 含量达到极显著影响，对 20～40cm 土层 Cd 含量达到显著影响，灌溉水源对土壤 20～40cm 土层 Cr 含量和 40～60cm 土层 Cu 含量达到极显著影响，不同灌溉水源条件下，Cd 与土壤 EC 均显著相关，Pb 与 OM、TN 均显著相关，Cu 与 NH_4^+ －N 均显著相关，Cr 与 Zn 并无共同显著相关因子。

（2）水稻各部分重金属含量表现茎＞籽粒＞叶，重金属组成表现为 Zn＞Cr＞Pb＞Cd，灌溉水源对水稻茎、叶、籽粒中重金属含量影响逐渐减弱，水位调控对水稻植株各部分重

金属累积影响较小。再生水灌溉处理下籽粒重金属含量并未明显增加，符合《食品安全国家标准　食品中污染物限量》（GB 2762—2017）中对稻谷中污染物的限量要求。灌溉水源对作物茎、叶中 Zn 含量（2020 年）和籽粒中 Pb 含量（2021 年）达到显著影响，对茎中 Pb 含量、叶、籽粒中 Cu 含量（2021 年）与叶中 Cr 含量（2020 年）达到极显著影响，水位调控对作物茎、叶中 Cd 含量（2021 年）达到极显著影响，对叶中 Cr 含量（2020 年、2021 年）有显著影响。

（3）再生水灌溉后稻田中大肠杆菌数量显著升高，且明显高于河道水灌溉，不同灌溉水源大肠杆菌总量增幅表现为 R1＞R2＞R4，不同水位调控大肠杆菌总量增幅表现为 W3＞W2≈W1，随着水位升高灌溉水量增大，0～20cm 土层，R1 水源灌溉在 W2 水位调控下大肠杆菌积累量最大，R2 水源灌溉在 W3 水位调控下积累量最大。因此，为了减少稻田土壤大肠杆菌累积，建议农村生活污水一级处理水采用低水位调控，二级处理水及以上采用中高水位调控。

（4）不同灌溉水源稻田新型污染物（PPCPs）增速差异较大，PPCPs 含量增幅表现为 R1＞R2＞R3≈R4；不同水位调控稻田 PPCPs 增速相近，0～20cm 稻田 PPCPs 增速为 W2＞W3＞W1，20～60cm 土层稻田 PPCPs 增速为 W1≈W2≈W3，60～80cm 土层稻田 PPCPs 增速为 W3＞W1＞W2，表明随着稻田控制水位增加，60～80cm 土层 PPCPs 增速加快。水稻籽粒和稻壳 PPCPs 含量处于极低水平，水稻稻壳 PPCPs 含量远高于籽粒含量，R1、R2 水源灌溉对水稻籽粒和稻壳 PPCPs 含量均有累积效果，R3 水源灌溉籽粒和稻壳 PPCPs 含量相近，不存在 PPCPs 累积。

（5）农村生活再生水灌溉稻田 Cd 生态风险系数最高，Cu 和 Pb 次之，Cr 和 Zn 风险系数较低。各水源灌溉相比，R3 灌溉下土壤重金属污染潜在生态风险最低，对土壤和地下水污染风险最小，R4 其次，R1 风险最大，参考风险评级标准可知，再生水灌溉总体并未对土壤造成严重污染。本书中再生水灌溉试验仅进行了两年，因此所得结果只是短期效应，长期进行再生水灌溉是否会造成重金属污染风险持续增加有待研究。

3.3.3 作物生长

针对再生水灌溉对作物生长特性与品质的影响，研究农村生活再生水灌溉对水稻生长指标（株高、叶面积、地面部分干物质量）、产量与品质（蛋白质、直链淀粉）的影响；对蔬菜产量与品质（硝酸盐、维生素）的影响，为再生水灌溉增产增效提供依据与参考。

3.3.3.1 农村生活再生水灌溉对水稻生长特性与品质影响

（1）不同水源灌溉株高峰值均出现在拔节孕穗期，相比河道水灌溉，再生水灌溉有利于水稻株高增加，株高增幅范围为 1.2%～7.3%，对于 R1 和 R3 灌溉水源，中低水位调控有利于株高增加，对于 R2 和 R4 灌溉水源，中高水位调控有利于株高增加，总体而言，水位调控对株高峰值影响较小，灌溉水源对株高峰值影响略大。

（2）分蘖期中低水位调控有利于叶面积增加，拔节孕穗期中水位调控有利于叶面积增加，抽穗开花期水位调控对叶面积影响不显著，乳熟期中低水位调控有利于叶面积增加；对于中低水位调控 R1、R2、R3 水源灌溉对叶面积增加均有利，对于高水位调控，R2、R3 水源灌溉对叶面积增加均有利，同时随着生育期推进，分蘖期、拔节孕穗期、抽穗开花期灌溉水源对叶面积影响强烈，乳熟期后灌溉水源对叶面积影响减弱。

(3) 分蘖期低水位调控 R1、R2 水源灌溉有利于茎部干物质增加，拔节孕穗期高水位调控 R4 水源灌溉有利于茎部干物质累积，抽穗开花期中高水位调控 R1 水源灌溉有利于茎部干物质累积，乳熟期中高水位调控 R3、R4 水源灌溉有利于茎部干物质累积；分蘖期中低水位调控 R2 水源灌溉有利于叶部干物质增加，拔节孕穗期高水位调控 R4 水源灌溉有利于叶部干物质累积，抽穗开花期中水位调控 R1 水源灌溉有利于叶部干物质累积，乳熟期中水位调控 R2 水源灌溉有利于叶部干物质累积；拔节孕穗期中低水位调控 R1 水源灌溉有利于穗部干物质累积，抽穗开花期中高水位调控 R1、R2 水源灌溉有利于穗部干物质累积，乳熟期低水位调控 R1、R2 水源灌溉有利于穗部干物质累积。

(4) 不同水位调控水稻产量接近，差异在 0.7%～3.6%，不同灌溉水源水稻产量差异显著，其中再生水灌溉水稻产量显著高于河道水 R4 灌溉，相比 R4，R1 水源灌溉产量增幅为 14.3%～14.9%，R2 水源灌溉产量增幅为 12.6%～15.5%，R3 水源灌溉产量增幅为 8.7%。可见，设定的 3 种水位调控对产量影响不显著，R1、R2、R3 水源灌溉下产量增加显著。

(5) 中高水位（W2、W3）调控下各灌溉水源均有利于直链淀粉含量增加，中低水位（W1、W2）调控下 R2、R4 水源灌溉有利于稻谷蛋白质含量增加，随着水位的升高，蛋白质含量减少，直链淀粉含量增加；R1 水源灌溉稻谷硝酸盐和亚硝酸盐含量最高，硝酸盐含量随着田间水位升高呈现增加趋势；R2、R3、R4 水源灌溉稻谷中不含亚硝酸盐。

3.3.3.2　农村生活再生水灌溉对经济作物产量与品质影响

对经济作物（空心菜）品质和产量指标进行了测定，R4 水源灌溉下植株水分含量最高，R2 水源灌溉条件下水分含量最低，但各水源灌溉条件下差异不大；R1、R2、R3 水源灌溉下空心菜硝酸盐含量显著低于 R4，R4 水源灌溉下空心菜下维生素 C 含量和产量最高，R1 水源灌溉相对最低，但是各水源灌溉之间差异不显著。

3.3.4　技术模式与示范工程建设

针对农村生活再生水灌溉评价技术指标体系不完善，农村生活再生水技术应用匮乏，提出了农村生活再生水田间高效安全调控机制，通过监测技术、灌溉回用技术、工程建设等措施的集约集成应用，形成集水源甄别、安全灌溉回用、科学蓄存与输送为一体的技术方案，围绕农村生活污水处理、缓存与输送、安全回用工程技术环节，建设了集技术集成、系统研发、成果示范为一体的农村生活再生水安全利用示范工程，评估了示范成效。

3.3.4.1　农村生活再生水灌溉田间安全高效调控机制

(1) 农村生活再生水灌溉稻田田间安全高效利用的评价指标体系主要涉及水土环境安全、水肥资源高效利用、经济效益与作物品质三个方面。水土环境安全方面主要考虑稻田根区土壤环境质量、稻田根区土壤生物环境、稻田田间水环境，其中土壤环境质量包括稻田有机质、大肠杆菌、重金属潜在风险指数 RI 和新兴污染物 PPCPs 总量；土壤生物环境包括蔗糖酶 INV、脲酶 UR 活性和生物多样性 Shannon 指数；稻田田间水环境包括稻田地表排水地下渗漏氮素流失。水肥资源高效利用方面包括水资源高效利用和氮素高效利用，其中水资源高效利用包括灌溉水利用效率 WUE_I 和降雨利用效率 WUE_P，氮素高效利用包括肥料氮利用效率和再生水氮利用效率。经济效益与作物品质方面主要考虑籽粒产量、籽粒品质和籽粒安全，籽粒产量包括地面部分干物质量和产量；籽粒品质包括蛋白质和直

链淀粉含量；籽粒安全包括籽粒重金属和 PPCPs 总量。

(2) 不同水源灌溉，综合效益排序表现为 R1>R2>R4>R3；不同田间水位调控，综合效益表现为 W3>W2>W1，说明在 R1、R2 水源灌溉中高水位调控有利于农村生活再生水灌溉调控综合效益的发挥。R1、R2 灌溉水源中水位（W2）调控灌溉水量为 4246～5091m^3/hm^2，高水位调控灌溉水量为 4925～6885m^3/hm^2。

3.3.4.2 农村生活再生水安全高效灌溉技术方案

(1) 对于已建成污水收集管网并安装水量计量设施的，可根据计量结果确定污水排放量及其四季/日内变化；对于未安装水量计量设施的，可参照相似条件的村庄确定污水排放量。在污水管网（原污水）、初沉/厌氧处理出水（一级处理水）好氧段出水（二级处理水）、缓存单元出水、河道、地下水等布设监测点，灌溉回用期间每周采样 1 次，非灌溉期作为生态景观补水时，每两周采样 1 次。水质监测指标主要包括常规污染物和重金属，灌溉回用应满足《农田灌溉水质标准》(GB 5084—2021)，作为生态景观补水需满足《城市污水再生利用 景观环境用水水质》(GB/T 18921—2019)，同时参考《农村生活污水处理设施水污染物排放标准》(DB 33/973—2015)、《城镇污水处理厂污染物排放标准》(GB 18918—2002)、《地表水环境质量标准》(GB 3838—2002) 等。同时需要对部分高风险污染物如 PPCPs 进行预防性监测，监测频率为每半年监测 1 次。

(2) 对于水稻田，若农村生活污水一级处理出水（初沉/厌氧处理出水）水质达到 GB 5084—2021 标准，可直接灌溉，二级处理出水（好氧段出水）、生态塘缓冲水（缓存单元出水）、河道水作为补充水源；若农村生活污水一级处理出水未达到 GB 5084—2021 标准，二级处理出水达到 GB 5084 标准，应采用二级处理出水灌溉，生态塘缓冲水、河道水作为补充水源；若农村生活污水各处理等级出水均未达到 GB 5084—2021 标准，不可用于农业灌溉。对于苗木，可采用农村生活污水一级处理出水，出水水质应达到 GB 5084—2021 标准，灌溉方式采用地面灌溉。对于蔬菜，可采用农村生活污水二级处理出水，出水水质应达到 GB 5084—2021 标准，灌溉方式可采用喷灌、微喷灌、滴灌等高效节水灌溉方式。为发挥农村生活再生水中氮素的有效性，提高农村生活再生水氮素与肥料氮利用效率，再生水灌溉施肥量按照常规施肥量进行折减，折减比例为 10%～30%。

(3) 为保证再生水灌溉的安全性，输水工程一般采用管道输水，管网布设形式应根据污水处理终端、地形地貌、田间灌溉形式确定，管道经济流速建议 1.0～1.5m/s，管材优先采用 PE 管，低扬程灌溉水泵可选用轴流泵，高扬程灌溉水泵可选用离心泵或混流泵；缓存工程容积根据污水处理站处理能力、污水排放量、灌溉周期、水质变化以及区域安全利用量等综合确定，处理后的农村生活污水在缓存工程中的有效停留时间一般不小于 15d，则每百人农村生活污水需配备 180m^3 缓存设施，构建浮水-挺水-沉水植物-水生动物生态系统，保证缓存工程水体生态平衡。再生水灌溉回用田间工程与以往常规稻田不同，一方面需要提高格田田埂高度，拦蓄污水或降雨；另一方面需要在格田出口设排水设施，在格田设置排水闸门，避免污水外排。

3.3.4.3 农村生活再生水灌溉工程建设标准

(1) 农村生活污水安全利用工程建设包括污水处理环节、污水缓存环节和污水回用环节，其中污水处理环节通过工程和管理措施，将农村生活污水处理直至满足其利用对象要求的水质，包括厌氧处理、好氧处理、消毒处理等工程设施；污水缓存环节通过生态塘、蓄水池等工程解决农业灌溉用水间歇性和农村生活污水产生连续性之间的矛盾；污水回用环节通过灌溉管道工程、再生水安全高效灌溉技术、智能控制灌溉系统等实现农村生活污水灌溉回用；通过管道工程、生态和景观补水工程进行生态补水，实现农村生活污水基本全部回用。

（2）依托相关支撑项目，建立了农村生活再生水回用万人规模（镇级）和千人规模（村级）示范工程，涉及了污水处理工程及设备、输水工程、缓存工程、田间灌溉工程及智能灌溉系统建设，农村生活污水灌溉回用采用厌氧（A/O）处理工艺，输水工程采用管道输水灌溉（1.0MPa *DN*90 PE 管），千人和万人规模缓存工程最大蓄水容积分别为 $3000m^3$、$6000m^3$，并构建了浮水植物-挺水植物-沉水植物-水生动物生态系统，田间灌溉工程及智能灌溉系统包括泵站、灌溉管道、田间控制单元等，在泵站首部安装了水泵控制器和远程传输控制设备，结合田间支管的电磁阀，实现"水位/水分-管道灌溉/喷微灌系统-灌溉给水泵"的智能化精准灌溉。

（3）基于农村生活污水的连续性和农业灌溉用水的间歇性之间的矛盾，示范工程通过配备生态塘，增加农村生活污水的缓存时间，最长可达 15d，一定程度上调节了农村生活污水的水量和水质。经调节后的农村生活污水，在灌溉需水期，水质指标达到《农田灌溉水质标准》（GB 5084—2021）要求，用于农田灌溉。在灌溉非需水期，经水质净化后主要水质指标达到《城市污水再生利用　景观环境用水水质》（GB/T 18921—2019）要求，用于生态环境补水。示范区水稻和经济作物生长期可分别消纳农村生活污水 $240\sim470m^3$/亩、$10\sim30m^3$/亩，减少氮肥施用 1.4～3.6kg/亩，年减少农村生活污水排放约 20 万 t，实现了最大限度消耗农村生活再生水、避免污水外排，减少新鲜水取用量且提高再生水利用率，为南方丰水地区农村生活污水再生高效安全利用提供了重要示范。

（4）依据浙江省同类工程建设投资调研统计，污水处理工程（灌溉回用＋景观补水）、缓存工程、灌溉回用工程投资分别为 500～10000 元/t、1000～1500 元/t、3000～5000 元/t，运行成本分别为 0.5～1.1 元/t、0.5～0.8 元/t、0.2～0.5 元/t。

第4章　区域概况与研究方法

4.1　研究区域概况

研究区域位于浙江省永康市舟山镇联村区（新楼村—大路任村）、舟山镇集镇区（舟三村），其中舟山镇联村区（新楼村—大路任村）属于千人规模区域，舟山镇集镇区（舟三村）属于万人规模区域。于2020年5月至2021年10月，在万人规模区域开展了安全高效的再生水灌溉调控小区试验（水稻、蔬菜和苗木）、农村生活再生水灌溉氮素高效利用测桶试验（水稻）；于2022年5—10月，在千人规模与万人规模示范区域开展了示范评估监测。研究区域占地面积43.3hm^2（约650亩），由污水处理设施、输水工程、缓存单元、田间灌溉工程等组成。其中，千人规模区域占地15hm^2（225亩），污水处理设施规模为150t/d，可以充分利用污水处理终端处理后的农村生活污水进行输水灌溉；万人规模区域占地28.3hm^2（约425亩），污水处理设施规模为400t/d，可以满足整个区域输水灌溉的要求。

4.1.1　千人规模区域

在舟山镇联村区（新楼村—大路任村）建成了1处以集污水处理设施、输水工程、缓存单元、田间灌溉工程为一体的农村生活污水安全利用示范区域，占地面积15hm^2（225亩），实现了联村区农村生活污水处理基本“全回用、全覆盖、智能化”，区域平面布置如图4-1所示，现场航拍如图4-2所示。该区域通过新建1处污水处理设施，经输水工程将处理后的农村生活污水接入缓存单元（生态塘），在灌溉需水期通过田间灌溉工程进行高效节水灌溉。田间各支管均配备了电磁阀，通过泵站控制系统、田间控制系统和用水计量系统的联动，实现精准灌溉。在灌溉非需水期，通过生态塘进一步净化后，达到《城市污水再生利用　景观环境用水水质》（GB/T 18921—2019）的要求，补充到生态环境中。

该区域污水处理终端占地面积160m^2，采用厌氧（A/O）+基质生物过滤技术，过滤池面积负荷1m^3/(m^2·d)，出水水质满足《农村生活污水处理设施水污染物排放标准》（DB 33/973—2015）一级排放标准（见表4-1）。该区域输水采用管道输水灌溉（1.0MPa *DN*90 PE管），可以进一步减少水量损失和对周围土壤的影响。缓存单元采用由浮水植物、挺水植物、沉水植物、水生动物构成的多功能生态塘，占地面积1500m^2、深2.0m设计，最大蓄水容积约3000m^3，生态塘水力停留时间初步可以达到15d。田间灌溉工程包括泵站、灌溉管道、田间控制单元等，针对田间作物之间的用水差异性与土壤特殊性，在泵站首部安装了水泵控制器和远程传输控制设备，结合田间支管的电磁阀，通过泵站控制系统、田间控制系统和用水计量系统的联动控制，实现了农村生活污水的高效回用。

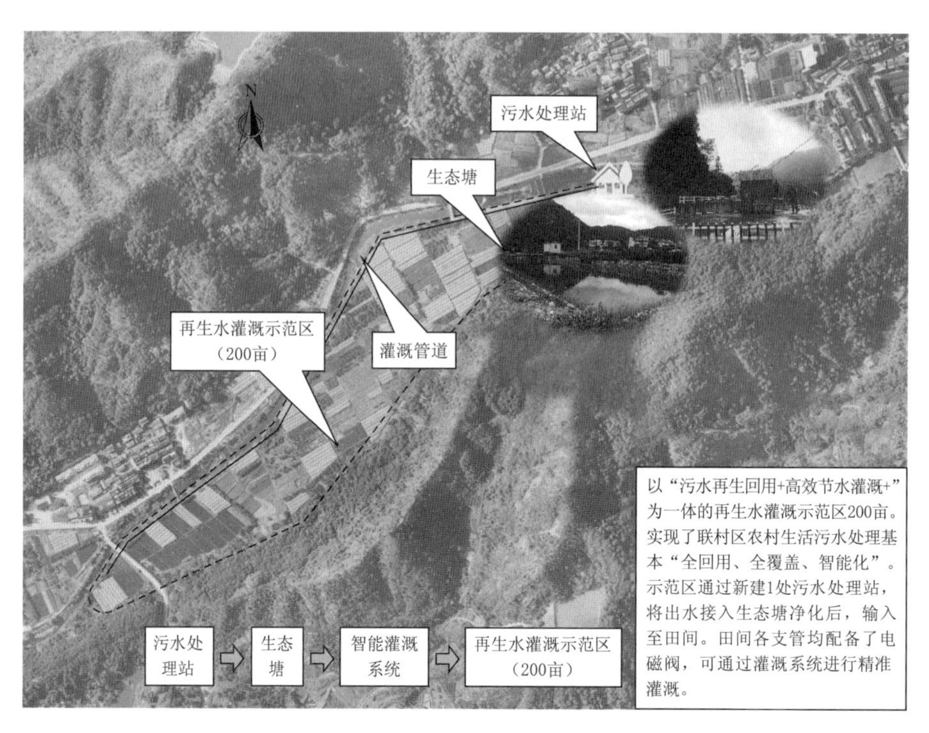

图4-1 千人规模区域平面布置图

图4-2 千人规模区域现场航拍图

表4-1 水污染物最高允许排放浓度（DB 33/973—2015）

控制项目名称	pH①	COD_{Cr} /(mg/L)	NH_3-N /(mg/L)	总磷（以P计）/(mg/L)	悬浮物（SS）/(mg/L)	粪大肠杆菌群 /(个/L)	动植物油② /(mg/L)
一级标准	6～9	60	15	座	1	10^4	3

① 无量纲。

② 仅针对含农家乐废水的处理设施执行。

4.1.2 万人规模区域

在舟山镇集镇区（舟三村）建成1处以集污水处理设施、输水工程、缓存单元、田间灌溉工程、试验研究为一体的农村生活污水安全利用万人规模区域，占地面积28.3hm^2（约425亩），其中试验研究区域包括水稻、苗木、蔬菜灌溉试区与温室测桶试区，平面布置如图4－3所示，现场航拍如图4－4所示。该区域通过提升舟山镇现有的1处污水处理设施，经输水工程将处理后的农村生活污水接入缓存单元（生态塘），在灌溉需水期，通过田间灌溉工程进行农田灌溉。田间各支管均配备了电磁阀，通过泵站控制系统、田间控制系统和用水计量系统的联动，实现精准灌溉。在灌溉非需水期，通过生态塘净化后，达到《城市污水再生利用　景观环境用水水质》（GB/T 18921—2019）的要求，补充到生态环境中。

图4－3　万人规模区域平面布置图

万人规模区域污水处理终端占地面积680m^2，采用微动力处理工艺，出水水质达到GB 18918一级标准，处理规模400t/d。输水工程采用管道输水灌溉（1.0MPa *DN*90 PE管），可以进一步减少水量损失和对周围土壤的影响。缓存单元采用由浮水植物、挺水植物、沉水植物、水生动物构成的多功能生态塘，考虑到非灌溉期污水站的二级污水进入生态塘后，经生态塘进一步净化后才能排入河道，按一个净化周期10～15d考虑，设计占地面积按3000m^{2}计，深2.0m左右，蓄水容积6000m^3，生态塘水力停留时间初步可以达到15d。生态塘调节后的农村生活污水，在灌溉需水期，经智能控制平台自动控制用于农田精准灌溉，在灌溉非需水期经生态塘、撬装化设备、生态沟渠进一步净化用于景观河道生态补水。田间灌溉工程包括泵站、灌溉管道、田间控制单元等。在泵站首部安装了水泵控

图 4-4　万人规模区域现场航拍图

制器和远程传输控制设备，结合田间支管的电磁阀，通过泵站控制系统、田间控制系统和用水计量系统的联动控制，实现了农村生活污水的高效回用。

4.1.3　试验研究区域

试验区（小区试验、测桶试验）位于万人规模区域（北纬 28°48′，东经 120°10′），试验研究区域为亚热带季风气候，四季分明，气候温和，日光充足，雨量充沛，年内降水分布不均匀，年平均降水量为 1787mm，最大年降水量为 2385.8mm，最小年降水量为 1119.9mm，多年平均年蒸发量为 930.2mm，年平均温度为 17.5℃，年最高气温为 39.9℃，年最低气温为－14.5℃，年平均日照为 1909h，多年平均风速为 2.8m/s，无霜期为 245d。

试验研究区域共建有 60 个标准试验小区［20m（长）×5m（宽）］，其中水稻试验小区 36 个，苗木试验小区 12 个，蔬菜试验小区 12 个，采用管道输水智能化灌溉。试验小区田埂高度设置在 30cm 以上，田埂顶宽 60cm，边坡 1∶0.5，采用土工膜防侧渗。万人规模区域已建有一座纳管人数 4500 人、设计规模 400m^3/d 的生活污水处理站，为农村生活污水水源，试区不同土层土壤理化性质见表 4-2。2020 年 5 月至 2021 年 12 月，开展水稻农村生活再生水灌溉调控小区试验，供试水稻品种为嘉优中科 13-1，水稻各生育期起止时间见表 4-3，水稻试验区现场与部分试验设备、仪器见图 4-5。2020 年、2021 年苗木试区种植作物均为罗汉松，2020 年 9—10 月，在蔬菜试区开展萝卜种植试验，2021 年 6—8 月，在蔬菜试区开展空心菜种植试验，苗木、蔬菜试区种植、取样与灌溉设备见图 4-6。

表 4-2　　　　试区土壤理化指标基底值

土层深度 /cm	pH	EC /(mS/m)	可溶性盐 /(g/kg)	TN /%	TP /%	OM /(g/kg)	NH_4^+-N /(mg/kg)	NO_3^--N /(mg/kg)
0～20	5.56	2.6	0.44	0.12	0.069	17.7	8.24	2.84
20～40	5.88	2.9	0.27	0.09	0.032	14.8	5.75	2.69

续表

土层深度/cm	pH	EC/(mS/m)	可溶性盐/(g/kg)	TN/%	TP/%	OM/(g/kg)	NH_4^+-N/(mg/kg)	NO_3^--N/(mg/kg)
40～60	6.15	2.8	0.26	0.07	0.027	12.9	4.71	2.5
60～80	6.61	2.8	0.26	0.04	0.030	8.0	3.17	2.16

表 4-3　　水稻各生育期统计

年度	泡田	返青期	分蘖期	拔节期	抽穗期	乳熟期	黄熟期	本田期
2020	6月20—28日	6月29日至7月5日	7月6日至8月4日	8月5—21日	8月22—31日	9月1—12日	9月13日至10月3日	6月29日至10月3日
	9d	7d	30d	17d	10d	12d	21d	97d
2021	6月25—29日	6月30日至7月6日	7月7日至8月2日	8月3—19日	8月20日至9月5日	9月6—15日	9月16日至10月6日	6月30日至10月6日
	5d	7d	27d	17d	17d	10d	18d	96d

(a) 水稻试验区现场1

(b) 水稻试验区现场2

(c) 田间水表

(d) 田间渗漏仪

图 4-5　水稻试验区现场与部分仪器、设备安装

测桶试验区域建有36个标准测桶 [40cm (直径)×100cm (深度)]，于2021年5—10月开展农村生活再生水氮素高效利用试验研究，供试水稻品种为嘉优中科13-1、2021年7月6日进行秧苗移栽并施基肥，通过测桶内埋设的竖尺进行水位控制，7月21日对测桶

(a) 苗木试验区现场

(b) 蔬菜试验区现场

(c) 蔬菜取样

(d) 蔬菜样品处理

图 4-6　苗木、蔬菜试区种植、取样

内水稻追肥，在水稻主要生育期内取土壤、植株样品，取样后带回实验室进行风干，放入干燥箱中（85℃）烘干至恒重，再用粉碎机将植株和不同土层（0～20cm、20～40cm、40～60cm）内土壤样品粉碎，植株和土壤样品分别过 60 目和 120 目筛，装入自封袋密封。测桶试区种植、取样与样品预处理见图 4-7。

(a) 测桶试区测量

(b) 测桶试区取样

图 4-7（一）　测桶试区种植、取样与样品预处理

（c）植株样品

（d）土壤样品

（e）植株、土壤样品烘干处理

（f）研磨好的样品

图 4-7（二） 测桶试区种植、取样与样品预处理

4.2 试验方案设计

4.2.1 安全高效的再生水灌溉利用调控小区试验

4.2.1.1 水稻试区

（1）灌溉水源：试验小区设置 4 种灌溉水源，分别来自污水处理站一级出水 R1、二级出水 R2、生态塘水 R3（二级处理单元出水深度处理后存储于生态塘中备用，占地面积 3000m^2，深 2.0m，蓄水容积 6000m^3）、舟山溪水（河道水）R4，通过 4 座简易潜水泵提水灌溉。试验期间水质指标状况统计见表 4-4，各指标均达到《灌溉水质标准》（GB 5084—2021）。水中污染物以 COD 为主，一级和二级再生水中 NH_4^+-N 浓度远高于 NO_3^--N，而河道水中 NO_3^--N 浓度略高于 NH_4^+-N，阴离子表面活性剂（LAS）浓度为 0～0.88mg/L，R1 水源中 LAS 浓度较大。

（2）水位调控模式：共设置 3 个水位调控处理，每个处理 3 个重复，各个生育期严格控水，水位下降至下限即进行补水，若遇暴雨超过蓄雨上限即进行排水。田间水位控制标准见表 4-5。

表 4-4　　　　试区灌溉水源和地下水水质描述统计　　　　单位：mg/L

水源	指标	最大值	最小值	标准差	均值	峰度	偏度
一级再生水（R1）	COD	84	15	26.794	29.5	5.855	2.410
	LAS	0.88	0.06	0.315	0.25	5.199	2.247
	NH_4^+-N	11.9	8.25	1.645	9.647	−1.782	0.916
	NO_3^--N	0.061	0.016	0.019	0.034	−1.452	0.642
二级再生水（R2）	COD	59	10	16.783	24.1	0.719	1.291
	LAS	0.16	0	0.058	0.048	−0.425	0.827
	NH_4^+-N	11.9	3.52	2.837	7.712	−0.946	−0.174
	NO_3^--N	6.25	0.01	2.455	1.364	1.238	1.687
生态塘水（R3）	COD	62	11	12.735	24.15	0.710	1.553
	LAS	0.32	0	0.132	0.042	−1.215	0.826
	NH_4^+-N	5.45	2.34	0.634	4.415	0.478	0.473
	NO_3^--N	3.16	0.345	0.928	0.823	1.382	1.275
河道水（R4）	COD	56	7	15.712	23.45	0.710	1.251
	LAS	0.1	0	0.041	0.035	−1.875	0.418
	NH_4^+-N	1.49	0.116	0.394	0.711	0.143	0.393
	NO_3^--N	2.56	0.624	0.578	1.048	4.680	2.078
地下水	COD	48	12	12.793	20	5.486	2.289
	LAS	0.13	0	0.051	0.027	2.865	1.847
	NH_4^+-N	2.82	0.247	0.930	0.73	6.597	2.549
	NO_3^--N	1.1	0.005	0.361	0.603	0.102	−0.389

表 4-5　　　　田间水位控制标准　　　　单位：mm

水位调控	上下限	返青期	分蘖前期	分蘖后期	拔节孕穗期	抽穗开花期	乳熟期
W1（低水位）	灌污下限	0	露田 3～5d	露田 1～2d	露田 1～2d	露田 1～2d	露田 3～5d
	灌污上限	30	30	晒田	40	40	30
	蓄污（雨）上限	50	70		80	80	60
W2（中水位）	灌污下限	0	10	10	10	10	10
	灌污上限	30	50	晒田	50	50	50
	蓄污（雨）上限	50	70		100	100	100
W3（高水位）	灌污下限	0	40	40	40	40	10
	灌污上限	30	60	晒田	60	60	60
	蓄污（雨）上限	50	100		150	150	100

（3）施肥方式采用常规施肥水平：按照当地施肥习惯，采用基肥＋追肥方式。

（4）试验设计：共设计 12 个处理（4 种灌溉水源，3 种水位调控），3 个重复，共 36 个小区，每个小区面积为 $100m^2$（20m×5m），试验区田间布置图见图 4-8。

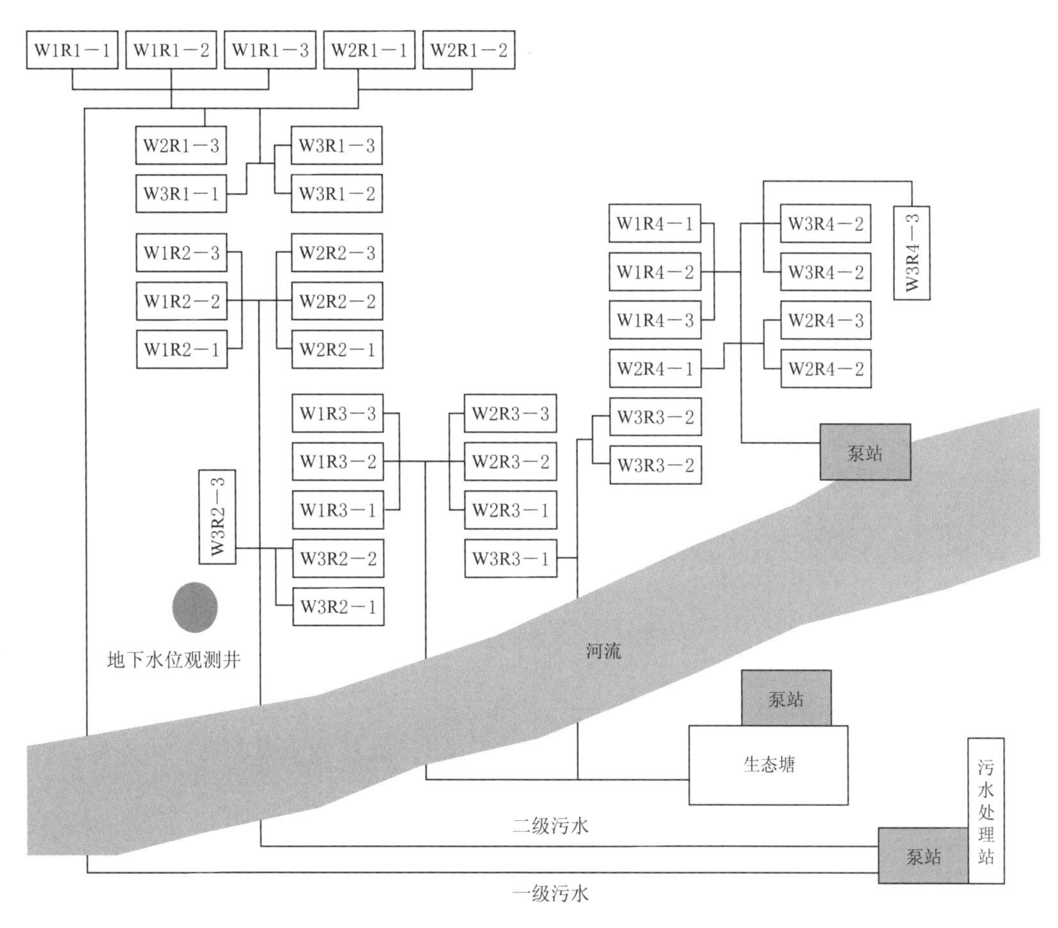

图 4－8　水稻试验区田间布置示意图

4.2.1.2　苗木和蔬菜试区

（1）灌溉水源：分为一级处理水灌溉（R1）、二级处理水灌溉（R2）、生态塘水灌溉（R3）、河道水灌溉（R4）4 种灌溉水源。

（2）水分调控模式：采用滴灌，设置 1～2 种水分调控处理，具体水分调控控制标准根据当地实际情况进行适当调整。

（3）施肥方式：参照当地专业合作社或生产大户的相对先进的管理模式。

4.2.2　农村生活再生水灌溉氮素高效利用测桶试验

（1）灌溉水源：采用温室测桶试验［规格为 40cm（直径）×100cm（深度）］开展水稻农村生活再生水灌溉试验研究，试验供试水稻品种为嘉优中科 13－1，采用撒播种植，出苗后每个测桶留 10 株。采用 4 种灌溉水源，分别为农村生活污水一级处理水（R1）、二级处理水（R2）、生态塘水（R3）、河道水（R4），各灌溉水源通过田间灌溉管网接入测桶内。

（2）灌溉方式：采用控制灌排模式 W2，与以往的节水灌溉模式不同，其灌排调控核心为增加再生水消耗，节约新鲜水取用，田间水位控制标准见表 4－5。

（3）施肥梯度：设置了 3 个施氮水平，分别为 10%减氮施肥 N1（90%常规施肥量）、30%减氮施肥 N2（70%常规施肥量）、不施氮肥 N0，常规氮肥施用量为 225kg/hm^2，经计算得到3个施氮水平分别为5.5g/桶、4.28g/桶、0g/桶，分3次施入，其中基肥、分蘖肥、穗肥分别占比50%、30%和20%，采用^{15}N示踪技术对肥料中的氮素进行标记，选择的标记性氮肥为尿素（质量分数为46%，丰度为10%）。

各灌溉水源、施氮水平设计3个重复，共计36个试验处理。测桶试验区布置见图4-9。

(a) 测桶试区布置

(b) 测桶试区种植情况

图4-9　测桶试验区布置

4.2.3　千人、万人规模示范区域监测

（1）示范区土壤环境质量监测：在千人、万人规模示范区布置监测点，千人规模布设3个，万人规模布设6个，具体监测方案见表4-6。

表4-6　示范工程土壤环境监测方案

示范工程名称	监测点位数量/个	监测指标	监测频次	监测作用与意义
千人规模示范工程	3	pH、电导率、全氮、硝态氮、铵态氮、有机质、水溶性盐等	2次/年	评估农村生活再生水灌溉对土壤质量的影响
万人规模示范工程	6			

（2）示范区水质监测：共设4个监测点，其中千人规模示范工程监测点2个，灌溉期监测点位布设在污水终端出水口，非灌溉期监测点位布设在多功能生态塘；万人规模示范工程监测点2个，灌溉期监测点位布设在多功能生态塘，非灌溉期监测点位布设在生态沟渠出水口，具体监测方案见表4-7。

表4-7　示范工程水质监测方案

示范工程名称	监测点位数量/个	监测指标	监测频次	监测作用	标　　准
千人规模示范工程	2	灌溉期：pH、SS、COD_{Cr}、阴离子表面活性剂、氯化物、硫化物、全盐量、总Pb、总Cd、Cr^{6+}、总Hg、总As、粪大肠菌群。 非灌溉期：pH、浊度、总磷、总氮、氨氮、粪大肠菌群	3次/年	评估再生水水质是否满足相应需求标准	在灌溉期出水水质指标满足《农田灌溉水质标准》（GB 5084—2021）的指标要求。 在非灌溉期主要出水水质指标参照《城市污水再生利用 景观环境用水水质》（GB/T 18921—2019）的要求
万人规模示范工程	2				

4.3 观测指标及方法

4.3.1 水位及水量观测

1. 地下水位观测

在试验小区的中间埋设地下水观测井；量测水位前，先标定地下水观测井管口到地表的高度，测定时用钢尺测量管口到地下水位的距离，获得地下水埋深。

2. 渗漏量观测

通过测针记录渗漏仪前后两天水层深度，两者之差即为渗漏水量。

3. 灌水量观测

田面有水层时，通过测针记录灌水前、后水层深度，两者之差即为灌水量；田面无水层时，直接记录灌溉水量。

4. 排水量观测

雨后若小区水层超过处理要求的上限时，按照处理要求进行排水，通过竖尺记录排水前后的水层深度，两者之差即为排水量。

4.3.2 水质指标观测

水质指标主要包括铵态氮（NH_4^+-N）、硝态氮（NO_3^--N）、化学需氧量（COD）、阴离子表面活性剂（LAS）。田间灌溉水取样，主要在灌溉时在小区田面采集水样；渗漏水在施肥、水位调控期间通过土壤溶液取样器取样；排水时在排水口取排水样，冷藏保存后送至第三方检测机构检测，具体检测方法及设备见表4-8。

4.3.3 土壤指标观测

1. 试验小区土壤指标观测

不同土层土壤养分指标（NH_4^+-N、NO_3^--N、TP、TN、有机质OM）、可溶性盐分（WSS）、电导率（EC）、重金属指标（Pb、Zn、Cd、Cr、Cu）、酶活性[蔗糖酶(INV)、过氧化氢酶（CAT）、淀粉酶（AMS）、脲酶（UR）]、卫生指标（大肠杆菌）、PPCPs（新兴污染物）。在施肥前后及水位调控期间每隔15～30d分别对0～20cm、20～40cm土层进行取样，在各生育期始末分别取样。

2. 测桶土壤氮素观测

水稻生育期始末对土壤0～20cm、20～40cm、40～60cm土层进行取样，分析观测不同土层全氮、^{15}N丰度。

样品送至第三方检测机构检测，具体检测方法及设备见表4-8。

4.3.4 群体质量指标与品质指标观测

1. 群体质量指标观测

群体指标主要包括：株高、叶面积、地上部分（茎、叶、穗）干物质量、产量。其中每个处理内选5穴水稻植株，从分蘖期开始，定点观测株高，抽穗前株高为地面到最高叶尖间的高度，抽穗后株高为地面至穗顶（不计芒）间的高度；分蘖开始后，每个生育期内

表 4-8　样品检测方法及设备

样品	检测项目	检测方法	标准编号	仪器设备及型号
水样	COD	重铬酸盐法	HJ 828—2017	标准 COD 消解器 KHCOD-12
	NH_4^+-N	纳氏试剂分光光度法	HJ 535—2009	紫外可见分光光度计 UV-1800
	NO_3^--N	离子色谱法	HJ 84—2016	离子色谱仪 ICS-1100
	LAS	亚甲蓝分光光度法	GB/T 7494—1987	紫外可见分光光度计 UV-1800
土样	pH	电位法	HJ 962—2018	pH 计 FE28-Standard
	NH_4^+-N	氯化钾溶液提取-分光光度法	HJ 634—2012	紫外可见分光光度计 UV-1800
	NO_3^--N			
	EC	电极法	HJ 802—2016	电导率仪 DDSJ-308F
	Cd	石墨炉原子吸收分光光度法	GB/T 17141—1997	原子吸收光谱仪 AA900T
	Pb、Cr、Cu、Zn	火焰原子吸收分光光度法	HJ 491—2019	
	TN	半微量开氏法	NY/T 53—1987	全自动凯氏定氮仪 K9860
	TP	分光光度法	NY/T 88—1988	紫外可见分光光度计 UV-7504
	OM	重铬酸钾-硫酸溶液法	NY/T 1121.6—2006	—
	WSS	过氧化氢法	NY/T 1121.16—2006	电子天平 BT125D
	酶活性	试剂盒法	—	—
	大肠杆菌	—	GB 4789.3—2016	—
	微生物分子测序	—	—	Miseq 测序平台
	^{15}N	氮同位素质谱分析	《土壤农业化学分析方法》	FLASH-DELTA V 联用仪/Flash-2000 Delta V ADVADTAGE/S-090433
水稻植株	Cu	火焰原子吸收光谱法	GB 5009.13—2017	—
	Zn	火焰原子吸收光谱法	GB 5009.14—2017	—
	Pb、Cr、Cd	电感耦合等离子体质谱法	GB 5009.268—2016	—
	蛋白质	凯氏定氮法	GB 5009.5—2016	—
	硝酸盐、亚硝酸盐	离子色谱法	GB 5009.33—2016	—
	维生素 C	二氯靛酚滴定法	GB 5009.86—2016	—
	直链淀粉	—	GB/T 15683—2008	—
	^{15}N	氮同位素质谱分析	《土壤农业化学分析方法》	FLASH-DELTA V 联用仪/Flash-2000 Delta V ADVADTAGE/S-090433
蔬菜	水分	—	GB 5009.3—2016	—
	硝酸盐	—	GB 5009.33—2016	—
	维生素 C	—	GB 5009.86—2016	—

通过叶面积测定仪测定冠层叶面积。地上各部分干物质量烘干后称重。产量指标在生育期结束时通过测定千粒重、每穗粒数、有效穗数等产量相关因子计算。

2. 品质指标观测

品质指标主要包括：蛋白质、直链淀粉、维生素 C、硝酸盐、亚硝酸盐含量等，叶、茎、籽粒中微量污染物含量（重金属指标 Pb、Zn、Cd、Cr、Cu）；植株、籽粒中 PPCPs 含量。

3. 测桶内植株氮素含量测定

水稻收获时对植株各部分（叶茎、地上部分、籽粒）生物量、氮素含量（全氮、^{15}N 丰度）进行计算。

样品送至第三方检测机构检测，具体方法及所用仪器见表 4-8。

4.3.5 气象资料观测

由气象站自动采集，主要指标有降水量、水面蒸发量、大气温度、大气相对湿度、大气压、太阳总辐射量、净辐射量、风速等。

4.4 农艺措施

水稻试区 2020 年、2021 年所种植水稻品种为嘉优中科 13-1，其中前季未种植作物，为冬闲田。试区土壤为沙土或沙黏土，容重 1.3～1.5g/cm^3，2020 年移栽日期为 6 月 26 日；2021 年移栽日期为 6 月 30 日。插秧密度 10 株/m^2，整个生育期共施肥 2 次，基肥为复合肥＋尿素，追肥为复合肥。生育期内统一实施了施肥、除草及病虫害治理等农艺措施，详见表 4-9。

表 4-9 水稻生育期内施肥、除草及病虫害治理等农艺措施

措施	年度	日　期	方式	成　　分	备注
施肥	2020	5 月 17 日	人工	750kg/hm^2 肽胺、750kg/hm^2 过硫酸钙	
		6 月 25 日	人工	200kg/hm^2 复合肥，100kg/hm^2 尿素	基肥
		7 月 12 日	人工	250kg/hm^2 复合肥	追肥
	2021	7 月 6 日	人工	417kg/hm^2 复合肥	基肥
		7 月 18 日	人工	112.5kg/hm^2 尿素	追肥
除草	2020	5 月 27 日	人工	直播净	
		9 月 17 日	人工		
	2021	7 月 6 日	人工	稻农富	
		8 月 17 日	人工	草铵·草甘膦	
病虫害防治	2020	6 月 16 日	人工	阿维菌素 300g/hm^2，马拉杀螟松 300g/hm^2	
		6 月 24 日	人工	杀虫双 750g/hm^2，蚍虫 300g/hm^2	
		7 月 11 日	人工	杀虫双 750g/hm^2，马拉杀螟松 450g/hm^2	
		7 月 18 日	无人机	康宽 300g/hm^2，拿敌稳 370g/hm^2，保美乐 370g/hm^2，宝剑 300g/hm^2，三环唑 370g/hm^2	

续表

措施	年度	日　期	方式	成　　分	备注
治虫	2020	8月7日	无人机	三环唑 370g/hm^2，稻温灵 450g/hm^2，保美乐 370g/hm^2，芸乐收 370g/hm^2，拿敌稳 370g/hm^2	
		8月22日	人工	10%三氯嘧啶 240～300L/hm^2，阿米妙收 450～600L/hm^2，噻唑锌 1.87kg/hm^2	
	2021	7月5日	人工	吡虫啉 350g/L，1.7%阿维菌素，4.3%氯虫苯甲酰胺，5%甲氨基阿维菌素苯甲酸盐	
		7月18日	人工	吡虫啉 350g/L，5%甲氨基阿维菌素苯甲酸盐，四唑虫酰胺 200g/L	
		8月2日	人工	5%甲氨基阿维菌素苯甲酸盐 0.6L/hm^2，20%噻菌铜 0.6L/hm^2，苯醚甲环唑 125g/L，嘧菌酯 200g/L	
		8月14日	人工		

苗木试区 2020 年和 2021 年均种植罗汉松；蔬菜试区 2020 年度种植萝卜，种植密度为 2400 株/亩，2021 年种植空心菜，生育期内农艺措施见表 4－10。

表 4－10　　经济作物农艺措施统计表

年度	蔬菜品种	农艺措施	日　期	方式	成分及用量
2020	萝卜	播种	9月8日	人工	
		施肥	10月12日	人工	77kg/hm^2 碳酸氢铵
			10月30日	人工	77kg/hm^2 碳酸氢铵
		治虫	10月12日	人工	施乐康
			10月30日	人工	施乐康
2021	空心菜	播种	6月25日	人工	
		除草	7月8日	人工	
		施肥	7月12日	人工	80kg/hm^2 尿素
		收获	8月5日	人工	

第2篇　水氮利用

第5章　农村生活再生水灌溉水分高效利用

5.1　概述

作物需耗水规律主要反映作物及品种的生物学特性，同时受气候和灌排模式的影响（Xiao et al.，2018）。水分利用效率反映了作物水分投入与产量的关系，受水分利用和产量双重影响（Huang et al.，2022）。掌握作物水分利用特性，有利于科学制定灌溉策略，实现作物高产稳产。Xiao等（2022）对浙江省典型区域（包括山丘区、平原河网区）节水减排机制进行的研究表明，相比常规淹灌模式，节水灌溉模式水稻耗水量、渗漏水量和蒸腾量分别降低了16.63%～34.40%、39.97%～60.80%和9.40%～31.53%。Timm等（2014）和刘笑吟等（2021）均开展了节水灌溉、控制灌溉下水稻生育期蒸散量和蒸发量及灌溉定额影响研究，但缺少对不同水文年型的论证。陈凯文等（2019）基于1956—2015年60年的降水资料，获得控制灌排的灌溉水分生产率在丰、平、枯3种年型下分别为5.52kg/m^3、4.65kg/m^3、3.83kg/m^3，表明在产量因子稳定的情况下，随着降水量增加，灌溉水量呈现显著降低趋势。

马丙菊等（2019）和孟翔燕等（2019）针对作物需水特性，在微观层面主要集中在不同灌排调控对作物水分高效利用的影响，探讨了作物的气孔特性、叶片光合与蒸腾特性、根系形态生理与水分的吸收和运输、植物激素、分子机制等方面对水分高效利用的影响机理，研究了环境因素、土壤特性、水分管理方式、肥料施用等方面对作物水分高效利用的影响；Ding等（2017）和曹言等（2020）研究了宏观层面在气候变化下区域作物需水量（灌溉需水量）时空分布特征。

当前，满足灌溉水质标准的再生水代替常规水源作为不同类作物的灌溉用水，可以适应水资源需求的快速增长，已经广泛用于农业灌溉，其中针对经济作物大多采用喷滴灌等高效节水灌溉技术，草地林地采用地面灌溉，但缺少在粮食作物（水稻）的灌溉应用，再生水灌溉技术应用及其水分利用机制还有待于进一步研究。基于此，本章研究了不同再生水灌溉水源、不同灌溉调控模式下水稻需耗水规律、水分利用效率变化，以及采用不同再生水灌溉水源在滴灌条件下对苗木、经济作物灌溉用水量（用水定额）的影响，为综合制定再生水灌溉标准提供参考。

5.2　水稻需耗水规律

5.2.1　灌溉用水分析

水稻各生育期灌水量和灌水次数统计见表5-1。对同一水分调控，灌水次数大小表现为 R1＜R2＜R3≈R4，R1 田间渗漏量小，水稻耗水量小，R3、R4 渗漏较大，耗水量大，灌水量明显升高，R2 介于两者之间。对同一种灌溉水源，随着田间水位升高，灌水量和灌水次数表现为 W3＞W2＞W1。

表 5-1　　水稻各生育期灌水量和灌水次数统计

处理	年份	水量指标	返青期	分蘖期	拔节孕穗期	抽穗开花期	乳熟期	全生育期
W1R1	2020	灌水量/(m^3/hm^2)	580	2524	693	583	0	4380
		灌水次数	1	2	1	1	0	5
	2021	灌水量/(m^3/hm^2)	265	1996	384	760	267	3672
		灌水次数	1	2	1	2	1	7
W1R2	2020	灌水量/(m^3/hm^2)	505	2318	738	535	0	4096
		灌水次数	1	2	2	1	0	6
	2021	灌水量/(m^3/hm^2)	280	2310	450	520	0	3560
		灌水次数	1	3	1	1	0	6
W1R3	2021	灌水量/(m^3/hm^2)	466	2253	630	702	0	4051
		灌水次数	1	4	2	3	0	10
W1R4	2020	灌水量/(m^3/hm^2)	510	3494	756	645	0	5405
		灌水次数	1	4	3	2	0	10
	2021	灌水量/(m^3/hm^2)	260	2536	430	642	0	3868
		灌水次数	1	3	2	2	0	8
W2R1	2020	灌水量/(m^3/hm^2)	450	3019	1272	350	0	5091
		灌水次数	1	4	4	1	0	10
	2021	灌水量/(m^3/hm^2)	245	2846	720	435	0	4246
		灌水次数	1	3	2	2	0	8
W2R2	2020	灌水量/(m^3/hm^2)	435	3233	836	492	0	4996
		灌水次数	1	4	3	1	0	9
	2021	灌水量/(m^3/hm^2)	327	2798	700	470	0	4295
		灌水次数	1	3	2	1	0	7
W2R3	2021	灌水量/(m^3/hm^2)	340	3020	720	540	0	4620
		灌水次数	1	3	2	1	0	7
W2R4	2020	灌水量/(m^3/hm^2)	553	1946	1860	542	607	5508
		灌水次数	1	2	4	1	1	9
	2021	灌水量/(m^3/hm^2)	430	2850	800	635	0	4715
		灌水次数	1	3	2	1	0	7
W3R1	2020	灌水量/(m^3/hm^2)	688	2574	2191	1132	300	6885
		灌水次数	2	5	6	2	1	16
	2021	灌水量/(m^3/hm^2)	495	2096	600	1385	349	4925
		灌水次数	2	6	1	3	1	13

续表

处理	年份	水量指标	返青期	分蘖期	拔节孕穗期	抽穗开花期	乳熟期	全生育期
W3R2	2020	灌水量/(m^3/hm^2)	911	1196	2287	791	1532	6717
		灌水次数	3	3	7	2	3	18
	2021	灌水量/(m^3/hm^2)	519	2271	370	1380	245	4785
		灌水次数	2	6	1	3	1	13
W3R3	2021	灌水量/(m^3/hm^2)	406	2470	340	1310	359	4885
		灌水次数	2	7	1	3	1	14
W3R4	2020	灌水量/(m^3/hm^2)	1050	2278	2580	673	525	7106
		灌水次数	3	4	7	2	1	17
	2021	灌水量/(m^3/hm^2)	500	2301	420	1540	430	5191
		灌水次数	2	6	1	3	1	13

不同灌溉水源、不同水位调控下各处理灌溉水量变化见表 5-2。从表 5-1 和表 5-2 可以看出，2020 年，W1 调控下灌水 5～10 次，平均灌水量 4717m^3/hm^2；W2 调控下灌水 7～10 次，平均灌水量 5198m^3/hm^2；W3 调控下灌水 16～18 次，平均灌水量 6249m^3/hm^2；W3 调控下灌水次数和灌水量明显高于 W1 和 W2 处理，W2 略高于 W1，W3 平均灌水量分别为 W1 和 W2 的 1.3 倍和 1.2 倍，主要在水稻拔节孕穗期差异较大，这是由于该阶段水稻生长旺盛，耗水量较大，灌水频率较高，该时期 W3 灌水次数均比 W1 和 W2 多 4 次。R1 灌溉水源下，平均灌水量为 5260m^3/hm^2；R2 灌溉水源下，平均灌水量为 5269m^3/hm^2；R4 灌溉水源下，平均灌水量为 6006m^3/hm^2；其中 R1 与 R2 水源灌溉水量基本一致，差异不显著。2021 年，W1 调控下灌水 6～10 次，平均灌水量 4038m^3/hm^2；W2 调控下灌水 7～8 次，平均灌水量 4469m^3/hm^2；W3 调控下灌水 13～14 次，平均灌水量 4947m^3/hm^2；W3 平均灌水量分别为 W1 和 W2 的 1.2 倍和 1.1 倍，相比 2020 年，灌溉次数和灌溉水量下降 14.0%～20.8%，主要是由于 2020 年生育期内降水量为 457.8mm，属于中等水文年份，2021 年生育期内降水量为 565.4mm，属于丰水年份，导致 2020 年灌溉水量显著高于 2021 年。R1 灌溉水源下，平均灌水量为 4281m^3/hm^2；R2 灌溉水源下，平均灌水量为 4213m^3/hm^2；R3 灌溉水源下，平均灌水量为 4519m^3/hm^2；R4 灌溉水源下，平均灌水量为 4591m^3/hm^2；R1 与 R2 基本一致，R3 与 R4 由于地形导致渗漏量偏大，灌溉水量略高于 R1、R2。可见，田间水位调控对稻田灌溉水量影响显著（$P<0.01$），灌溉水源对稻田灌溉水量影响不显著（$P>0.05$）。

表 5-2　不同灌溉水源、不同水位调控下各处理灌溉水量变化　单位：m^3/hm^2

处理	年份	返青期	分蘖期	拔节孕穗期	抽穗开花期	乳熟期	全生育期
W1	2020	532	2779	729	588	0	4717
	2021	318	2524	474	656	67	4038
W2	2020	479	2733	1323	461	202	5198
	2021	336	2879	735	520	0	4469

续表

处理	年份	返青期	分蘖期	拔节孕穗期	抽穗开花期	乳熟期	全生育期
W3	2020	819	1857	1822	950	802	6249
	2021	480	2285	433	1404	346	4947
R1	2020	504	2648	1201	717	100	5260
	2021	335	2313	568	860	205	4281
R2	2020	617	2249	1287	606	511	5269
	2021	375	2460	507	790	82	4213
R3	2021	404	2581	563	851	120	4519
R4	2020	704	2573	1732	620	377	6006
	2021	397	2562	550	939	143	4591

5.2.2 耗水量分析

不同灌溉水源、不同水位调控下稻田全生育期耗水量变化见表 5-3。可以看出，2020 年 W1、W2 和 W3 水位调控下稻田全生育期耗水量分别为 882.9mm、895.2mm 和 955.8mm，腾发量分别为 770.2mm、777.4mm 和 830.3mm，渗漏量分别为 112.7mm、117.8mm 和 125.5mm，W1 和 W2 水位调控下稻田耗水规律基本一致，随着田间灌溉水位上限和蓄水（蓄污）上限提高，W3 水位调控下稻田耗水（耗水量、腾发量）显著提高；R1、R2 和 R4 灌溉水源条件下水稻生育期平均耗水量分别为 906.8mm、905.9mm、921.3mm，腾发量分别为 788.9mm、790.3mm 和 798.7mm，渗漏量分别为 117.9mm、115.6mm 和 122.6mm，不同灌溉水源稻田耗水变化不显著。2021 年 W1、W2 和 W3 水位调控下稻田全生育期耗水量分别为 826.9mm、840.8mm 和 876.0mm，腾发量分别 707.4mm、718.5mm 和 749.8mm，渗漏量分别为 119.5mm、122.3mm 和 126.2mm，随着田间灌溉水位上限和蓄水（蓄污）上限提高，稻田耗水（耗水量、腾发量）显著提高；R1、R2、R3 和 R4 灌溉水源条件下水稻生育期平均耗水量分别为 839.4mm、836.1mm、853.4mm 和 846.1mm，腾发量分别为 716.2mm、716.2mm、731.1mm 和 720.2mm，渗漏量分别为 123.2mm、119.9mm、122.8mm 和 125.9mm，不同灌溉水源稻田耗水变化不显著。相比 2020 年，2021 年稻田耗水量、腾发量随着降水量增加而减少，稻田渗漏量基本保持一致。

表 5-3　不同灌溉水源、不同水位调控下稻田全生育期耗水量变化　单位：m^3/hm^2

处理	年份	耗水量	腾发量	渗漏量
W1	2020	882.9	770.2	112.7
	2021	826.9	707.4	119.5
W2	2020	895.2	777.4	117.8
	2021	840.8	718.5	122.3
W3	2020	955.8	830.3	125.5
	2021	876.0	749.8	126.2

续表

处理	年份	耗水量	腾发量	渗漏量
R1	2020	906.8	788.9	117.9
	2021	839.4	716.2	123.2
R2	2020	905.9	790.3	115.6
	2021	836.1	716.2	119.9
R3	2021	853.8	731.1	122.8
R4	2020	921.3	798.7	122.6
	2021	846.1	720.2	125.9

表5-4～表5-7分别为不同灌溉水源下水稻各生育阶段耗水量变化。对R1灌溉水源，2020年，3种水位调控下耗水量、腾发量和渗漏量大小均表现为：W1≈W2＜W3；相比W3，W1和W2耗水量、腾发量和渗漏量分别降低7.0%和5.3%、6.1%和4.4%、12.6%和11.4%。2021年，3种水位调控下稻田耗水规律与2020年基本一致，相比W3，W1和W2耗水量、腾发量和渗漏量分别降低7.7%和3.5%、8.5%和3.4%、3.0%和4.6%，W1耗水量和腾发量降低幅度略高于2020年，W2略低于2020年，各处理渗漏量降低幅度均低于2020年。此外，W1和W3水位调控下，水稻日均耗水量和日均腾发量均在抽穗开花期达到最大，拔节孕穗期次之，返青期最小，总耗水量总腾发量则在分蘖期达到最大，拔节孕穗期次之，返青期最小；W2水位调控下，水稻日均耗水量在拔节孕穗期达到最大，抽穗开花期次之，日均腾发量在抽穗开期达到最大，拔节孕穗期次之，日均渗漏量在分蘖期和拔节孕穗期最大，在黄熟期最小。这是由于水稻在拔节孕穗期和抽穗开花期生长均较旺盛，日耗水强度大，需水量较大，而拔节孕穗期天数多于抽穗开花期，因此拔节孕穗期总耗水量大于抽穗开花期。可见随着田间控制水位的升高，水稻耗水高峰发生提前。

表5-4　　水稻本田期各个生育阶段耗水量变化（一级处理水R1）

处理	生长阶段	降水量/mm	天数	耗水量/mm		腾发量/mm		渗漏量/mm	
				阶段总和	日平均	阶段总和	日平均	阶段总和	日平均
W1R1 (2020)	返青期	81.5	9.0	62.5	6.9	54.9	6.1	7.6	0.8
	分蘖期	208.0	31.0	284.0	9.2	238.5	7.7	45.5	1.5
	拔节孕穗期	8.7	17.0	194.2	11.4	172.6	10.2	21.6	1.3
	抽穗开花期	61.7	10.0	145.0	14.5	133.5	13.4	11.5	1.2
	乳熟期	18.3	12.0	97.1	8.1	86.5	7.2	10.6	0.9
	黄熟期	79.6	19.0	96.9	5.1	81.7	4.3	15.2	0.8
	全生育期	457.8	98.0	879.7	9.0	767.7	7.8	112.0	1.1
W1R1 (2021)	返青期	0.0	7.0	51.6	7.4	45.2	6.6	6.4	0.9
	分蘖期	235.5	27.0	219.7	8.1	184.6	9.7	35.1	1.3
	拔节孕穗期	142.1	17.0	146.0	8.6	119.0	7.0	27.0	1.6
	抽穗开花期	38.2	17.0	167.1	9.8	139.4	7.6	27.7	1.6

续表

处理	生长阶段	降水量/mm	天数	耗水量/mm		腾发量/mm		渗漏量/mm	
				阶段总和	日平均	阶段总和	日平均	阶段总和	日平均
W1R1 (2021)	乳熟期	137.4	10.0	87.6	8.8	79.0	8.9	8.6	0.9
	黄熟期	12.2	21.0	132.8	6.3	115.2	7.4	17.6	0.8
	全生育期	565.4	99.0	804.8	8.1	682.4	8.1	122.4	1.2
W2R1 (2020)	返青期	81.5	9.0	72.5	2.5	63.0	7.0	9.5	1.1
	分蘖期	208.0	31.0	299.2	3.2	260.6	8.4	38.6	1.2
	拔节孕穗期	8.7	17.0	213.6	9.1	187.0	11.0	26.6	1.6
	抽穗开花期	61.7	10.0	150.7	8.1	139.6	14.0	11.1	1.1
	乳熟期	18.3	12.0	89.1	7.5	76.9	6.4	12.2	1.0
	黄熟期	79.6	19.0	70.0	5.0	54.5	2.9	15.5	0.8
	全生育期	457.8	98.0	895.1	5.3	781.6	8.0	113.5	1.2
W2R1 (2021)	返青期	0.0	7.0	46.2	6.6	39.5	5.6	6.7	1.0
	分蘖期	235.5	27.0	259.2	9.6	226.0	8.4	33.2	1.2
	拔节孕穗期	142.1	17.0	96.9	5.7	69.7	4.1	27.2	1.6
	抽穗开花期	38.2	17.0	133.9	7.9	113.4	6.7	20.5	1.2
	乳熟期	137.4	10.0	67.8	6.8	56.2	5.6	11.6	1.2
	黄熟期	12.2	21.0	237.7	11.3	215.8	10.3	21.9	1.0
	全生育期	565.4	99.0	841.7	8.5	720.6	7.3	121.1	1.2
W3R1 (2020)	返青期	81.5	9.0	65.9	7.3	54.8	6.1	11.1	1.2
	分蘖期	208.0	31.0	314.8	10.2	269.8	8.7	45.0	1.5
	拔节孕穗期	8.7	17.0	207.8	12.2	183.2	10.8	24.6	1.4
	抽穗开花期	61.7	10.0	143.7	14.4	129.5	13.0	14.2	1.4
	乳熟期	18.3	12.0	125.9	10.5	110.8	9.2	15.1	1.3
	黄熟期	79.6	19.0	87.4	4.6	69.2	3.6	18.2	1.0
	全生育期	457.8	98.0	945.5	9.6	817.3	8.3	128.2	1.3
W3R1 (2021)	返青期	0.0	7.0	33.6	4.8	25.3	3.6	8.3	1.2
	分蘖期	235.5	27.0	248.4	9.2	210.1	7.8	38.3	1.4
	拔节孕穗期	142.1	17.0	225.6	13.3	203.3	12.0	22.3	1.3
	抽穗开花期	38.2	17.0	165.7	9.7	142.5	8.4	23.2	1.4
	乳熟期	137.4	10.0	95.4	9.5	83.6	8.4	11.8	1.2
	黄熟期	12.2	21.0	103.1	4.9	80.9	3.9	22.2	1.1
	全生育期	565.4	99.0	871.8	8.8	745.7	7.5	126.1	1.3

对 R2 灌溉水源，2020 年，3 种水位调控下耗水量、腾发量和渗漏量大小均表现为：W1<W2<W3，相比 W3，W1 和 W2 耗水量、腾发量和渗漏量分别降低 8.7%和 7.3%、8.4%和 7.5%、10.7%和 5.3%。2021 年，3 种水位调控下稻田耗水规律与 2020 年基本

一致，相比 W3，W1 和 W2 耗水量、腾发量和渗漏量分别降低 6.1%和 5.0%、5.2%和 4.8%、11.3%和 6.6%，耗水量与腾发量降低幅度略小于 2020 年，渗漏量降低幅度略高于 2020 年。W1 和 W2 水位调控下，日均耗水量、日均腾发量和日均渗漏量均在拔节孕穗期、抽穗开花期达到最大，在黄熟期最低，总耗水量、腾发量和渗漏量在分蘖期最大，返青期最低，主要由于分蘖期在全生育期所占时长最高；W3 水位调控下，日均耗水量和日均腾发量均在抽穗开花期达到最大，在黄熟期最低，总耗水量、腾发量和渗漏量在分蘖期最大，返青期最低，主要由于分蘖期在全生育期所占时长最大。

表 5-5　水稻本田期各个生育阶段耗水量变化（二级处理水 R2）

处理	生长阶段	降水量/mm	天数	耗水量/mm		腾发量/mm		渗漏量/mm	
				阶段总和	日平均	阶段总和	日平均	阶段总和	日平均
W1R2(2020)	返青期	81.5	9	48.8	5.4	40.2	4.5	8.6	1.0
	分蘖期	208.0	31	291.6	9.4	257.1	8.3	34.5	1.1
	拔节孕穗期	8.7	17	194.5	11.4	170.1	10.0	24.4	1.4
	抽穗开花期	61.7	10	148.2	14.8	136.1	13.6	12.1	1.2
	乳熟期	18.3	12	97.9	8.2	85.6	7.1	12.3	1.0
	黄熟期	79.6	19	92.3	4.9	75.2	4.0	17.1	0.9
	全生育期	457.8	98	873.3	8.9	764.3	7.8	109.0	1.1
W1R2(2021)	返青期	0.0	7	42.0	6.0	35.1	5.0	6.9	1.0
	分蘖期	235.5	27	296.4	11.0	267.3	9.9	29.1	1.1
	拔节孕穗期	142.1	17	184.6	10.9	161.6	9.5	23.0	1.4
	抽穗开花期	38.2	17	112.0	6.6	89.8	5.3	22.2	1.3
	乳熟期	137.4	10	96.4	9.6	84.9	8.5	11.5	1.2
	黄熟期	12.2	21	84.1	4.0	63.7	3.0	20.4	1.0
	全生育期	565.4	99	815.5	8.2	702.4	7.1	113.1	1.1
W2R2(2020)	返青期	81.5	9	40.6	4.5	31.0	3.4	9.6	1.1
	分蘖期	208.0	31	305.4	9.9	269.0	8.7	36.4	1.2
	拔节孕穗期	8.7	17	225.8	13.3	203.4	12.0	22.4	1.3
	抽穗开花期	61.7	10	156.6	15.7	142.5	14.3	14.1	1.4
	乳熟期	18.3	12	90.7	7.6	75.8	6.3	14.9	1.2
	黄熟期	79.6	19	68.3	3.6	50.1	2.6	18.2	1.0
	全生育期	457.8	98	887.4	9.1	771.8	7.9	115.6	1.2
W2R2(2021)	返青期	0.0	7	35.2	5.0	28.1	4.0	7.1	1.0
	分蘖期	235.5	27	256.2	9.5	224.7	8.3	31.5	1.2
	拔节孕穗期	142.1	17	205.5	12.1	179.8	10.6	25.7	1.5
	抽穗开花期	38.2	17	174.7	10.3	153.8	9.0	20.9	1.2
	乳熟期	137.4	10	86.2	8.6	74.2	7.4	12.0	1.2
	黄熟期	12.2	21	66.7	3.2	44.8	2.1	21.9	1.0
	全生育期	565.4	99	824.5	8.3	705.4	7.1	119.1	1.2

续表

处理	生长阶段	降水量/mm	天数	耗水量/mm		腾发量/mm		渗漏量/mm	
				阶段总和	日平均	阶段总和	日平均	阶段总和	日平均
W3R2 (2020)	返青期	81.5	9	56.7	6.3	46.9	5.2	9.8	1.1
	分蘖期	208.0	31	270.0	8.7	226.5	7.3	43.5	1.4
	拔节孕穗期	8.7	17	220.9	13.0	196.2	11.5	24.7	1.5
	抽穗开花期	61.7	10	179.5	18.0	166.9	16.7	12.6	1.3
	乳熟期	18.3	12	143.4	12.0	130.3	10.9	13.1	1.1
	黄熟期	79.6	19	86.4	4.5	68.0	3.6	18.4	1.0
	全生育期	457.8	98	956.9	9.8	834.8	8.5	122.1	1.2
W3R2 (2021)	返青期	0.0	7	50.2	7.2	42.9	6.1	7.3	1.0
	分蘖期	235.5	27.0	281.8	10.4	242.9	9.0	38.9	1.4
	拔节孕穗期	142.1	17	205.2	12.1	178.7	10.5	26.5	1.6
	抽穗开花期	38.2	17	182.1	10.7	158.9	9.3	23.2	1.4
	乳熟期	137.4	10	85.0	8.5	73.6	7.4	11.4	1.1
	黄熟期	12.2	21	63.9	3.0	43.7	2.1	20.2	1.0
	全生育期	565.4	99	868.2	8.8	740.7	7.5	127.5	1.3

对 R3 灌溉水源，2021 年，3 种水位调控下稻田耗水规律表现为 W1＜W2＜W3，相比 W3，W1 和 W2 耗水量、腾发量和渗漏量分别降低 6.2％和 1.9％、6.7％和 2.1％、2.9％和 1.0％，可以看出 W2 和 W3 耗水规律基本一致，差异不显著，W1 和 W3 之间差异显著。3 种水位调控下日均耗水量、日均腾发量和日均渗漏量均在拔节孕穗期达到高峰值，在黄熟期达到低峰值，总耗水量、腾发量和渗漏量在分蘖期最大，在返青期最小。

表 5-6　　水稻本田期各个生育阶段耗水量变化（生态塘水 R3）

处理	生长阶段	降水量/mm	天数	耗水量/mm		腾发量/mm		渗漏量/mm	
				阶段总和	日平均	阶段总和	日平均	阶段总和	日平均
W1R3 (2021)	返青期	0.0	7	52.5	7.5	45.6	6.5	6.9	1.0
	分蘖期	235.5	27	292.5	10.8	260.6	9.7	31.9	1.2
	拔节孕穗期	142.1	17	201.9	11.9	176.4	10.4	25.5	1.5
	抽穗开花期	38.2	17	135.9	8.0	112.4	6.6	23.5	1.4
	乳熟期	137.4	10	75.6	7.6	63.2	6.3	12.4	1.2
	黄熟期	12.2	21	65.1	3.1	44.5	2.1	20.6	1.0
	全生育期	565.4	99	823.5	8.3	702.7	7.1	120.8	1.2
W2R3 (2021)	返青期	0.0	7	50.9	7.3	44.1	6.3	6.8	1.0
	分蘖期	235.5	27	271.2	10.0	235.3	8.7	35.9	1.3
	拔节孕穗期	142.1	17	197.2	11.6	171.7	10.1	25.5	1.5
	抽穗开花期	38.2	17	168.7	9.9	146.5	8.6	22.2	1.3
	乳熟期	137.4	10	92.6	9.3	80.3	8.0	12.3	1.2

续表

处理	生长阶段	降水量/mm	天数	耗水量/mm		腾发量/mm		渗漏量/mm	
				阶段总和	日平均	阶段总和	日平均	阶段总和	日平均
W2R3 (2021)	黄熟期	12.2	21	79.9	3.8	59.5	2.8	20.4	1.0
	全生育期	565.4	99	860.5	8.7	737.4	7.4	123.1	1.2
W3R3 (2021)	返青期	0.0	7	60.4	8.6	53.0	7.6	7.4	1.1
	分蘖期	235.5	27	291.3	10.8	258.6	9.6	32.7	1.2
	拔节孕穗期	142.1	17	198.0	11.6	173.6	10.2	24.4	1.4
	抽穗开花期	38.2	17	160.5	9.4	138.2	8.1	22.3	1.3
	乳熟期	137.4	10	98.6	9.9	86.2	8.6	12.4	1.2
	黄熟期	12.2	21	68.7	3.3	43.5	2.1	25.2	1.2
	全生育期	565.4	99	877.5	8.9	753.1	7.6	124.4	1.3

对 R4 灌溉水源，2020 年，3 种水位调控下耗水量、腾发量和渗漏量大小均表现为：W1＜W2＜W3，相比 W3，W1 和 W2 耗水量、腾发量和渗漏量分别降低 7.2％和 6.4％、7.2％和 7.2％、7.2％和 1.7％。2021 年，3 种水位调控下稻田耗水规律与 2020 年基本一致，相比 W3，W1 和 W2 耗水量、腾发量和渗漏量分别降低 8.0％和 5.6％、9.1％和 6.5％、1.3％和 0.7％，W1 耗水量与腾发量降低幅度略高于 2020 年，W2 降低幅度略低于 2020 年，渗漏量降低幅度均低于 2020 年。3 种水位调控下，日均耗水量、日均腾发量和日均渗漏量在拔节孕穗期或抽穗开花期达到最大，在黄熟期最低，总耗水量、腾发量和渗漏量在分蘖期最大，返青期或黄熟期最低，主要由于分蘖期在全生育期所占时长最高且作物生长旺盛需水相对较多。

表 5-7　　水稻本田期各个生育阶段耗水量变化（河道水 R4）

处理	生长阶段	降水量/mm	天数	耗水量/mm		腾发量/mm		渗漏量/mm	
				阶段总和	日平均	阶段总和	日平均	阶段总和	日平均
W1R4 (2020)	返青期	81.5	9	52.3	5.8	43.0	4.8	9.3	1.0
	分蘖期	208.0	31	261.2	8.4	225.4	7.3	35.8	1.2
	拔节孕穗期	8.7	17	216.9	12.8	191.7	11.3	25.2	1.5
	抽穗开花期	61.7	10	148.0	14.8	134.6	13.5	13.4	1.3
	乳熟期	18.3	12	124.2	10.4	109.7	9.1	14.5	1.2
	黄熟期	79.6	19	93.1	4.9	74.1	3.9	19.0	1.0
	全生育期	457.8	98	895.7	9.1	778.5	7.9	117.2	1.2
W1R4 (2021)	返青期	0.0	7	51.4	7.3	44.0	6.3	7.4	1.1
	分蘖期	235.5	27	247.3	9.2	210.9	7.8	36.4	1.3
	拔节孕穗期	142.1	17	180.5	10.6	155.0	9.1	25.5	1.5
	抽穗开花期	38.2	17	155.9	9.2	133.0	7.8	22.9	1.3
	乳熟期	137.4	10	92.6	9.3	80.5	8.1	12.1	1.2
	黄熟期	12.2	21	87.8	4.2	67.0	3.2	20.8	1.0
	全生育期	565.4	99	815.5	8.2	690.4	7.0	125.1	1.3

续表

处理	生长阶段	降水量/mm	天数	耗水量/mm		腾发量/mm		渗漏量/mm	
				阶段总和	日平均	阶段总和	日平均	阶段总和	日平均
W2R4 (2020)	返青期	81.5	9	55.0	6.1	44.8	5.0	10.2	1.1
	分蘖期	208.0	31	264.3	8.5	225.5	7.3	38.8	1.3
	拔节孕穗期	8.7	17	209.8	12.3	184.2	10.8	25.6	1.5
	抽穗开花期	61.7	10	183.9	18.4	170.3	17.0	13.6	1.4
	乳熟期	18.3	12	123.5	10.3	109.1	9.1	14.4	1.2
	黄熟期	79.6	19	66.5	3.5	44.9	2.4	21.6	1.1
	全生育期	457.8	98	903.0	9.2	778.8	7.9	124.2	1.3
W2R4 (2021)	返青期	0.0	7	48.6	6.9	40.9	5.8	7.7	1.1
	分蘖期	235.5	27	258.4	9.6	224.0	8.3	34.4	1.3
	拔节孕穗期	142.1	17	206.7	12.2	181.4	10.7	25.3	1.5
	抽穗开花期	38.2	17	143.3	8.4	118.4	7.0	24.9	1.5
	乳熟期	137.4	10	100.8	10.1	87.4	8.7	13.4	1.3
	黄熟期	12.2	21	78.5	3.7	58.4	2.8	20.1	1.0
	全生育期	565.4	99	836.3	8.4	710.5	7.2	125.8	1.3
W3R4 (2020)	返青期	81.5	9	54.1	6.0	44.9	5.0	9.2	1.0
	分蘖期	208.0	31	287.4	9.3	249.5	8.0	37.9	1.2
	拔节孕穗期	8.7	17	210.8	12.4	185.7	10.9	25.1	1.5
	抽穗开花期	61.7	10	186.1	18.6	171.1	17.1	15.0	1.5
	乳熟期	18.3	12	154.1	12.8	138.3	11.5	15.8	1.3
	黄熟期	79.6	19	72.6	3.8	49.3	2.6	23.3	1.2
	全生育期	457.8	98	965.1	9.8	838.8	8.6	126.3	1.3
W3R4 (2021)	返青期	0.0	7	55.6	7.9	47.5	6.8	8.1	1.2
	分蘖期	235.5	27	283.4	10.5	246.1	9.1	37.3	1.4
	拔节孕穗期	142.1	17	208.7	12.3	183.3	10.8	25.4	1.5
	抽穗开花期	38.2	17	157.2	9.2	135.6	8.0	21.6	1.3
	乳熟期	137.4	10	119.2	11.9	107.3	10.7	11.9	1.2
	黄熟期	12.2	21	62.4	3.0	40.0	1.9	22.4	1.1
	全生育期	565.4	9	886.5	9.0	759.8	7.7	126.7	1.3

5.2.3　总水量平衡

水稻全生育期总水量平衡分析见表 5-8。可以看出，2020 年、2021 年各处理田间进水量与出水量基本达到平衡，误差较小（大多在 10%以内）。W3 平均进入总水量和排出总水量均高于 W2，W1 最小，主要是通过稻田水位调控，提高灌溉上限与蓄雨（蓄污）上限，增加稻田灌溉水量与水稻耗水量。不同灌溉水源条件下，平均进入和排出总水量大小表现为 R1≈R2<R3≈R4，一方面，R1、R2 灌溉水源 COD、氮素含量、LAS 含量等均

高于 R3、R4，导致灌溉后土壤渗透性在一定程度上降低，灌溉水量与水分消耗呈现降低趋势；另一方面，不同灌溉水源处理地形条件不同，R1 水源灌溉田块紧挨鱼塘，排水不畅，因此田间耗水量小，灌排水量较小，R3、R4 水源灌溉田块紧挨河道，排水条件良好，田间渗漏大，耗水量大。2021 年试验各处理进出水量显著低于 2020 年，进出水量变化主要表现与降水量呈现正相关关系。

表 5-8　　　　水稻全生育期总水量平衡表

年份	水　量	W1R1	W1R2	W1R3	W1R4	W2R1	W2R2	W2R3	W2R4	W3R1	W3R2	W3R3	W3R4
2020	移栽水量/mm	35.6	34.8	—	36.1	35.5	35.2	—	36.1	36.2	35.3	—	34.3
	灌溉水量/mm	465.1	410.9	—	541.0	509.6	500.1	—	551.4	689.2	672.2	—	711.3
	降水量/mm	457.8	457.8	—	457.8	457.8	457.8	—	457.8	457.8	457.8	—	457.8
	进入总水量/mm	958.5	903.5	—	1034.9	1002.9	993.1	—	1045.3	1183.2	1165.3	—	1203.4
	耗水量/mm	879.7	873.3	—	895.7	895.1	887.4	—	903.0	945.5	956.9	—	965.1
	排水量/mm	91.8	69.7	—	36.3	90.5	128.3	—	86	60.5	56.7	—	54
	排出总水量/mm	971.5	943.0	—	932.0	985.6	1015.7	—	989.0	1006.0	1013.6	—	1019.1
	差值/mm	−13.0	−39.5	—	102.9	17.3	−22.6	—	56.3	177.2	151.7	—	184.3
	误差/%	1.4	4.4	—	9.9	1.7	2.2	—	5.3	15.0	13.0	—	15.3
2021	移栽水量/mm	38.5	38.2	38.4	38.5	38.1	38.3	38.5	38.6	38.5	38.4	38.6	38.5
	灌溉水量/mm	367.2	356.1	405.5	387.1	425.0	429.9	462.4	471.9	492.5	478.0	488.9	519.6
	降水量/mm	565.4	565.4	565.4	565.4	565.4	565.4	565.4	565.4	565.4	565.4	565.4	565.4
	进入总水量/mm	971.1	959.7	1009.3	991.0	1028.5	1033.6	1066.3	1075.9	1096.4	1081.8	1092.9	1123.5
	耗水量/mm	804.8	815.5	823.5	815.5	841.7	824.5	860.5	836.3	871.8	868.2	877.5	886.5
	排水量/mm	153	155	231	261	234	163	140	264	158	199	145	292
	排出总水量/mm	957.8	970.5	1054.5	1076.5	1075.7	987.5	1000.5	1100.3	1029.8	1067.2	1022.5	1178.5
	差值/mm	−13.3	10.8	45.2	85.5	47.2	−46.1	−65.8	24.4	−66.6	−14.6	−70.4	55.0
	误差/%	1.4	1.1	4.5	8.6	4.6	4.5	6.2	2.3	6.1	1.4	6.4	5.0

5.3 稻田水分利用效率

5.3.1 灌溉水利用效率

灌溉水利用效率（WUE_I）是指单位灌溉水量消耗所增加的经济产量，为水稻实际产量与总灌溉水量之比。不同灌溉水源和水位调控下稻田灌溉水利用效率变化见表 5-9。2020 年，W1、W2、W3 水位调控下 WUE_I 分别为 2.17kg/m^3、1.93kg/m^3、1.29kg/m^3，R1、R2、R4 水源灌溉下 WUE_I 分别为 1.84kg/m^3、1.92kg/m^3、1.62kg/m^3；2021 年，W1、W2、W3 水位调控下 WUE_I 分别为 2.59kg/m^3、2.19kg/m^3、2.03kg/m^3，R1、R2、R3、R4 水源灌溉下 WUE_I 分别为 2.37kg/m^3、2.42kg/m^3、2.21kg/m^3、2.07kg/m^3。可以看出，随着田间控制水位升高，WUE_I 逐渐降低，相比 W1 水位调控，2020 年

表 5-9　　不同灌溉水源和水位调控下稻田灌溉水利用效率变化

年份	处理	降雨量 /mm	产量 /(kg/hm²)	灌水量 /mm	有效降雨量 /mm	耗水量 /mm	WUE_I /(kg/m³)	WUE_P /(kg/m³)	WUE_{ET} /(kg/m³)	RUE /%
2020	W1R1	457.8	9288	465.1e	366.0	879.7b	2.00c	2.54ab	1.06c	79.9b
	W1R2	457.8	10134	410.9f	359.9	873.3b	2.47a	2.82ab	1.16b	78.6b
	W1R4	457.8	11004	541.0c	361.5	895.7b	2.03c	3.04a	1.23a	79.0b
	W2R1	457.8	11148	509.6d	367.3	895.1b	2.19b	3.04a	1.25a	80.2b
	W2R2	457.8	9927	500.1d	369.5	887.4b	1.99c	2.69ab	1.12bc	80.7b
	W2R4	457.8	8903	551.4c	371.8	903.0b	1.61d	2.39ab	0.99d	81.2b
	W3R1	457.8	9198	689.2b	397.3	945.4a	1.33e	2.32b	0.97de	86.8a
	W3R2	457.8	8733	672.2b	401.1	956.9a	1.30e	2.18b	0.91e	87.6a
	W3R4	457.8	8688	711.3a	403.8	965.1a	1.22e	2.15b	0.90e	88.2a
	方差分析									
	W	—	—	** (P=0.00)	—	** (P=0.00)	** (P=0.00)	** (P=0.00)	** (P=0.00)	** (P=0.00)
	R	—	—	** (P=0.00)	—	NS(P=0.29)	** (P=0.00)	NS(P=0.82)	* (P=0.04)	NS(P=0.74)
	W×R	—	—	** (P=0.00)	—	NS(P=0.94)	** (P=0.00)	NS(P=0.15)	** (P=0.00)	NS(P=0.69)
2021	W1R1	565.4	10021	367.2ef	412.4	804.8e	2.73a	2.43bc	1.25ab	72.9ab
	W1R2	565.4	9813	356.1f	410.4	815.5e	2.76a	2.39cd	1.20abc	72.6ab
	W1R3	565.4	10174	405.5cd	334.4	823.5de	2.51ab	3.04a	1.24ab	59.1d
	W1R4	565.4	9152	387.1de	304.4	815.5e	2.36ab	3.01a	1.12abc	53.8e
	W2R1	565.4	10054	425.0c	331.4	841.7bcde	2.37ab	3.03a	1.19abc	58.6d
	W2R2	565.4	9564	429.9c	402.4	824.5de	2.22ab	2.38cd	1.16abc	71.2ab
	W2R3	565.4	10224	462.4b	425.4	860.5abcd	2.21ab	2.40cd	1.19abc	75.2a
	W2R4	565.4	9271	471.9b	401.4	836.3cde	1.96b	2.31cd	1.11bc	71.0b
	W3R1	565.4	9920	492.5ab	407.4	871.8abc	2.01b	2.43bc	1.14abc	72.1b
	W3R2	565.4	10968	478.0b	366.4	868.2abc	2.29ab	2.99a	1.26a	64.8c
	W3R3	565.4	9340	488.9b	420.4	877.5ab	1.91b	2.22d	1.06c	74.4ab
	W3R4	565.4	9790	519.6a	373.4	886.5a	1.88b	2.62b	1.10abc	66.0c
	方差分析									
	W	—	—	** (P=0.00)	—	** (P=0.00)	** (P=0.00)	** (P=0.00)	NS(P=0.18)	** (P=0.00)
	R	—	—	** (P=0.00)	—	NS(P=0.32)	NS(P=0.12)	NS(P=0.28)	NS(P=0.08)	** (P=0.00)
	W×R	—	—	NS(P=0.15)	—	NS(P=0.77)	NS(P=0.94)	** (P=0.00)	NS(P=0.20)	** (P=0.00)

W2、W3 水位调控下 WUE_I 分别降低了 10.9%、40.7%，2021 年分别降低了 15.3%、21.8%，其中，2020 年 W3 水位调控下 WUE_I 降幅较大，与 W1、W2 差异性显著，2021 年随着水位增加，各处理 WUE_I 差异性也愈加显著，说明高水位（W3）不利于灌溉水利用；R1 和 R2 水源灌溉下 WUE_I 基本一致，均高于 R3、R4，说明农村生活再生水灌溉有利于灌溉水的利用。

5.3.2 降雨利用效率

降雨利用效率（WUE_P）是指单位有效降雨消耗所增加的经济产量，为水稻实际产量与有效降水量之比。有效降雨指保持在田间被作物吸收利用的降水量，为总降雨量与排水量和渗漏量之差。不同灌溉水源和水位调控下稻田降雨利用效率变化见表 5-9。2020 年，W1、W2、W3 水位调控下 WUE_P 分别为 2.80kg/m^3、2.71kg/m^3、2.21kg/m^3，R1、R2、R4 水源灌溉下 WUE_P 分别为 2.62kg/m^3、2.55kg/m^3、2.53kg/m^3；2021 年，W1、W2、W3 水位调控下 WUE_P 分别为 2.71kg/m^3、2.53kg/m^3、2.57kg/m^3，R1、R2、R3、R4 水源灌溉下 WUE_P 分别为 2.63kg/m^3、2.59kg/m^3、2.56kg/m^3、2.65kg/m^3。可以看出，随着田间控制水位升高，WUE_P 逐渐降低，相比 W1 水位调控，2020 年 W2、W3 水位调控下 WUE_I 分别降低了 3.3%、20.9%，2021 年分别降低了 6.9%、5.5%，其中，2020 年 W3 水位与 W2、W1 相比差异性显著，说明高水位（W3）不利于降雨利用；不同水源灌溉下稻田 WUE_P 基本一致，同一水位处理下灌溉水源对降雨利用影响差异不显著。

5.3.3 田间水分利用效率

田间水分利用效率（WUE_{ET}）是指单位耗水量消耗所增加的经济产量，为水稻实际产量与耗水量之比。不同灌溉水源和水位调控下稻田田间水分利用效率变化见表 5-9。2020 年，W1、W2、W3 水位调控下 WUE_{ET} 分别为 1.15kg/m^3、1.12kg/m^3、0.92kg/m^3，R1、R2、R4 水源灌溉下 WUE_{ET} 分别为 1.09kg/m^3、1.06kg/m^3、1.04kg/m^3；2021 年，W1、W2、W3 水位调控下 WUE_{ET} 分别为 1.20kg/m^3、1.16kg/m^3、1.14kg/m^3，R1、R2、R3、R4 水源灌溉下 WUE_{ET} 分别为 1.19kg/m^3、1.20kg/m^3、1.16kg/m^3、1.11kg/m^3。可以看出，随着田间控制水位升高，WUE_{ET} 逐渐降低，相比 W1 水位调控，2020 年 W2、W3 水位调控 WUE_{ET} 分别降低了 2.8%、19.1%，2021 年分别降低了 3.2%、4.9%，且根据差异性分析知，相对于 W1 和 W2，高水位（W3）对指标 WUE_{ET} 的影响更大，说明高水位（W3）不利于田间水分利用；同时，R1 和 R2 水源灌溉下 WUE_{ET} 基本一致，略高于 R4 水源灌溉，相比 R4，2020 年 R1、R2 水源灌溉下 WUE_{ET} 分别增加了 5.1%、2.5%，2021 年 R1、R2、R3 水源灌溉下 WUE_{ET} 分别增加了 7.3%、8.7%、4.6%，说明相比河道水灌溉，农村生活再生水灌溉可以有效提高田间水分利用效率。

5.3.4 降雨利用率（RUE）

不同灌溉水源和水位调控下稻田降雨利用率变化见表 5-9。2020 年，W1、W2、W3 水位调控下 RUE 分别为 71.2%、80.7%、87.5%，R1、R2、R4 水源灌溉下 RUE 分别为 82.3%、82.3%、82.8%；2021 年，W1、W2、W3 水位调控下 RUE 分别为 64.6%、69.0%、69.3%，R1、R2、R3、R4 水源灌溉下 RUE 分别为 67.9%、69.5%、69.6%、63.6%。可见，随着田间水位升高，RUE 呈现升高趋势，相比 W1 水位调控，W2、W3

水位调控下 RUE 分别增加了 1.9%、10.5%，2021 年分别增加了 6.8%、7.5%，其中，2020 年 W3 水位对应 RUE 与 W1、W2 具有显著性差异，说明高水位（W3）利于提高降雨利用率；2020 年 R1、R2、R4 三种水源灌溉下 RUE 基本一致，2021 年再生水降雨利用率高于 R4，相比 R4，R1、R2、R3 水源灌溉下 RUE 分别增加了 6.7%、9.3%、9.4%。

5.4 苗木、蔬菜灌溉用水分析

试验前，先在试验用地进行灌水，让土壤有较大的湿度，并适时进行中耕施肥，分别安装水表和滴灌设备；试验期间，按试验要求对土壤水分和灌溉水量及时进行观测。苗木试区 2020 年和 2021 年两个年度均种植罗汉松；蔬菜试区 2020 年度种植萝卜，种植密度为 2400 株/亩，2021 年度种植空心菜，作物全生育期灌水量和灌水次数见表 5-10。可以看出，2020 年，R1、R2、R4 水源灌溉罗汉松均灌水 1 次，灌水量分别为 $230m^3/hm^2$、$240m^3/hm^2$、$220m^3/hm^2$，各水源灌溉水量接近，平均灌溉定额为 $15.3m^3$/亩；R1、R2、R4 水源灌溉萝卜均灌水 1 次，灌水量分别为 $150m^3/hm^2$、$160m^3/hm^2$、$150m^3/hm^2$，平均灌溉定额为 $10.2m^3$/亩。2021 年，相比 2020 年，加大灌溉水量，R1、R2、R3、R4 水源灌溉罗汉松均灌水 1 次，灌水量分别为 $361m^3/hm^2$、$399m^3/hm^2$、$381m^3/hm^2$、$396m^3/hm^2$，平均灌溉定额为 $25.6m^3$/亩；R1、R2、R3、R4 水源灌溉空心菜均灌水 2 次，灌水量分别为 $401m^3/hm^2$、$375m^3/hm^2$、$378m^3/hm^2$、$439m^3/hm^2$，平均灌溉定额为 $26.6m^3$/亩。

表 5-10　　经济作物灌溉试验记录表

年份	经济作物	用水指标	R1	R2	R3	R4
2020	罗汉松	灌水次数	1	1	0	1
		灌水量/(m^3/hm^2)	230	240	0	220
	萝卜	灌水次数	1	1	0	1
		灌水量/(m^3/hm^2)	150	160	0	150
2021	罗汉松	灌水次数	1	1	1	1
		灌水量/(m^3/hm^2)	361	399	381	396
	空心菜	灌水次数	2	2	2	2
		灌水量/(m^3/hm^2)	401	375	378	439

第6章　农村生活再生水灌溉氮素高效性与有效性

6.1　概述

我国农村生活污水排放标准大多执行《城镇污水处理厂污染物排放标准》（GB 18918—2002）一级B标。我国约有270万个自然村，年产生活污水高达83.95亿t，若按此标准排放入河湖库，将给地表水带来约1.68×10^5t氮素负荷。其灌溉回用，一方面可以实现污水资源化利用；另一方面会导致土壤环境出现大量氮素盈余，影响土壤供氮能力，进而影响土壤-作物系统氮素吸收利用。国内外学者就再生水氮素对作物生长的有效性开展了一些探索性的研究。有的学者认为，再生水中氮素与无机氮素对作物生产的功能相似，通过计算再生水灌溉带入的氮素含量来估计再生水氮素对作物生长的贡献；有的学者通过比较再生水灌溉和传统施肥灌溉对作物生长特性和产量的差异，来确定再生水氮素对作物的贡献。韩焕豪（2021）研究表明再生水灌溉可节约75%清水取用，且在淹水灌溉下再生水氮素带入量大，氮肥的代替效率为35.8%。Gao（2016）、姜海斌（2021）、陈子薇（2021）研究表明稻田中过量施肥增大了氮淋失风险，不仅降低氮素养分利用效率，而且危害生态环境。

由于农村生活再生水成分复杂，灌溉后作物对再生水氮、肥料氮和土壤氮吸收利用方式不同，采用传统的差值法计算再生水灌溉氮肥利用率，无法避免土壤氮素影响。近年来国内外学者使用^{15}N示踪技术来量化氮肥利用率，^{15}N示踪技术能区分肥料氮和土壤氮的氮源，进而可以比较不同施氮量和不同来源氮素的有效性（Quan et al.，2018；Chen et al.，2019）。大量研究表明，肥料当量法通常被用于有机肥氮素对作物生长有效性方面的研究。具体的计算方法，首先确定化肥施氮量与作物生物量的回归关系，然后将某一有机肥施用量条件下作物生物量代入回归方程，进而反求出所需的化肥施用量，即为有机肥的化肥替代当量。为了比较不同有机肥和不同施入量下有机氮的化肥替代当量，需要计算有机肥的相对替代当量，即将有机肥的化肥替代当量除以施入的有机肥氮量。

因此，本章采^{15}N同位素示踪技术，结合肥料当量法，研究了不同来源氮素在土壤中运移分布特征，通过土壤-作物系统氮素平衡确定农村生活再生水氮素有效性；通过计算肥料氮和农村生活再生水氮吸收、残留和损失情况，分析土壤-作物系统肥料氮和农村生活再生水氮分布特征；研究作物对肥料氮与农村生活再生水氮之间的耦合利用特点，探讨农村生活再生水灌溉氮素高效利用机理；为探明农村生活再生水灌溉下水稻如何实现高产、氮素高效利用以及化肥减量提效提供参考。

6.2　氮素在土壤中分布

6.2.1　稻田肥料氮分布

不同水源和施肥梯度下肥料氮（SNF）在土壤中的分布见图6-1。同一水源灌溉下，N1和N2施肥梯度下，生育期末0～20cm土层SNF含量均高于40～60cm土层。R1水源灌溉下，N1水平下，0～20cm和20～40cm土层SNF含量均低于N2，相比N2，分别降低了46.6%和33.3%，40～60cm土层SNF含量高于N2，增幅为9.4%。R2水源灌溉下，各土层SNF含量随着土壤深度的增加而减小，随生育期推进逐渐增加。N1水平下，0～20cm土层SNF含量比N2水平增加了3.7%，20～40cm和40～60cm土层SNF含量比N2水平降低了6.1%和24.1%。说明R2水源灌溉条件下高施肥量对SNF在表层（0～20cm）土壤累积效果较为明显。R3水源灌溉下，N1水平下生育期末0～20cm和40～60cm土层SNF含量均高于生育期初，20～40cm土层呈相反趋势；N2水平下土壤SNF含量变化与N1呈相反趋势。CK水源灌溉下，各土层SNF含量基本表现为生育期初高于

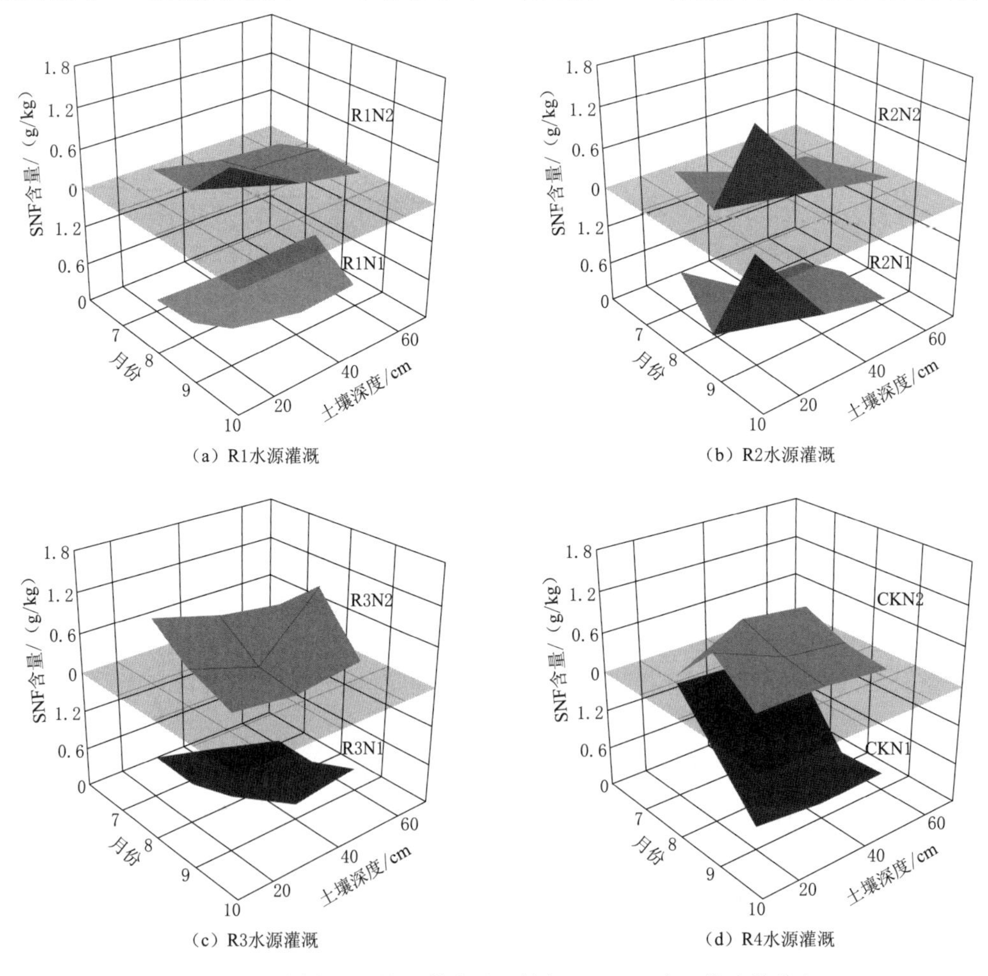

（a）R1水源灌溉　（b）R2水源灌溉

（c）R3水源灌溉　（d）R4水源灌溉

图6-1　不同水源和施肥梯度下肥料氮（SNF）在土壤中的分布

生育期末。生育期末，相比 N2 施肥水平，N1 水平下，0～20cm、20～40cm 和 40～60cm 土层分别增加了 58.7%、8.5%和 64.8%。

同一施肥梯度下，各水源灌溉下，生育期末土壤中 SNF 积累表现为：N1 施肥梯度下 0～20cm 和 20～40cm 土层 R2 水源灌溉最大，R1、R3、CK 分别低 68.3%、55.4%、81.2%和 26.1%、50%、47.8%，40～60cm 处 R1 与 R3 相同且较大，R2 和 CK 分别低 37.1%和 28.6%。N2 施肥梯度下 0～20cm 和 20～40cm 土层 R1 和 R2 灌溉明显高于 R3 和 CK，其中 0～20cm 土层，R2 灌溉最大，R1、R3、CK 分别低 38.9%、85.6%、87.8%；20～40cm 土层，R1 灌溉最大，R2、R3、CK 分别低 3.9%、70.6%、56.9%；40～60cm 土层，CK 灌溉最低，R1、R2、R3 基本一致。

6.2.2 稻田再生水氮分布

不同水源和施肥梯度下再生水氮（SNRW）在土壤中的分布见图 6-2。可见，R1 水源灌溉下，0～20cm 土层 SNRW 含量随着施肥量的增加逐渐增大，其中 N1 施肥梯度下土壤 SNRW 含量分别为 N2 和 N0 的 1.8 倍和 38.1 倍，高浓度再生水灌溉条件下施肥处

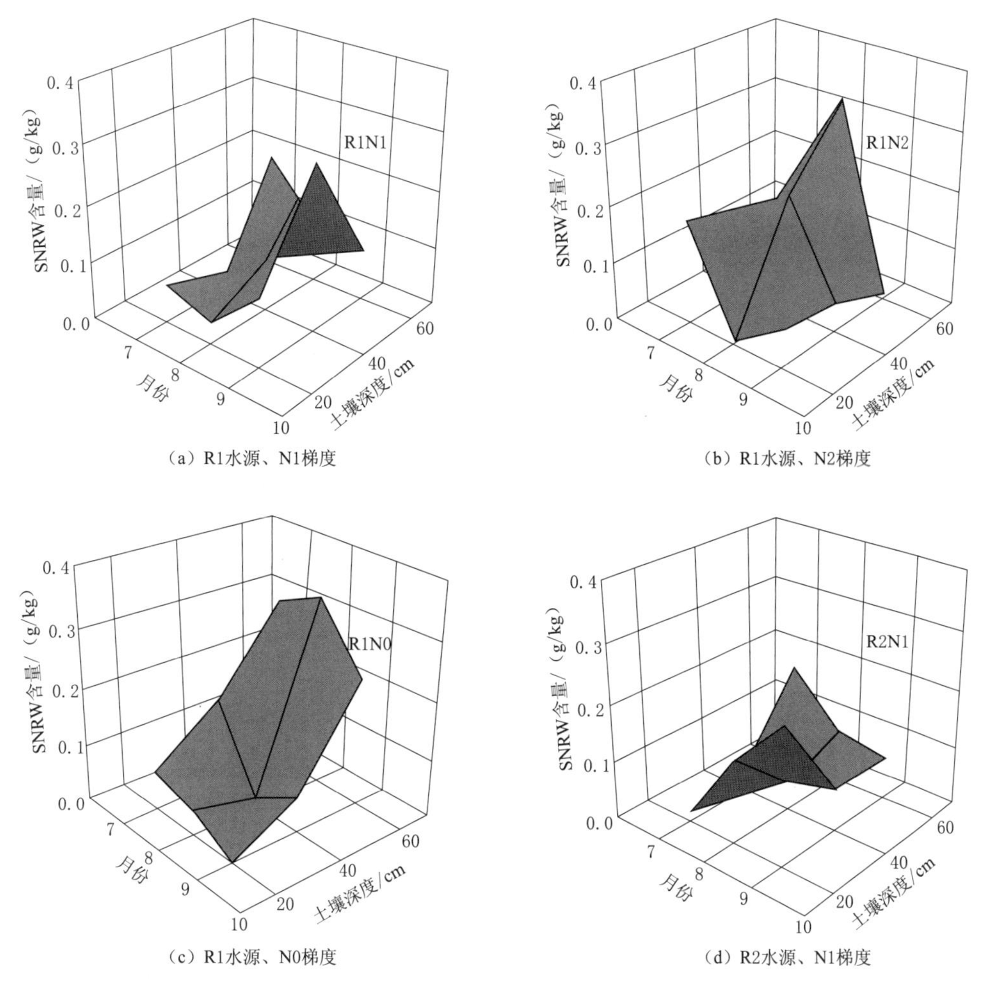

(a) R1水源、N1梯度　(b) R1水源、N2梯度

(c) R1水源、N0梯度　(d) R2水源、N1梯度

图 6-2（一） 不同水源和施肥梯度下再生水氮（SNRW）在土壤中的分布

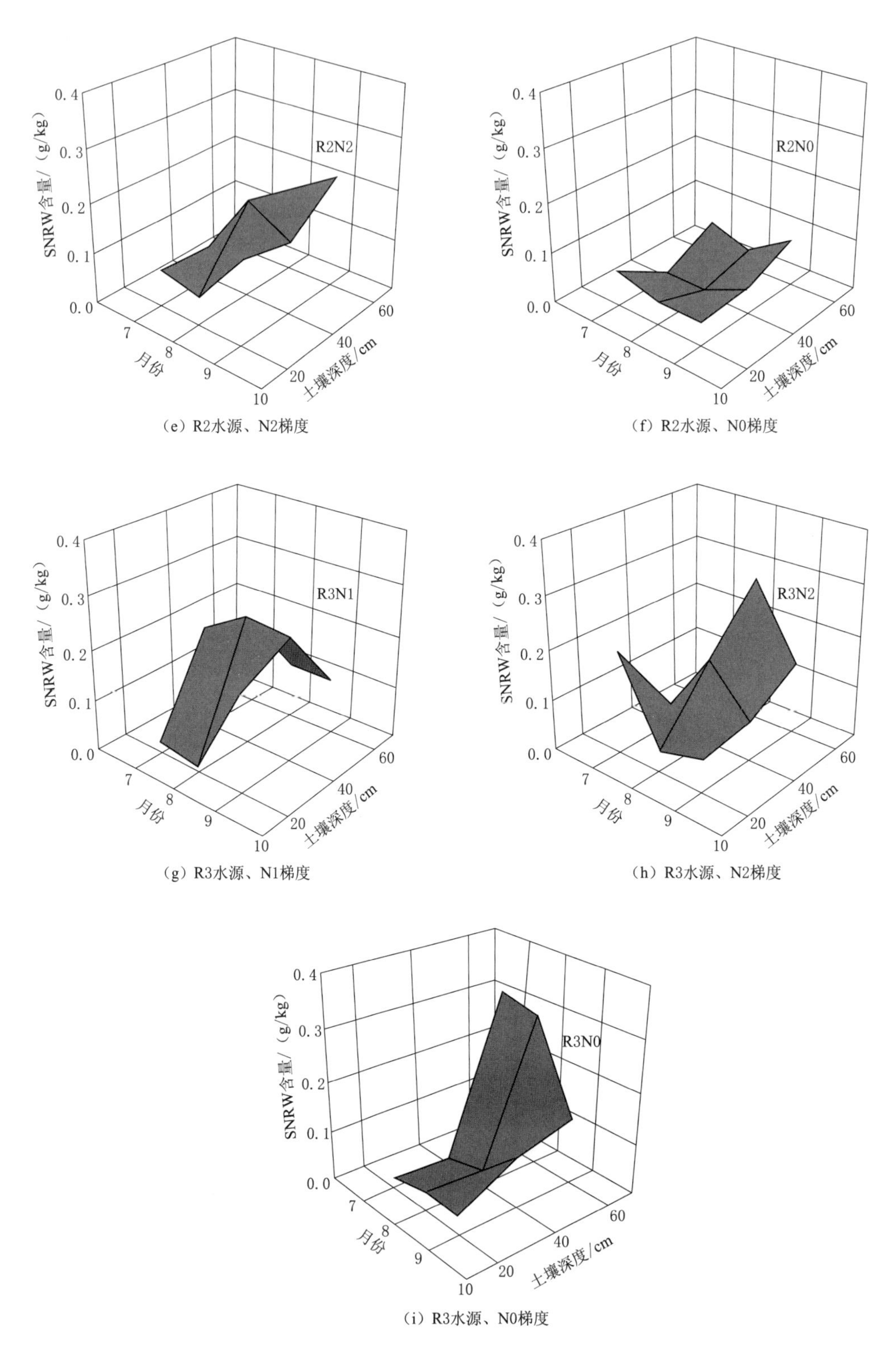

图 6-2（二）　不同水源和施肥梯度下再生水氮（SNRW）在土壤中的分布

理（N1 和 N2）0～20cm 土层 SNRW 含量明显高于不施肥处理（N0）；20～40cm 土层，N1 梯度下 SNRW 累积量最大，N2 和 N0 之间差异较小，分别比 N1 降低了 82.2%和 77.9%；40～60cm 土层土壤 SNRW 变化与 0～20cm 相反，这可能是由于高施肥条件加速了植株对 40～60cm 土层 SNRW 的吸收利用和转化。在 N1 施肥条件下，0～20cm 和 20～40cm 土层 SNRW 含量随生育期推进逐渐增加，N2 和 N0 则呈相反趋势；40～60cm 土层各施肥处理下 SNRW 含量均随生育期逐渐减少，说明 R1 水源灌溉下 N1 施肥梯度氮素出现盈余，积累在土壤中。R2 水源条件下，N1 和 N2 施肥条件下 0～20cm 土层 SNRW 含量随生育期明显增加，N0 条件下则略有减小，生育期末 40～60cm 土层 SNRW 含量在 N1 梯度下降低了 57.4%，在 N2 和 N0 梯度下分别增加了 47.4%和 53.7%。生育期末 N1 梯度下各土层 SNRW 含量随着土层深度增加而减小，N2 和 N0 则呈相反变化趋势，且 0～20cm 土层 SNRW 含量在 N1 梯度下最大，分别为 N2 和 N0 的 1.4 倍和 5 倍；40～60cm 土层则表现为 N1 梯度下最小，分别为 N2 和 N0 下的 33.6%和 85%。R3 水源条件下，0～20cm 土层 SNRW 含量随着施肥量增加而增大，N0 和 N2 梯度下土壤 SNRW 含量分别比 N1 梯度减少了 67.6%和 77.9%；40～60cm 土层则表现为 N1 梯度下最小，分别为 N2 和 N0 下的 76.9%和 80.4%。N1 和 N0 梯度下 0～20cm 土层 SNRW 含量随生育期累积明显，分别为生育期初的 7.4 倍和 2.1 倍，N2 梯度下 SNRW 含量降低，为生育期初的 30.7%，40～60cm 土层则呈相反趋势，N1 和 N0 分别为生育期初的 63.8%和 42.1%，N2 为 3.2 倍。因此，适量减施氮肥有利于促进 0～20cm 土层 SNRW 利用，过量施肥则使 SNRW 富集，阻碍 SNRW 的吸收利用和转化。

6.3 氮素在土壤-作物系统中分布

6.3.1 肥料氮在土壤-作物系统中分布（NF）

不同水源和施肥梯度下肥料氮（NF）在土壤-作物系统中的分布见表 6-1。可见，CK 水源条件下，植株 PNF 和 FNUE 最大，分别为 0.7653g/株和 62.7%，相比 CK，R1、R2、R3 灌溉条件下植株肥料氮含量（PNF）和肥料氮利用效率（FNUE）分别降低了 10.7%、29.2%、8.6%和 10.6%、29.6%、8.6%。N1 梯度下 PNF 比 N2 增加了 28.8%，但 FNUE 降低了 9.5%，表明高施肥量可能超过了作物对氮素的需求，从而降低了作物对 NF 的利用效率。R2 水源条件下，土壤氮含量（SNF）和肥料氮残留率（FNRE）最大，分别为 0.8371g/桶和 17.4%，相比 R2，R1、R3、CK 灌溉下，SNF 和 FNRE 分别降低了 37.5%、59.3%、72.4%和 35.9%、60.9%、73.3%，各处理间差异性显著，N1 施肥梯度下 SNF 比 N2 增加了 5.4%，但 FNRE 降低了 17.8%，与 PNF 和 FNUE 表现一致。肥料氮损失量（LNF）和肥料氮损失率（FNLE）分别为 1.8865g/桶和 38.5%，相比 R2，R1、R3、CK 分别降低了 13.5%、7.2%、15.3%和 14.7%、6.6%、9.2%；N1 施肥梯度下 LNF 和 FNLE 比 N2 分别增加了 35.4%和 5.4%。可见较高的施肥量能增加 PNF 和 SNF，但却降低了 FNUE 和 FNRE，因此显著提高了 FNLE。

表 6-1　不同水源和施肥梯度下肥料氮（NF）在土壤-作物系统中分布

处理	NF /(g/桶)	PNF /(g/株)	FNUE /%	SNF /(g/桶)	FNRE /%	LNF /(g/桶)	FNLE /%
R1N1	5.50	0.7609b	55.3b	0.4162d	7.6e	2.0402a	37.1b
R1N2	4.28	0.6065d	56.7b	0.6309b	14.7c	1.2231e	28.6e
R2N1	5.50	0.6296d	45.8c	0.8311a	15.1b	2.1505a	39.1a
R2N2	4.28	0.4536e	42.4d	0.8431a	19.7a	1.6225c	37.9ab
R3N1	5.50	0.7843b	57.0b	0.4593c	8.4d	1.9035b	34.6c
R3N2	4.28	0.6149d	57.5b	0.2222f	5.2f	1.5982c	37.3ab
CKN1	5.50	0.8544a	62.1a	0.2766e	5.0f	1.8058b	32.8d
CKN2	4.28	0.6761c	63.2a	0.1854g	4.3g	1.3902d	32.5d
方　差　分　析							
R	—	** (P=0.00)	** (P=0.00)	** (P=0.00)	** (P=0.00)	** (P=0.00)	** (P=0.00)
N	—	** (P=0.00)	NS (P=0.54)	** (P=0.00)	** (P=0.00)	** (P=0.00)	** (P=0.00)
R×N	—	** (P=0.00)	** (P=0.00)	** (P=0.00)	** (P=0.00)	** (P=0.00)	** (P=0.00)

6.3.2　再生水氮在土壤-作物系统中分布（NRW）

不同水源和施肥梯度下再生水氮（NRW）在土壤-作物系统中的分布见表 6-2。可见，水稻全生育期灌溉水源带入氮素含量随再生水氮素浓度的升高而增大，各水源差异性显著。不同灌溉水源，植株再生水氮含量（PNRW）与再生水中氮素含量变化呈正比，相比 R1，R2、R3 水源灌溉下 PNRW 分别降低了 66.0%、90.8%，且 R1 水源灌溉下再生水氮素利用效率（RWNUE）最大，R2 与 R3 相差不大；土壤再生水氮含量（SNRW）和再生水氮素损失率（RWNLE）均表现为 R2 水源灌溉条件下最大，R3 其次，R1 最小；再生水氮残留率（RWNRE）随着再生水氮素浓度的升高而减小，R2 和 R3 水源灌溉下 SNRW 均为 R1 的 2 倍；再生水氮损失量（LNRW）表现为 R3 最小，R1 和 R2 水源灌溉下 LNRW 分别为 R3 的 4.9 倍和 10.8 倍，各水源差异性显著。可见再生水氮素浓度越高，NRW 越大，但 RWNUE 与浓度不成正比；再生水氮残留率（RWNRE）与再生水氮素浓度呈反比，浓度越低，RWNRE 越高，RWNLE 越低。

表 6-2　不同水源和施肥梯度下再生水氮（NRW）在土壤-作物系统中的分布

处理	NRW /(g/桶)	PNRW /(g/株)	RWNUE /%	SNRW /(g/桶)	RWNRE /%	LNRW /(g/桶)	RWNLE /%
R1N1	1.65a	0.2306b	55.9c	0.1626b	9.9e	0.5650b	34.2b
R1N2	1.68a	0.3534a	84.1a	0.0418f	2.5g	0.2246d	13.4e
R1N0	1.64a	0.3530a	86.1a	0.0950d	5.8f	0.1330e	8.1f

续表

处理	NRW /(g/桶)	PNRW /(g/株)	RWNUE /%	SNRW /(g/桶)	RWNRE /%	LNRW /(g/桶)	RWNLE /%
R2N1	1.21b	0.0607e	20.1f	0.1264c	10.4e	0.8408a	69.5a
R2N2	1.22b	0.1798c	59.0b	0.1765a	14.5d	0.3243c	26.6c
R2N0	1.24b	0.0779d	25.1e	0.0609e	4.9f	0.8675a	70.0a
R3N1	0.27d	0.0105g	15.6g	0.1761a	65.2a	0.0519f	19.2d
R3N2	0.34c	0.0341f	40.1d	0.0902d	26.5c	0.1134e	33.4b
R3N0	0.28d	0.0416f	59.4b	0.0914d	32.6b	0.0222g	7.9f
方 差 分 析							
R	** (P=0.00)	** (P=0.00)	** (P=0.00)	** (P=0.00)	** (P=0.00)	** (P=0.00)	** (P=0.00)
N	NS (P=0.09)	** (P=0.00)	** (P=0.00)	** (P=0.00)	** (P=0.00)	** (P=0.00)	** (P=0.00)
R×N	NS (P=0.30)	** (P=0.00)	** (P=0.00)	** (P=0.00)	** (P=0.00)	** (P=0.00)	** (P=0.00)

不同施肥梯度下，PNRW 和 RWNUE 表现为 N2 最大，N0 其次，N1 最小。相比 N1，N2 和 N0 梯度下 PNRW 分别增加了 88.0%和 56.6%。因此适量施肥有利于提高植株对再生水氮素的吸收利用，过量施肥则抑制植株对再生水氮素的吸收利用。SNRW 和 RWNRE 随着施肥量的增加而增大，N1 梯度下 SNRW 和 RWNRE 分别比 N2、N0 梯度增加了 50.8%、88.1%和 45.3%、49.4%。LNRW 和 RWNLE 表现为 N1 梯度下最大，N0 其次，N2 最小，N1 梯度下 RWNLE 比 N2 和 N0 分别增加了 67.4%和 42.9%。因此高施肥量下（N1）再生水氮素在土壤中的残留和损失最大，利用最少，而适量减施肥下（N2）再生水氮素吸收利用最大，损失最小。此外，由方差分析结果可知，施肥量因素及水源、施肥梯度交互作用对灌溉带入氮素含量影响不显著（$P>0.05$），水源、施肥量及其交互作用对其余各指标均具有极显著性影响（$P<0.01$）。

6.4 氮素在作物中分布

6.4.1 植株吸收肥料氮量与肥料氮利用效率

不同水源和施肥梯度下肥料氮在植株内的分布见表 6-3。可见，植株吸收 NF 含量随着生育期累积明显，生育期末 CK 水源条件下 NF 积累量最高，分别比 R1、R2、R3 水源下高 33.8%、49.7%、15.8%；同一水源条件下，N1 梯度下，植株 PNF 积累量均高于 N2，且平均增幅为 28.9%，N1 和 N2 施肥梯度植株 PNF 含量差异性显著，表明较高的施肥量（N1）有助于促进植株体内 PNF 的积累；同一施肥条件下，再生水灌溉植株 NF 均低于河道水灌溉（CK），且差异性显著，表明再生水灌溉阻碍了植株对 NF 的吸收。

表 6-3　　不同水源和施肥梯度下肥料氮在植株内的分布

处理	7月29日		8月31日		9月25日	
	比例/%	肥料氮量/(g/kg)	比例/%	肥料氮量/(g/kg)	比例/%	肥料氮量/(g/kg)
R1N1	3.2	1.0366	19.1	2.3639	35.7	7.8461
R1N2	2.8	0.9672	15.0	2.1221	29	6.2537
R2N1	3.5	1.1947	17.7	2.2143	34.6	7.3258
R2N2	3.0	0.9713	16.9	1.5961	30	5.2778
R3N1	2.9	0.9579	22.1	3.0127	39.7	9.1296
R3N2	2.7	0.8752	18.2	2.8288	32.3	7.1572
R4N1	3.1	0.9910	25.1	3.9869	47.9	10.5304
R4N2	3.2	1.0363	21.3	2.6458	39.6	8.3325
方差分析						
R	** (P=0.00)	** (P=0.00)	** (P=0.00)	** (P=0.00)	** (P=0.00)	** (P=0.00)
N	** (P=0.00)	** (P=0.00)	** (P=0.00)	** (P=0.00)	** (P=0.00)	** (P=0.00)
R×N	* (P=0.01)	** (P=0.00)	** (P=0.00)	** (P=0.00)	** (P=0.00)	NS (P=0.53)

6.4.2　植株各部分器官吸收肥料氮数量与肥料氮利用效率

不同水源和施肥梯度下植株各部分器官吸收肥料氮数量及其利用效率见图 6-3。籽粒对 NF 吸收量和利用率均小于叶茎，这主要是由于籽粒形成较晚，吸氮主要发生在生育中后期。同一水源灌溉下，N1 和 N2 梯度籽粒平均吸氮量分别为 0.2521g/株和 0.1955g/株，利用率相差不大，分别为 18.33%和 18.25%；叶茎平均吸氮量分别为 0.5052g/株和 0.3923g/株，利用率相差不大，分别为 36.73%和 36.68%；同一施肥梯度，籽粒吸收 NF 含量随着再生水浓度的增大而减小，相比 CK，R1、R2、R3 灌溉下籽粒 NF 含量分别降低了 15.0%、27.4%、6.9%；叶茎平均 PNF 含量变化与籽粒表现一致，相比 CK，R1、R2、R3 叶茎平均 NF 含量分别降低了 8.5%、30.1%、9.4%。说明再生水灌溉阻碍了籽粒和叶茎对 NF 的吸收。此外，其方差分析结果见表 6-4。可见，灌溉水质对植株各部分吸氮量和利用率均表现出极显著性差异（$P<0.01$），施肥梯度对植株各部分吸氮量表现出极显著性差异（$P<0.01$），但对利用率均表现出无显著影响（$P>0.05$）。

表 6-4　　不同水源和施肥梯度下植株各部分器官吸收肥料氮数量及其利用效率方差分析结果

处理	籽粒		茎叶		植株	
	吸氮量/(g/株)	利用率/%	吸氮量/(g/株)	利用率/%	吸氮量/(g/株)	利用率/%
R	** (P=0.00)	** (P=0.00)	** (P=0.00)	** (P=0.00)	** (P=0.00)	** (P=0.00)
N	** (P=0.00)	NS(P=0.26)	** (P=0.00)	NS(P=0.88)	** (P=0.00)	NS(P=0.54)
R×N	** (P=0.00)	** (P=0.00)	* (P=0.04)	** (P=0.00)	NS(P=0.94)	** (P=0.00)

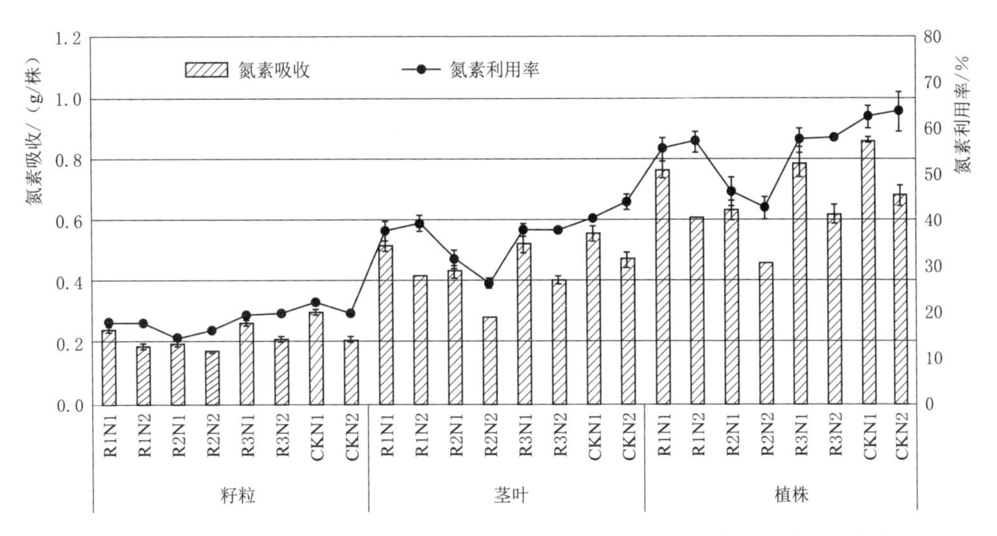

图 6-3　不同水源和施肥梯度下植株各部分器官吸收肥料氮数量及其利用效率

6.4.3　不同来源氮素高效利用

不同水源和施肥梯度下植株 PNF、PNRW、PNS 含量变化及其利用效率见图 6-4。可以看出，无论河水灌溉还是农村生活再生水灌溉，土壤氮 NS 都是水稻吸收氮素的重要来源。根据表 6-1，施肥量从 4.28g/株增加到 5.5g/株，对照处理 PNF 从 0.68g/株增加到 0.85g/株，而农村生活再生水灌溉下 PNF 从 0.61～0.63g/株减少到 0.45～0.78g/株，PNRW 从 0.19g/株减少到 0.10g/株，表明随着氮肥量增加，降低了肥料氮 NF 的贡献率；与河水灌溉相比，农村生活再生水灌溉降低了肥料氮 NF 的贡献率，抑制了植株对再生水氮素的吸收和利用，降低了再生水氮素 NRW 的贡献率。随着农村生活再生水中氮浓度的增加和施肥梯度的降低，PNRW 和 PNS 表现为增加趋势，PNF 表现为降低趋势。

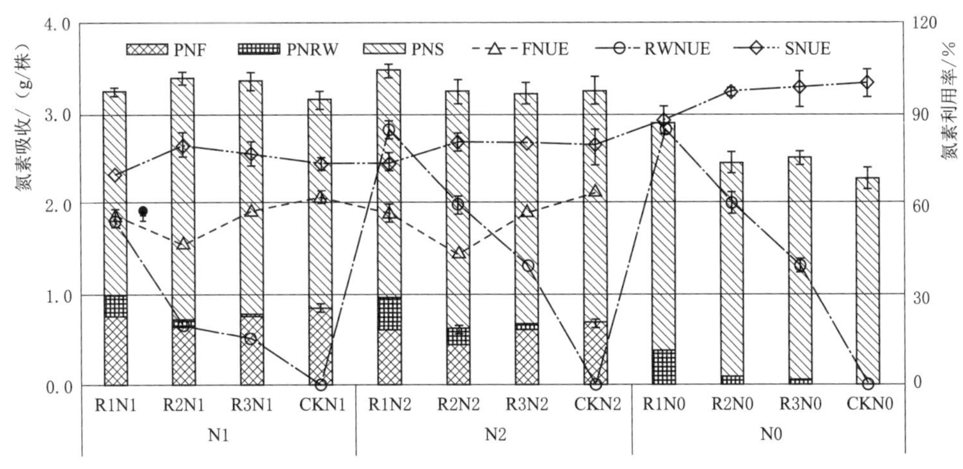

图 6-4　不同水源和施肥梯度下植株 PNF、PNRW、PNS 含量变化及其利用效率

在土壤-作物系统中，施氮量显著改变了土壤和作物系统氮素分布转化，表明各生育阶段水稻植株吸收 NF 含量随施氮量增加而增大，FNUE 减小。这与国内外学者研究结果相似，他们发现高氮施肥增加了水稻对 NF 的吸收，减少了对土壤氮的吸收，导致土壤中的氮量增加，降低了氮肥利用效率。此外，土壤中氮素的含量将随再生水中氮素含量和灌溉量的增加而升高，发现高浓度农村生活再生水（R1）灌溉条件高施肥梯度（N1）下土壤和水稻植株中氮素出现盈余，与河水灌溉（CK）相比高浓度农村生活再生水灌溉阻碍了水稻植株对 NF 的吸收，因此为保证土壤和植株中氮肥高效利用，应避免 R1 水源和 N1 施肥一同作用。

6.5 再生水氮素有效性

采用肥料当量法研究 NRW 对水稻生长的有效性。首先，建立农村生活再生水灌溉下施氮量和水稻植株肥料氮吸收量（PNF）之间的回归关系，然后将农村生活再生水灌溉下水稻植株吸收的再生水氮量（NRW）代入上述回归方程，得到再生水氮素在不同施氮水平下的肥料氮替代当量（FE）。将 FE 除以各水源灌溉下各施肥梯度下的施氮量，得到再生水氮的肥料氮相对替代当量（RFE），基于此比较 NRW 和 NF 对水稻生长的有效性。

不同水源灌溉下 PNF 和 FE 对施氮量的响应见图 6－5。R1、R2、R3 水源灌溉下施氮量和 NF 之间的回归方程分别为 $PNF=-0.0028x^2+0.1535x+5E-15$（R1 水源），$PNF=0.007x^2+0.0762x+4E-15$（R2 水源），$PNF=-0.0009x^2+0.1474x+5E-15$（R3 水源）。将各水源灌溉下 NRW 分别代入到相应的回归方程，得到 NRW 的 FE 分别为 1.5453～3.1233g/桶、0.7468～1.9926g/桶、0.0712～0.2820g/桶。结果表明 FE 值随农村生活再生水浓度的增加而增大，高浓度再生水带入再生水氮含量增加，促使水稻植株吸收更多的再生水氮，替代更多的肥料氮。

为了定量评估任意施氮水平下再生水氮对水稻植株生长的有效性，建立了 FE 与施氮量之间的回归方程，R1、R2、R3 水源灌溉下施氮量和 FE 之间的回归方程分别为 $FE=-0.0981x^2+0.2526x+3.1233$（R1 水源），$FE=-0.2304x^2+1.2317x+0.9407$（R2 水源），$FE=-0.0217x^2+0.0809x+0.282$（R3 水源），经计算，得到 R1N1、R2N1、R3N1、R1N2、R2N2、R3N2 再生水氮的肥料氮相对替代当量（RFE）分别为 28.1%、13.6%、1.3%、56.3%、46.6%、5.4%。结果表明增加农村生活再生水浓度显著提高水稻植株对再生水氮的吸收利用，RFE 随着施氮量的增加而降低，因此农村生活再生水灌溉下低施肥量可以代替更多的肥料氮。

综上，水稻植株不仅可吸收来自土壤和肥料的氮素，还可吸收来自再生水的氮素。研究应用 ^{15}N 示踪结合肥料当量法，定量评估再生水氮对水稻植株生长的有效性。研究表明增加农村生活再生水浓度显著提高水稻植株对再生水氮的吸收利用，再生水氮有效性和施肥量之间为二次曲线关系，高施肥量（N1）降低了水稻植株对 NRW 吸收和 RWNUE，增大了 SNRW 和 LNRW，同时降低再生水氮的肥料氮相对替代当量（RFE），结果显示 R1N2 处理下 RFE 最高，因此农村生活再生水灌溉减量施肥有利于提高 NRW 对水稻植株吸收利用的有效性。

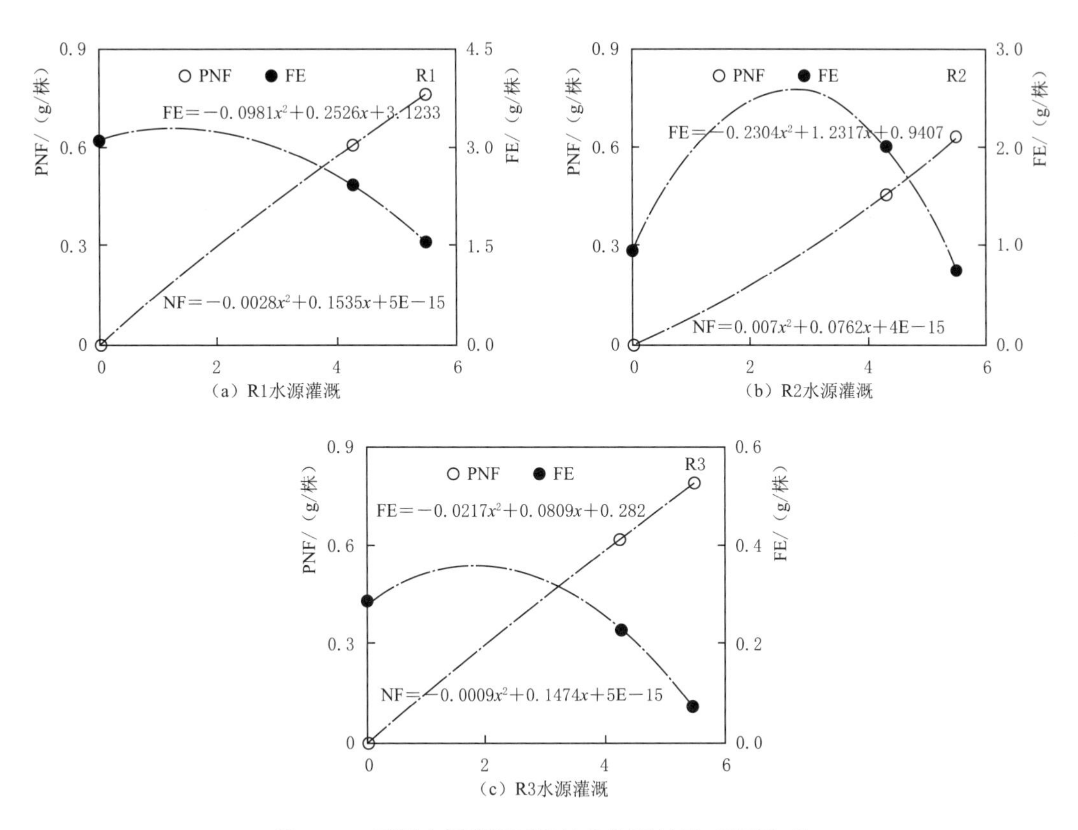

图 6-5 不同水源灌溉下植株吸收肥料氮（PNF）和肥料氮替代当量（FE）对施氮量的响应

第3篇　环境效应

第7章　农村生活再生水灌溉对土壤理化性质的影响

7.1　概述

土壤理化特性涉及参数较广，包括土壤质地、温度、孔隙度、含水率、入渗性能、pH、盐分、肥力等诸多方面。再生水灌溉带入田间较多的养分及化学物质，对土壤环境的影响不容忽视。Qian等（2005）对美国干旱半干旱区5处运行4～33年的再生水灌区进行监测，结果表明土壤电导率（EC）比常规水灌溉增加187％。国内学者通过室内土柱模拟试验和短期田间试验研究得出再生水灌溉后土壤盐分累积不明显的结论，说明再生水灌溉对土壤盐分的影响具有一定的尺度效应（商放泽等，2013）。黄冠华等（2004）研究发现污水灌溉较清水灌溉提高了土壤 NO_3^-－N含量。陈卫平等（2012）研究表明长期再生水灌溉会引起土壤 NO_3^-－N浓度增加和溶解氧下降从而导致反硝化作用增强。周媛等（2015）研究发现再生水中的盐分也会对土壤氮素运移分布产生影响，对土壤养分的影响通常会有时间累积效应。李源等（2015）研究发现连续的干湿交替灌溉土壤氮素矿化作用显著增强，周期性的干旱可以产生大量微生物残骸利于矿化作用。李平等（2019）分析不同外源施氮量对设施土壤氮素矿化特征的影响，研究结果表明再生水灌溉土壤矿质氮量提高了1.85～2.64倍，土壤氮素矿化速率变化主要有矿化激发阶段和稳定矿化阶段。Bird等（2011）研究发现再生水灌溉土壤有机质含量降低，由于再生水带入的养分刺激了微生物活性，反过来促进了土壤有机质、有机氮的分解，发生了“激发效应”。

这些研究表明再生水灌溉导致土壤盐分累积，增加了土壤的养分和有机质，但是大多针对城市污水灌溉对土壤理化性质与养分迁移等宏观特征的研究，没有考虑到灌溉排水调控对土壤理化性质指标分布演变的影响，农村生活再生水灌排调控对稻田土壤理化性质的影响及水氮盐交互影响机制研究尚显不足。基于此，本章通过农村生活再生水灌溉试验，研究了不同再生水灌溉水源、不同田间灌排调控对土壤养分指标（包括有机质和氮素指标）、酸碱度、盐分和电导率等指标变化的影响，为优化再生水灌排、施肥参数提供参考。

7.2　稻田养分生育期内变化

7.2.1　有机质（OM）

不同灌溉水源和水位调控下水稻生育期内土壤有机质含量变化如图7－1所示。可以看出，稻田有机质（OM）含量随着土层深度增加呈现减少趋势，即0～20cm土层OM含量高于20～40cm土层。2020年，R1、R2、R4水源灌溉稻田生育期内OM均值分别为

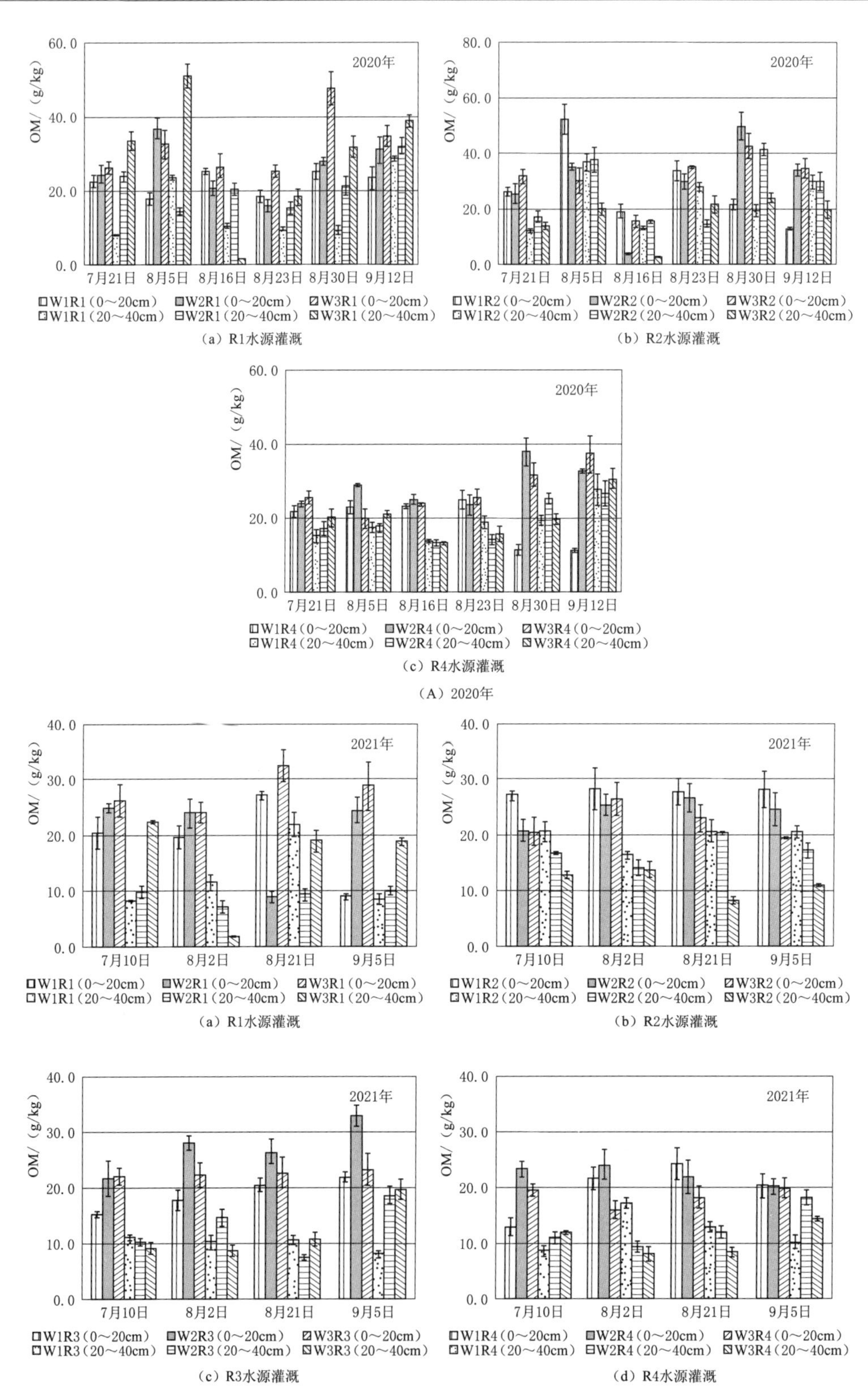

图 7－1　不同灌溉水源和水位调控下水稻生育期内土壤有机质含量变化

24.48g/kg、25.82g/kg、22.24g/kg；相比 2020 年，2021 年稻田 OM 含量略有下降，R1、R2、R3、R4 水源灌溉稻田生育期内 OM 均值分别为 17.37g/kg、20.25g/kg、17.14g/kg、16.09g/kg，表明农村生活再生水灌溉可以有效增加稻田 OM 含量，其中 R2 水源灌溉对稻田 OM 含量增加效果最优。2020 年，W1、W2、W3 三种水位调控下稻田 0～20cm 和 20～40cm 土层 OM 含量分别为 23.08g/kg 和 19.01g/kg、28.24g/kg 和 22.17g/kg、30.43g/kg 和 22.12g/kg，表明随着田间灌溉水位增加各土层 OM 含量呈上升趋势，其中 0～20cm 土层 OM 增幅最高，相比 W1 水位调控，W2、W3 水位调控 0～20cm 土层 OM 含量增幅分别为 22.3%、31.8%；2021 年，W1、W2、W3 三种水位调控下稻田 0～20cm 和 20～40cm 土层 OM 含量分别为 21.28g/kg 和 13.52g/kg、23.54g/kg 和 12.88g/kg、22.73g/kg 和 12.38g/kg，0～20cm 土层中高水位（W2、W3）调控土壤 OM 含量增加幅度分别 10.5%、6.7%，20～40cm 土层水位调控对稻田 OM 影响不明显，表明中高水位调控可以有效增加表层土壤 OM 含量。此外，分蘖期各处理土壤中 OM 含量相差不大，这是由于分蘖期灌水次数少，各处理间差异不明显。2020 年 8 月 5 日，R1 和 R2 水源灌溉下土壤 OM 含量显著升高，这是由于 8 月 4 日台风引起的强降雨使土壤受扰动较大，前期再生水灌溉中较高的生物活性有效提高了土壤有机质含量。拔节孕穗期、抽穗开花期土壤中 OM 含量显著下降，原因主要在于这两个阶段水稻生长旺盛，有机质分解较快，同时，再生水灌溉条件下 OM 含量下降较明显，原因可能是再生水灌溉激发了土壤微生物活性、促进了有机质矿化作用。

7.2.2 全氮（TN）

2021 年水稻生育期内 0～20cm、20～40cm 土层稻田全氮（TN）含量变化见图 7-2。可以看出，不同灌溉水源和不同水位调控下稻田 TN 随着土层深度增加而减少，0～20cm 土层，R1、R2、R3、R4 水源灌溉稻田生育期内 TN 分别为 0.118%、0.110%、0.105%、0.102%，20～40cm 土层分别为 0.074%、0.078%、0.059%、0.060%，说明 R1、R2 水源灌溉可以提高 0～20cm 和 20～40cm 土层土壤 TN 含量。R1 水源灌溉土壤 TN 含量最高，R2、R3 水源灌溉 0～20cm 土层 TN 含量接近，R4 水源灌溉稻田 0～20cm 土层 TN 含量最低，R3 和 R4 水源灌溉 20～40cm 土层 TN 含量基本一致。相比 R4，0～20cm 土层 R1、R2、R3 水源灌溉 TN 增加幅度分别为 15.8%、16.1%、3.8%，20～40cm 土层 TN 增加幅度分别为 23.6%、29.3%、－1.4%，表明再生水水源灌溉对 20～40cm 土层 TN 增加幅度显著高于 0～20cm 土层。

0～20cm 土层，W1、W2、W3 水位调控下稻田生育期内 TN 分别为 0.102%、0.114%、0.116%，20～40cm 土层分别为 0.068%、0.065%、0.070%，说明随着田间控制水位升高稻田各土层 TN 含量呈现增加趋势，高水位调控（W3）TN 含量最高，中水位调控（W2）次之，低水位调控（W1）最低。相比 W1，0～20cm 土层 W2、W3 水位调控下 TN 含量分别增加了 11.2%、13.0%，20～40cm 土层 W2、W3 水位调控下 TN 含量分别增加了－3.5%、3.5%，表明中高水位 W2、W3 调控可以显著提高 0～20cm 土层 TN 含量，对 20～40cm 土层 TN 含量影响不显著。此外，随着生育阶段推进，TN 含量在分蘖期和拔节孕穗期前期平稳，在拔节孕穗期到抽穗开花期逐渐降低，乳熟期略有升高，主要是由于水稻在拔节孕穗后期到抽穗开花期进入生殖生长阶段，对氮素需求量增大。

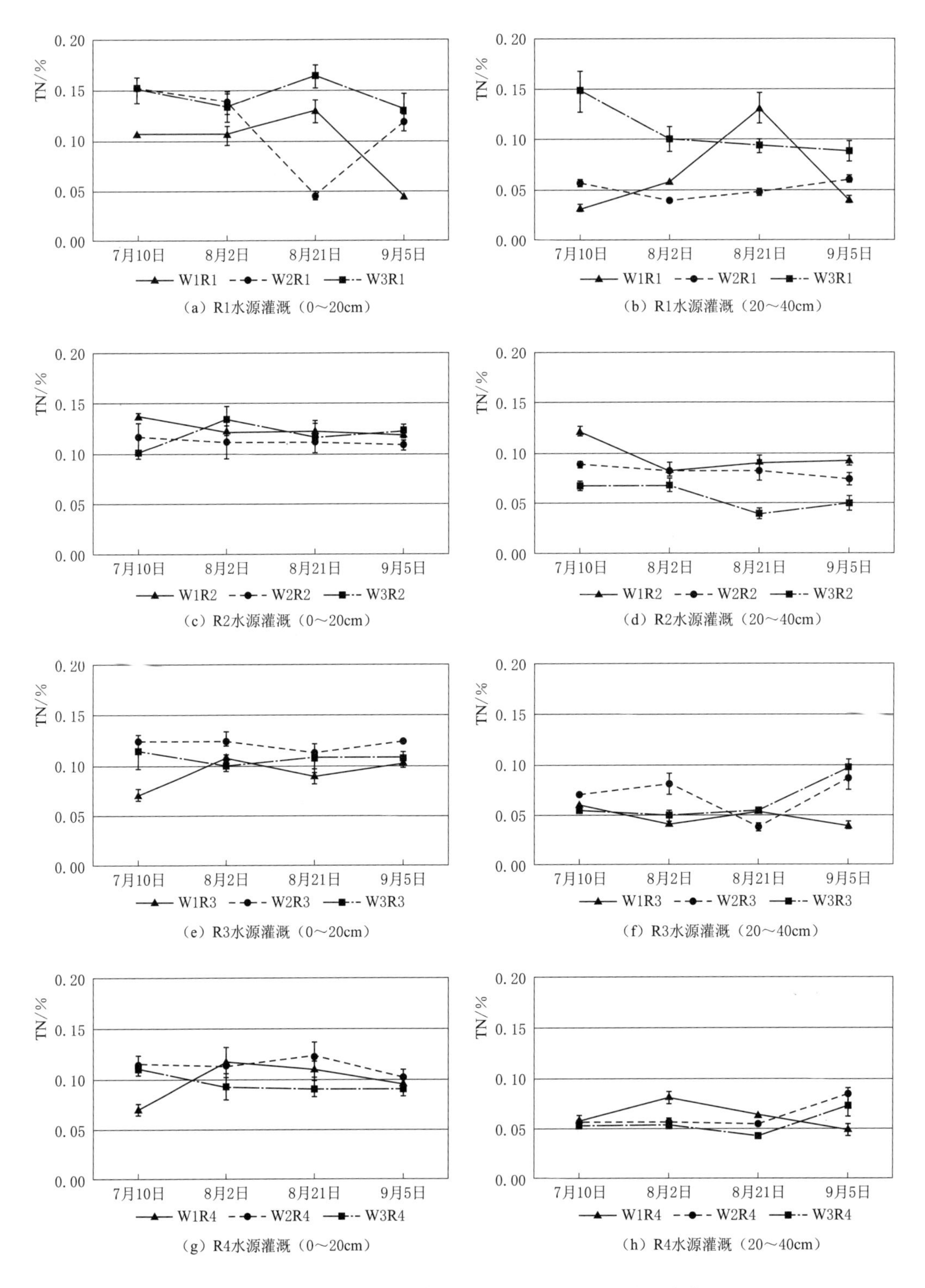

图7-2　2021年水稻生育期内土壤全氮（TN）含量变化

7.2.3 铵态氮（NH_4^+ - N）

水稻生育期内土壤铵态氮（NH_4^+ - N）含量变化见图 7 - 3。总体上 NH_4^+ - N 含量在生育期内波动较大，2020 年 NH_4^+ - N 含量略高于 2021 年。2020 年，0～20cm 土层 R1、R2、R4 水源灌溉稻田生育期 NH_4^+ - N 含量均值分别为 5.35mg/kg、5.98mg/kg、3.51mg/kg，20～40cm 土层 NH_4^+ - N 含量均值分别为 3.97mg/kg、4.28mg/kg、2.28mg/kg，表明农村生活再生水灌溉可以有效提高各土层稻田 NH_4^+ - N 含量；相比 R4，0～20cm 土层 R1、R2 水源灌溉 NH_4^+ - N 含量分别提高 52.4%、70.2%，20～40cm 土层 R1、R2 分别提高 74.2%、109.9%。0～20cm 土层 W1、W2、W3 水位调控稻田生育期 NH_4^+ - N 含量均值分别为 4.78mg/kg、4.75mg/kg、5.32mg/kg，20～40cm 土层 NH_4^+ - N 含量均值分别为 3.62mg/kg、3.29mg/kg、4.13mg/kg，表明随着田间控制水位

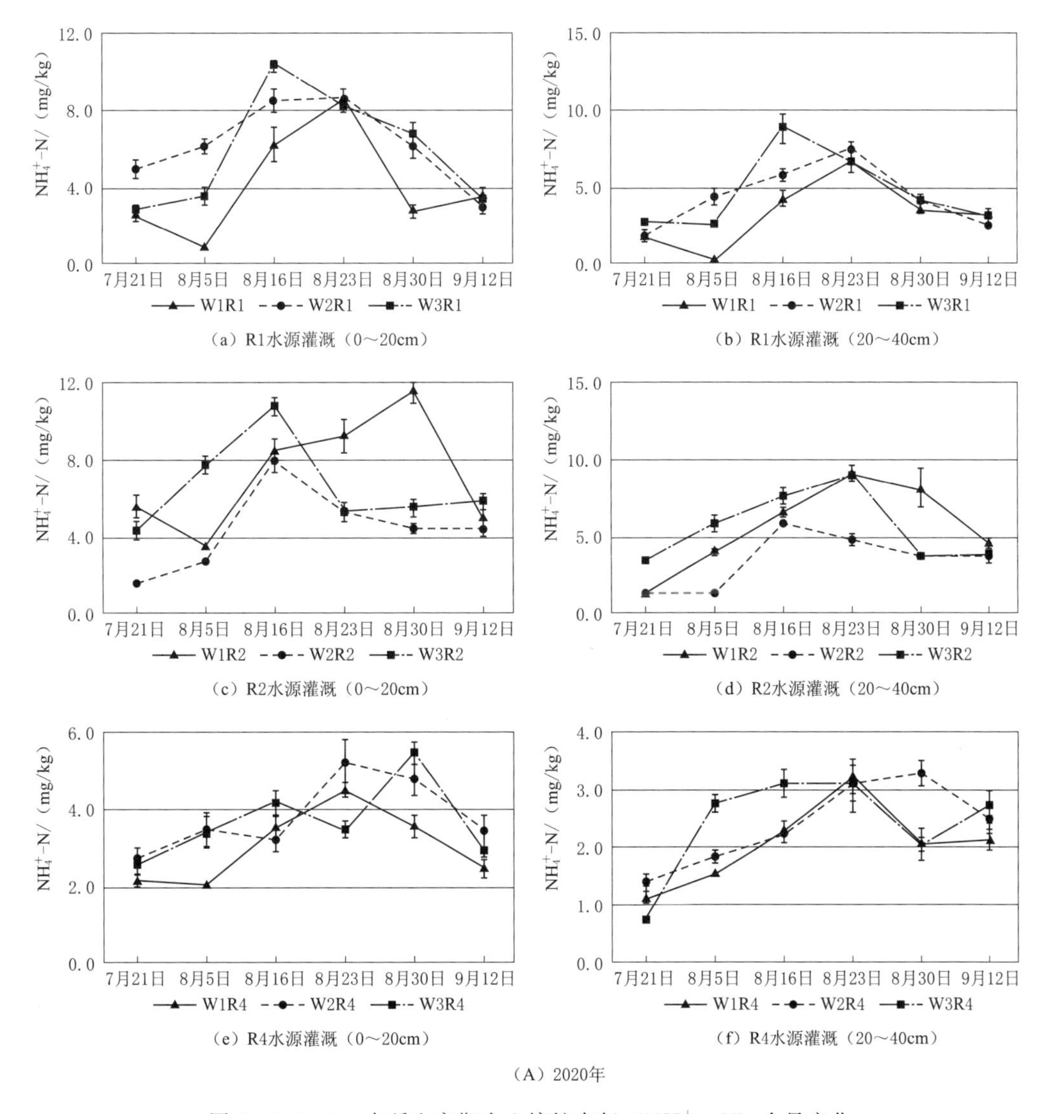

（a）R1水源灌溉（0～20cm） （b）R1水源灌溉（20～40cm）

（c）R2水源灌溉（0～20cm） （d）R2水源灌溉（20～40cm）

（e）R4水源灌溉（0～20cm） （f）R4水源灌溉（20～40cm）

（A）2020年

图 7 - 3（一） 水稻生育期内土壤铵态氮（NH_4^+ - N）含量变化

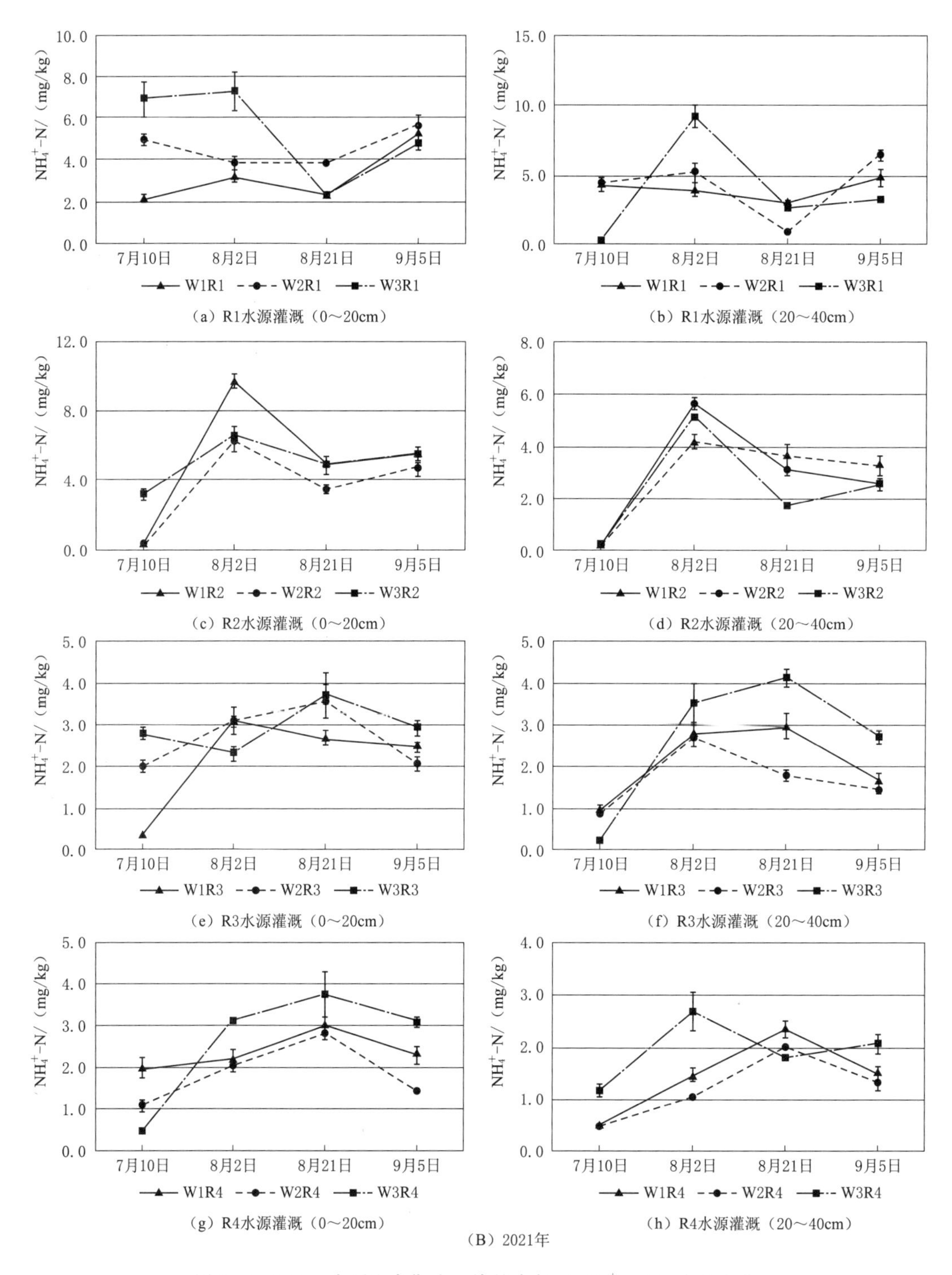

图 7－3（二）　水稻生育期内土壤铵态氮（NH_4^+－N）含量变化

提高，稻田各土层 NH_4^+－N 含量均有提高，中低水位调控稻田 NH_4^+－N 含量接近；相比 W1，W3 水位调控下稻田 0～20cm、20～40cm 土层 NH_4^+－N 含量分别增加 11.4%、13.6%。2021 年，0～20cm 土层 R1、R2、R3、R4 灌溉水源稻田生育期 NH_4^+－N 含量均

值分别为 4.38mg/kg、4.59mg/kg、2.55mg/kg、2.27mg/kg，20～40cm 土层 NH_4^+ －N 含量均值分别为 3.98mg/kg、2.73mg/kg、2.15mg/kg、1.52mg/kg；相比 R4，0～20cm 土层 R1、R2、R3 水源灌溉 NH_4^+ －N 含量分别提高 93.0%、102.6%、12.6%，20～40cm 土层 R1、R2、R3 分别提高 162.1%、79.7%、41.7%。0～20cm 土层 W1、W2、W3 水位调控稻田生育期 NH_4^+ －N 含量均值分别为 3.22mg/kg、3.17mg/kg、3.95mg/kg，20～40cm 土层 NH_4^+ －N 含量均值分别为 2.59mg/kg、2.48mg/kg、2.70mg/kg；相比 W1，W3 水位调控下稻田 0～20cm、20～40cm 土层 NH_4^+ －N 含量分别增加 23.0%、4.2%。

7.2.4　硝态氮（NO_3^- －N）

水稻生育期内土壤硝态氮（NO_3^- －N）变化如图 7－4 所示。可见，土壤中 NO_3^- －N 含

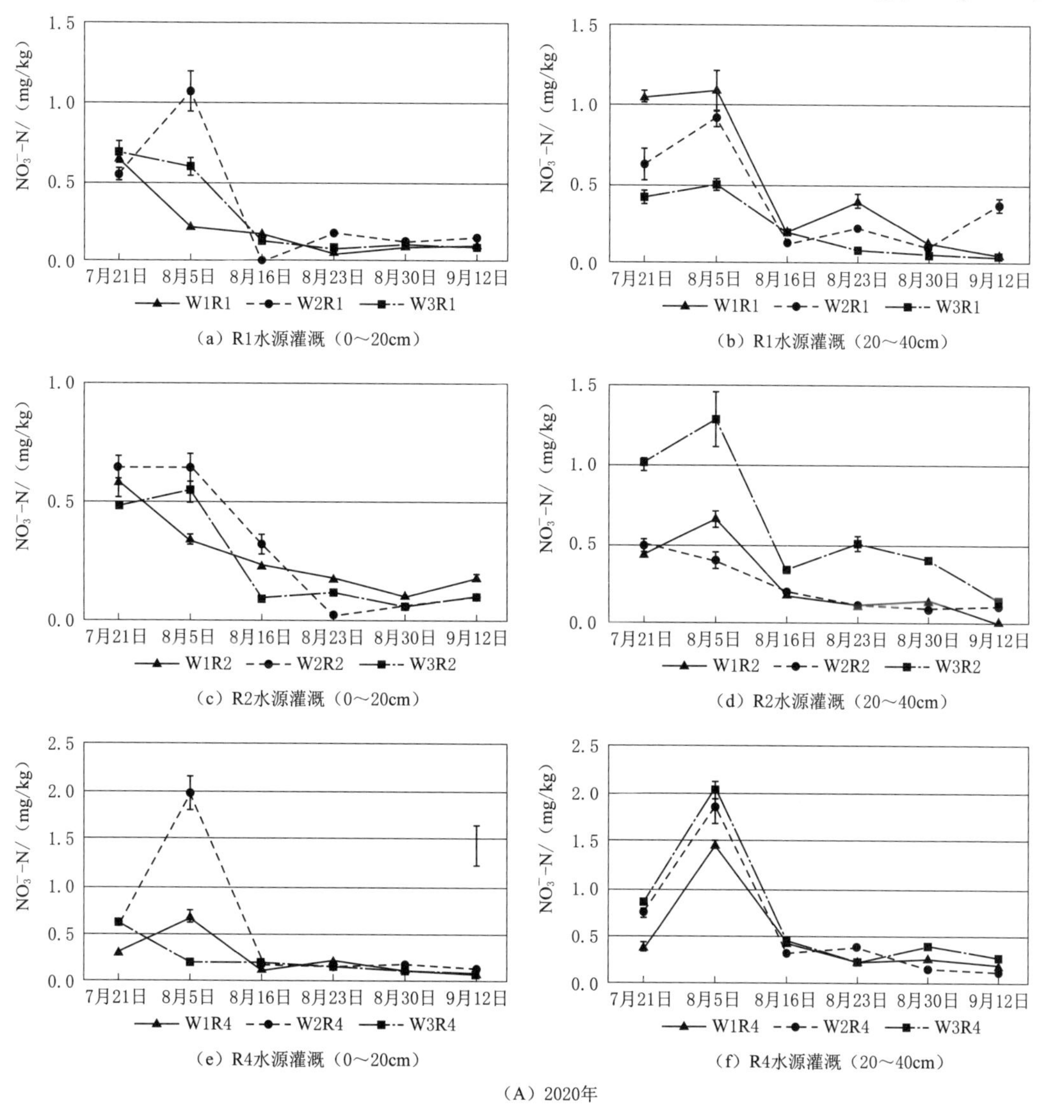

（a）R1水源灌溉（0～20cm）

（b）R1水源灌溉（20～40cm）

（c）R2水源灌溉（0～20cm）

（d）R2水源灌溉（20～40cm）

（e）R4水源灌溉（0～20cm）

（f）R4水源灌溉（20～40cm）

（A）2020年

图 7－4（一）　水稻生育期内土壤硝态氮（NO_3^- －N）变化

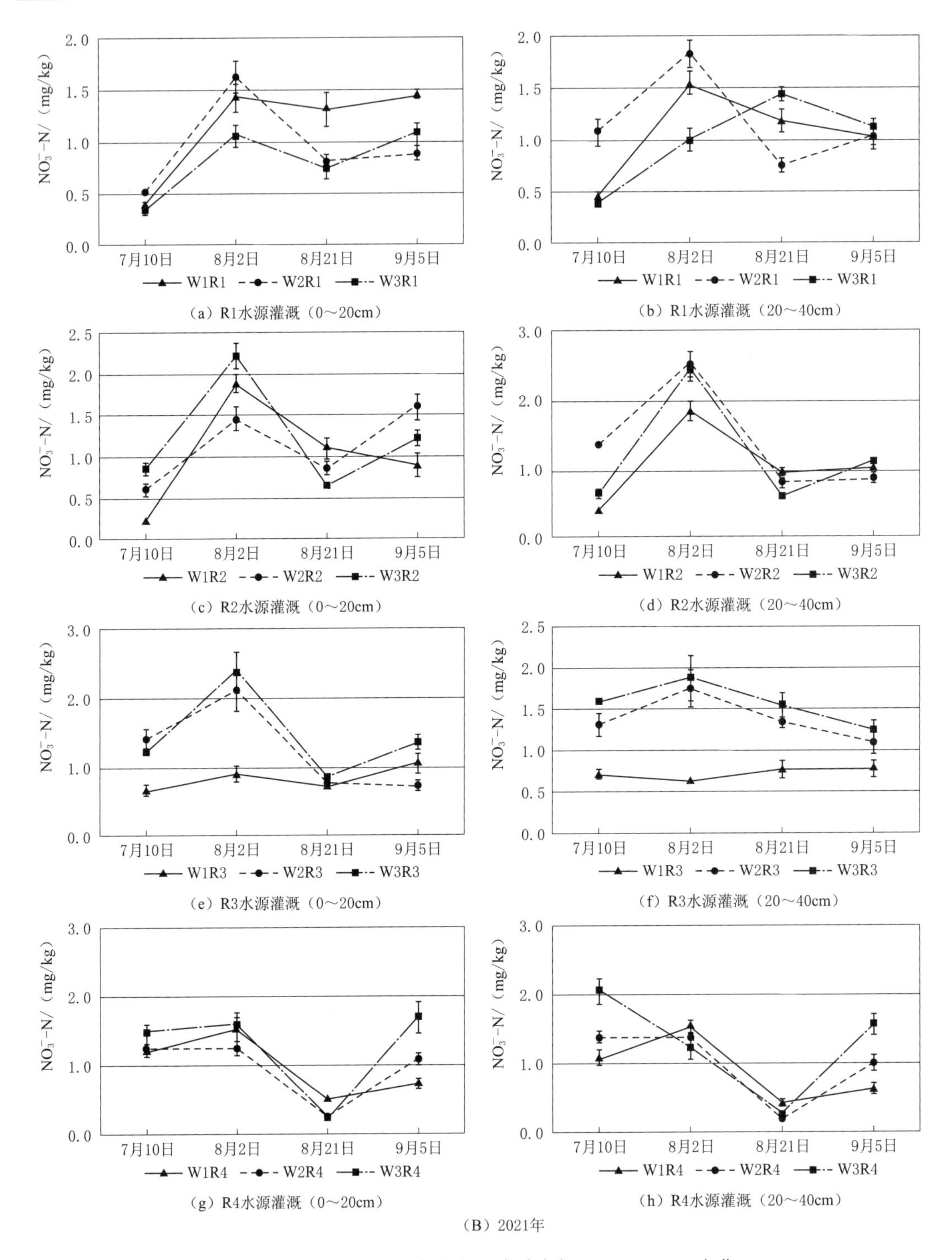

图 7-4(二) 水稻生育期内土壤硝态氮(NO_3^--N)变化

量远低于 NH_4^+-N 含量,NO_3^--N 与 NH_4^+-N 变化总体呈此消彼长的变化趋势,20~40cm 土层 NO_3^--N 含量高于 0~20cm 土层,这是由于土壤淋溶作用,NO_3^--N 更易于随水分向下迁移和累积,2020 年各土层 NO_3^--N 含量低于 2021 年。拔节孕穗期开始,各

土层 NO_3^- -N 含量逐渐降低，在抽穗开花期达到最小值，变化趋势与 NH_4^+ -N 相反，主要是由于此时水稻生长旺盛，土壤中 NO_3^- -N 向 NH_4^+ -N 转化加快。

2020 年，0～20cm 土层 R1、R2、R4 水源灌溉稻田生育期 NO_3^- -N 含量均值分别为 0.31mg/kg、0.22mg/kg、0.36mg/kg，20～40cm 土层 NO_3^- -N 含量均值分别为 0.41mg/kg、0.31mg/kg、0.68mg/kg。可以看出，再生水灌溉稻田各土层 NO_3^- -N 含量低于河道水灌溉。0～20cm 土层 W1、W2、W3 水位调控稻田生育期 NO_3^- -N 含量均值分别为 0.26mg/kg、0.43mg/kg、0.27mg/kg，20～40cm 土层 NO_3^- -N 含量均值分别为 0.48mg/kg、0.44mg/kg、0.58mg/kg，表明随着田间控制水位提高，稻田各土层 NO_3^- -N 含量均有提高；相比 W1 水位调控，W2 和 W3 水位调控下稻田 0～20cm、20～40cm 土层 NO_3^- -N 含量分别增加 67.2%和 2.3%、-7.2%和 21.4%，表明高水位调控稻田 20～40cm 土层 NO_3^- -N 含量显著增加。

2021 年，0～20cm 土层 R1、R2、R3、R4 灌溉水源稻田生育期 NO_3^- -N 含量均值分别为 0.95mg/kg、1.14mg/kg、1.16mg/kg、1.05mg/kg，20～40cm 土层 NO_3^- -N 含量均值分别为 1.06mg/kg、1.20mg/kg、1.23mg/kg、1.05mg/kg，变化趋势与 2020 年基本一致；0～20cm 土层 W1、W2、W3 水位调控稻田生育期 NO_3^- -N 含量均值分别为 0.99mg/kg、1.06mg/kg、1.16mg/kg，20～40cm 土层 NO_3^- -N 含量均值分别为 0.93mg/kg、1.22mg/kg、1.28mg/kg，相比 W1 水位调控，W2 和 W3 水位调控下稻田 0～20cm、20～40cm 土层 NO_3^- -N 含量分别增加 6.6%和 17.2%、30.8%和 33.6%，与 2020 年趋势基本一致。因此，为了减少 NO_3^- -N 淋失风险，农田灌溉要尽量避免高水位调控。

7.3 稻田养分年际变化

7.3.1 有机质（OM）

不同灌溉水源和水位调控条件下稻田 OM 含量年际变化见图 7-5。R1 水源灌溉，0～20cm 和 60～80cm 土层 OM 含量均随时间推移呈现增加趋势，相比背景值，到 2021 年，0～20cm 和 60～80cm 土层 OM 值分别增加了 10.7%和 4.5%；R2 水源灌溉，0～20cm 土层稻田 OM 含量略微下降（2021 年降幅 6.3%），20～40cm 土层 OM 含量略微增加（2021 年增幅 1.3%），40～60cm 土层与背景值持平，60～80cm 土层 OM 含量增加（2021 年增幅 11.3%）；R3 水源灌溉，与背景值相比，2021 年，各土层 OM 含量随着时间推进均呈现下降趋势，0～20cm、20～40cm、40～60cm、60～80cm 土层 OM 含量分别下降 15.2%、20.6%、33.1%、32.4%；R4 水源灌溉，与 R3 相似，2021 年，0～20cm、20～40cm、40～60cm、60～80cm 土层 OM 含量分别下降 30.2%、38.6%、34.5%、36.5%，降幅高于 R3。以上分析表明，再生水灌溉对土壤表层和深层有机质含量增加最为有利，这可能与灌溉水中较高的氮磷含量有关，残留在土壤中的根系由于氮磷养分的影响进而生长产生了有机质。一级再生水灌溉土壤中的生物活性较大，R1 水源比 R2 水源效果显著，相比 R3 水源，R4 灌溉稻田 OM 含量降幅较大。W1 水位调控下，稻田各土层 OM 含量随时间推移下降，相比背景值，2020 年，0～20cm、20～40cm、40～60cm、60～80cm 土层

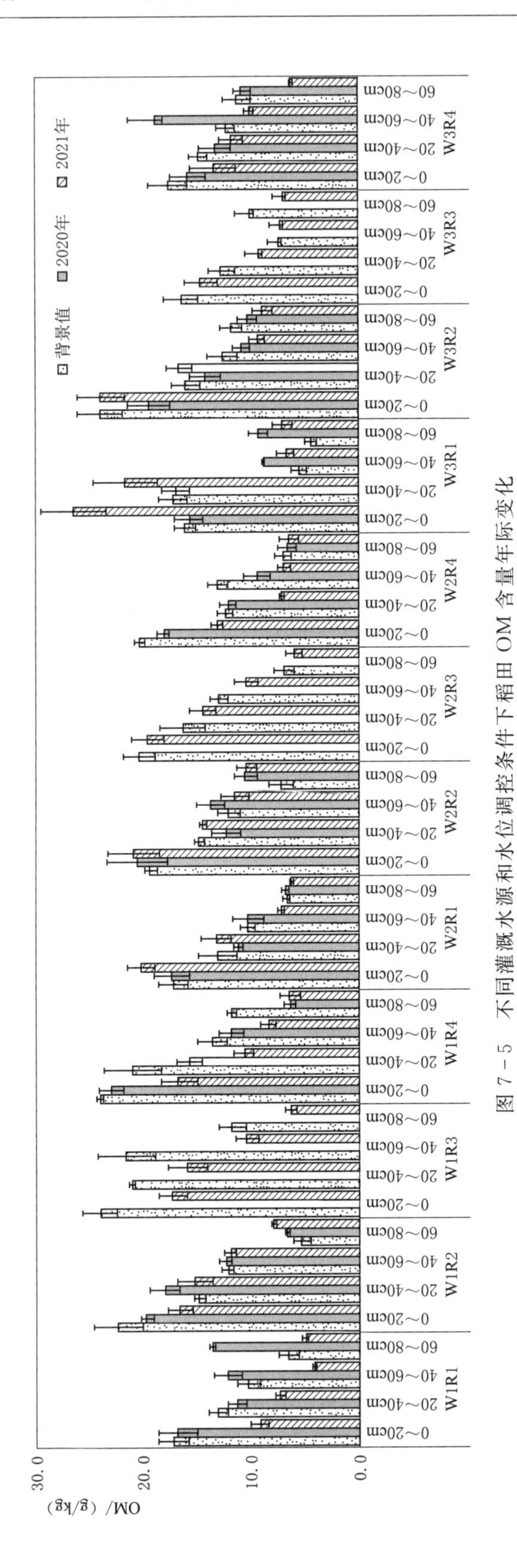

图 7-5　不同灌溉水源和水位调控条件下稻田 OM 含量年际变化

OM含量分别下降9.3%、14.2%、16.0%、0.1%，2021年各土层OM含量分别下降31.7%、29.8%、39.7%、28.2%；W2水位调控下，与W1相似，但下降幅度明显降低，2020年，0～20cm、20～40cm、40～60cm、60～80cm土层OM含量分别下降3.3%、16.0%、7.9%、-11.9%，2021年各土层OM含量分别下降4.3%、12.8%、25.4%、4.7%；W3水位调控下，0～20cm土层OM含量略有增加（2021年增加5.9%），其余土层略有降低，降低幅度低于W1、W2。以上分析可知，W3高水位调控有利于表层0～20cm土层OM含量增加。

总体而言，再生水灌溉下试验区稻田土壤有机质增加，而有机质是土壤养分的主要来源，在土壤微生物的作用下，分解释放出植物所需的各种元素；同时对土壤的理化性质和生物特性有很大的影响，因此再生水灌溉更有利于水稻生长。

7.3.2 全氮（TN）

不同灌溉水源和水位调控条件下稻田TN含量年际变化见图7-6。R1水源灌溉，0～20cm土层TN含量年际变化呈现增加趋势，其余土层呈现降低趋势，2020年与2021年各土层TN含量基本一致，相比背景值，2021年，0～20cm土层TN含量增加14.9%，20～40cm、40～60cm、60～80cm土层分别降低16.9%、57.8%、20.0%；R2水源灌溉，各土层TN含量年际变化均呈现降低趋势，除0～20cm土层，其余土层TN含量迅速下降，2020年与2021年基本一致，2021年，相比背景值，0～20cm、20～40cm、40～60cm、60～80cm土层TN含量分别降低了17.7%、35.8%、58.5%、30.7%；R3水源灌溉，与R2相似，2021年，相比背景值，0～20cm、20～40cm、40～60cm、60～80cm土层TN含量分别降低了16.4%、66.5%、55.3%、43.6%；R4水源灌溉，2020年TN含量略高，2021年，相比背景值，0～20cm、20～40cm、40～60cm、60～80cm土层TN含量分别降低了29.5%、47.9%、61.2%、52.1%。以上分析，可知R1水源灌溉有利于增加稻田表层土壤TN含量，其余各水源灌溉TN含量年际变化均呈现降低趋势，降低幅度表现为R2<R3<R4。W1水位调控，各土层TN含量年际变化呈现降低趋势，2021年，相比背景值，0～20cm、20～40cm、40～60cm、60～80cm土层TN含量分别降低了9.6%、63.6%、64.5%、46.4%；W2水位调控，与W1趋势一致，2021年，相比背景值，0～20cm、20～40cm、40～60cm、60～80cm土层TN含量分别降低了26.5%、33.3%、53.3%、28.8%；W3水位调控，0～20cm土层TN含量年际变化呈现增加趋势，2021年TN含量增加8.5%，20～40cm、40～60cm、60～80cm土层TN含量呈现降低趋势，分别降低了3.8%、30.0%、25.5%。由以上分析可知，高水位调控有利于表层稻田TN含量的增加，这是由于再生水灌溉能带入一定的氮素，从而增加土壤表层氮素含量，且水位越高氮素含量越大，导致高水位时TN增加最多。此外，40～60cm土层TN含量平均降幅高于20～40cm土层，且随着水位升高下降减慢，这是由于40～60cm土层内，根系活动旺盛，对氮素吸收利用较多，高水位影响呼吸作用，因此根系吸收能力减弱，下降较慢。

7.3.3 全磷（TP）

不同灌溉水源和水位调控条件下稻田TP含量年际变化见图7-7。分析土壤TP含量变化发现，TP含量总体上低于TN含量且变化不大，这是由于磷素在土壤中不易迁移。

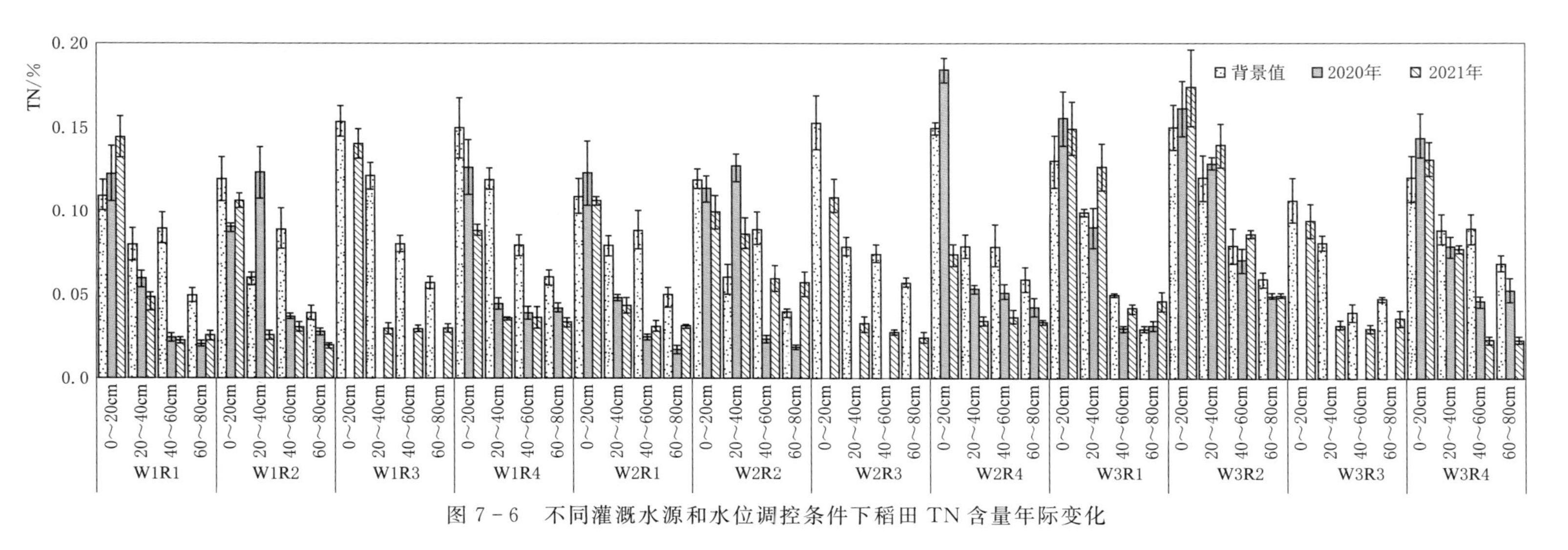

图7-6　不同灌溉水源和水位调控条件下稻田TN含量年际变化

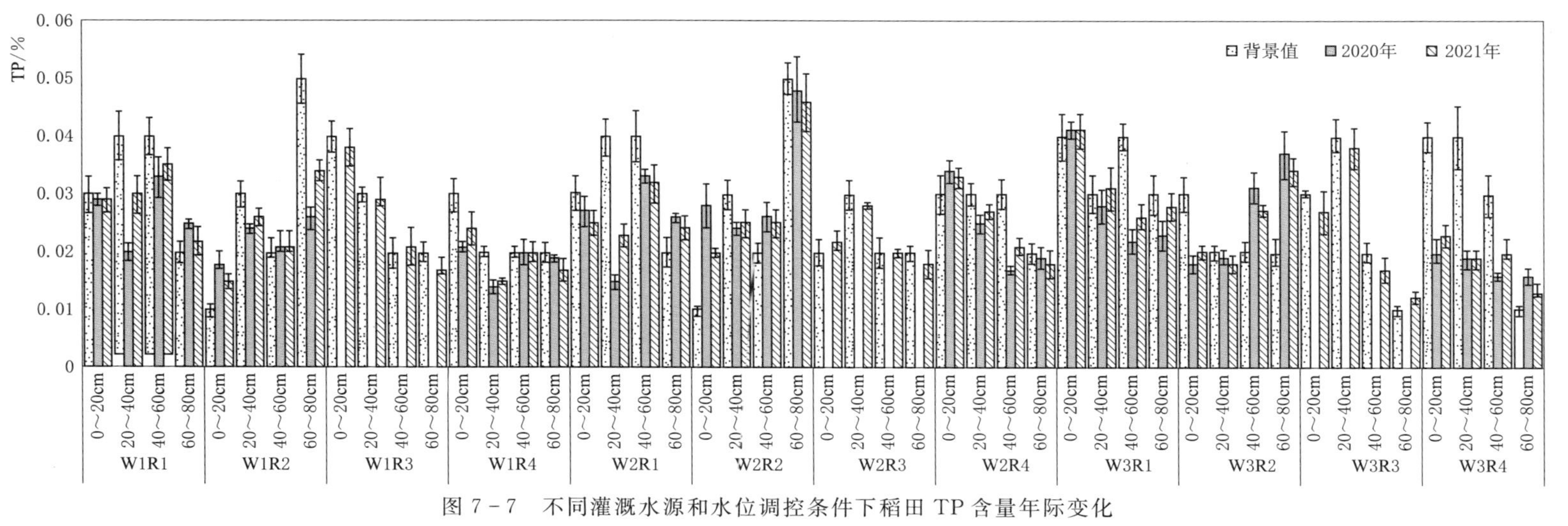

图7-7　不同灌溉水源和水位调控条件下稻田TP含量年际变化

R1 水源灌溉，0～20cm 和 60～80cm 土层 TP 含量与背景值一致，20～40cm 和 40～60cm 土层 TP 含量年际变化呈现下降趋势，2020 年分别降低 42.7%、26.7%，2021 年分别降低 23.6%、22.5%；R2 水源灌溉，0～20cm 和 40～60cm 土层 TP 含量呈现上升趋势，2020 年分别增加了 28.0%、30.0%，2021 年分别增加了 10.0%、21.7%，20～40cm 和 60～80cm 土层 TP 含量变化相反，2020 年分别降低了 16.3%、7.5%，2021 年分别降低了 13.8%、5.0%；R3 水源灌溉，各土层 TP 含量变化呈现下降趋势，2021 年，相比背景值，0～20cm、20～40cm、40～60cm、60～80cm 土层 TP 含量分别降低了 3.3%、5.0%、3.3%、6.0%；R4 水源灌溉，60～80cm 土层 TP 含量与背景值基本一致，其余土层 TP 含量变化均呈现下降趋势，2020 年，0～20cm、20～40cm、40～60cm 土层 TP 含量分别降低了 26.0%、35.6%、33.8%，2021 年分别降低了 20.0%、32.2%、23.8%。W1 水位调控，各土层 TP 含量年际变化均呈现下降趋势，2020 年，0～20cm、20～40cm、40～60cm、60～80cm 土层 TP 含量分别降低了 17.6%、35.6%、1.3%、15.2%，2021 年分别降低了 3.6%、16.7%、3.0%、18.2%；W2 水位调控，0～20cm 土层 TP 含量呈现增加趋势，2020 年和 2021 年分别增加了 31.9%、11.1%，20～40cm 和 40～60cm 土层 TP 含量呈现下降趋势，2020 年分别降低了 34.4%、7.9%，2021 年分别降低了 20.8%、10.9%，60～80cm 土层 2020 年 TP 含量增加了 12.7%，2021 年降低了 3.6%；W3 水位调控，0～20cm、20～40cm、40～60cm 土层 TP 含量均呈下降趋势，2020 年分别降低了 25.7%、32.3%、16.4%，2021 年分别降低了 20.7%、18.5%、18.2%，60～80cm 土层 TP 含量呈增加趋势，相比背景值，2020 年和 2021 年分别增加了 44.8%、24.3%。由以上分析可知，W2 水位调控有利于 0～20cm 土层 TP 含量增加，W3 水位调控有利于 60～80cm 土层 TP 含量增加，R2 水源灌溉有利于增加稻田表层 TP 含量。由于磷元素能促进根系的呼吸作用，增加养分吸收，说明再生水灌溉更有利于作物对土壤全磷的吸收利用，从而提高土壤中磷素的利用效率，有利于水稻生长。

7.3.4 铵态氮（NH_4^+-N）

不同灌溉水源和水位调控条件下稻田 NH_4^+-N 含量年际变化见图 7－8。R1 水源灌溉，0～20cm 和 40～60cm 土层 NH_4^+-N 含量年际变化呈现增加趋势，相比背景值，2020 年、2021 年 0～20cm 土层 NH_4^+-N 含量分别增加 0.7%、4.2%，40～60cm 土层分别增加 16.8%、24.3%，20～40cm 土层，NH_4^+-N 含量与背景值基本一致，60～80cm 土层 NH_4^+-N 含量比 2020 年降低 6.0%，2021 年增加 15.3%；R2 水源灌溉，各土层 NH_4^+-N 含量年际变化均呈现降低趋势，相比背景值，2020 年，0～20cm、20～40cm、40～60cm、60～80cm 土层 NH_4^+-N 含量分别降低了 13.9%、18.5%、28.8%、27.0%，2021 年分别降低了 14.2%、21.1%、38.4%、28.2%；R3 水源灌溉，与 R2 相似，相比背景值，2021 年，0～20cm、20～40cm、40～60cm、60～80cm 土层 NH_4^+-N 含量分别降低了 12.1%、9.2%、19.4%、13.8%；R4 水源灌溉，相比背景值，2020 年，0～20cm、20～40cm、40～60cm、60～80cm 土层 NH_4^+-N 含量分别降低了 12.7%、14.1%、61.0%、30.3%，2021 年分别降低了 25.2%、－64.8%（NH_4^+-N 波动较大）、33.1%、50.1%，可见 R4 水源灌溉 40～80cm 土层 NH_4^+-N 含量降幅最大。W1 水位调控，各土层 NH_4^+-N

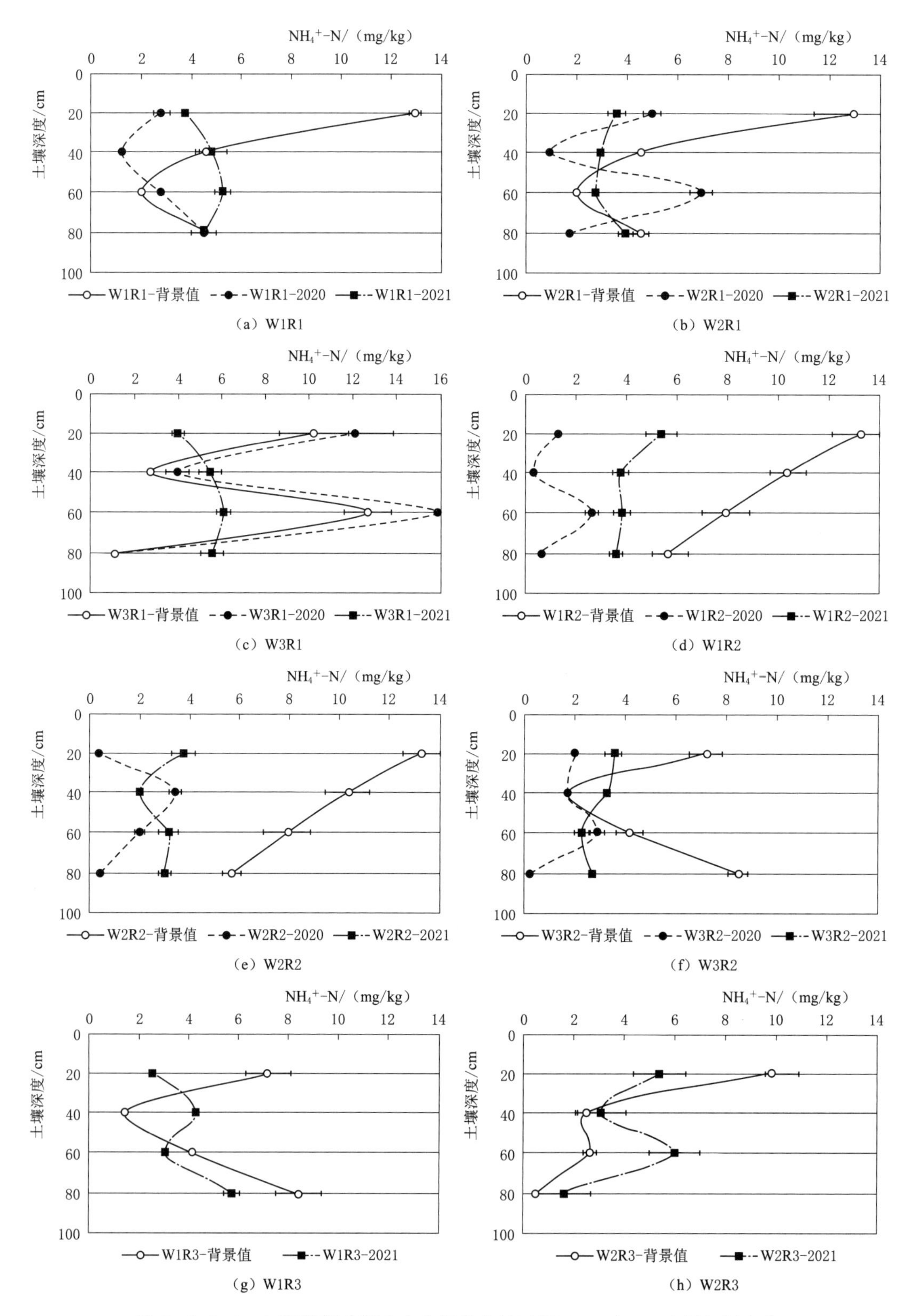

图 7-8（一）　不同灌溉水源和水位调控条件下稻田 NH_4^+-N 含量年际变化

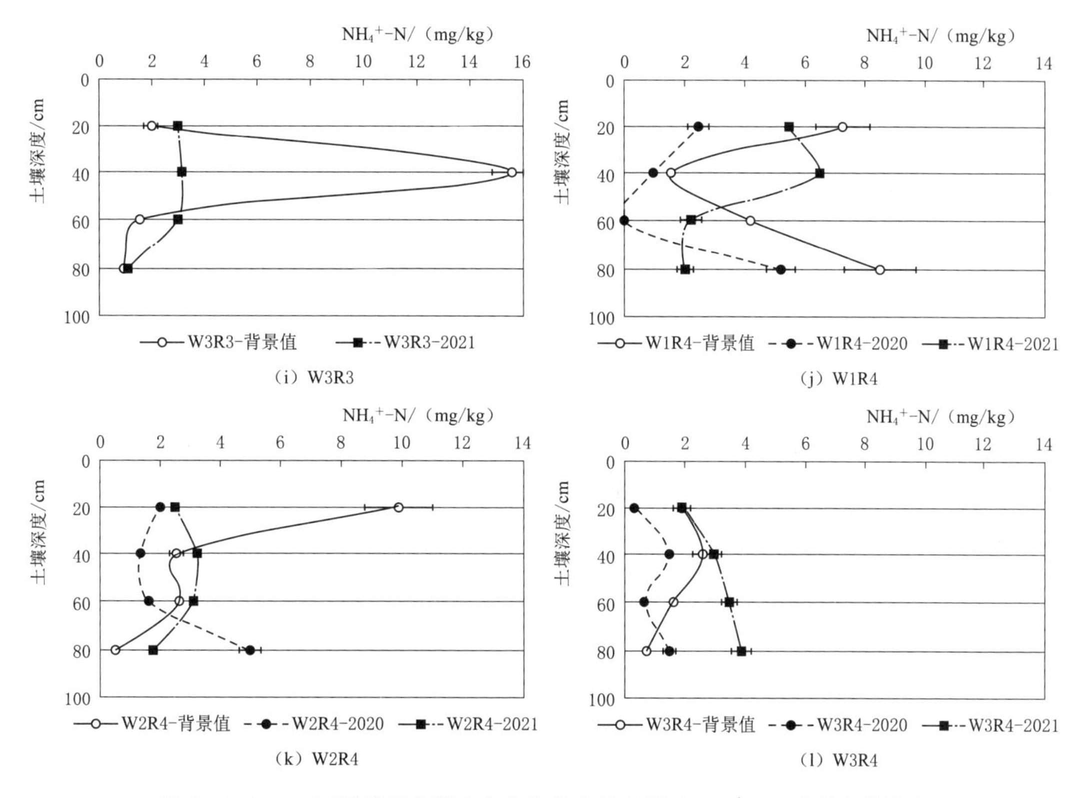

图 7-8（二） 不同灌溉水源和水位调控条件下稻田 NH_4^+ -N 含量年际变化

含量年际变化均为下降趋势，相比背景值，2020 年，0～20cm、20～40cm、40～60cm、60～80cm 土层 NH_4^+ -N 含量分别降低了 8.7%、10.1%、35.6%、24.3%，2021 年分别降低了 18.5%、18.7%、19.3%、36.7%；W2 水位调控，与 W1 相似，相比背景值，2020 年，0～20cm、20～40cm、40～60cm、60～80cm 土层 NH_4^+ -N 含量分别降低了 21.2%、31.5%、29%、20.4%，2021 年分别降低了 17.0%、28.1%、20.0%、8.6%；W3 水位调控下，除 40～60cm 土层，NH_4^+ -N 含量年际变化呈现降低趋势（2020 年降幅 4.6%、2021 年降幅 17.0%），其余土层 NH_4^+ -N 含量均有增加，2020 年，0～20cm、20～40cm、60～80cm 土层 NH_4^+ -N 含量分别增加了 7.2%、4.3%、4.6%，2021 年分别增加了 6.4%、4.6%、14.7%。由以上分析可知，与河道水灌溉相比，再生水灌溉条件下土壤 NH_4^+ -N 含量波动较大，高水位调控 R1 水源灌溉，由于再生水带入氮素较高，各土层 NH_4^+ -N 含量升高。

7.3.5 硝态氮（NO_3^- -N）

不同灌溉水源和水位调控条件下稻田 NO_3^- -N 含量年际变化见图 7-9。与 NH_4^+ -N 变化相比，土壤中 NO_3^- -N 含量较低且波动较小。R1 水源灌溉，0～20cm 和 20～40cm 土层 NO_3^- -N 含量年际变化呈现增加趋势，相比背景值，2020 年 0～20cm 和 20～40cm 土层 NO_3^- -N 含量分别增加了 9.1%、39.2%，2021 年增加了 15.2%、28.9%，40～60cm 土层 NO_3^- -N 含量变化不大（2020 年增幅 0.2%、2021 年降幅 9.7%），60～80cm 土层

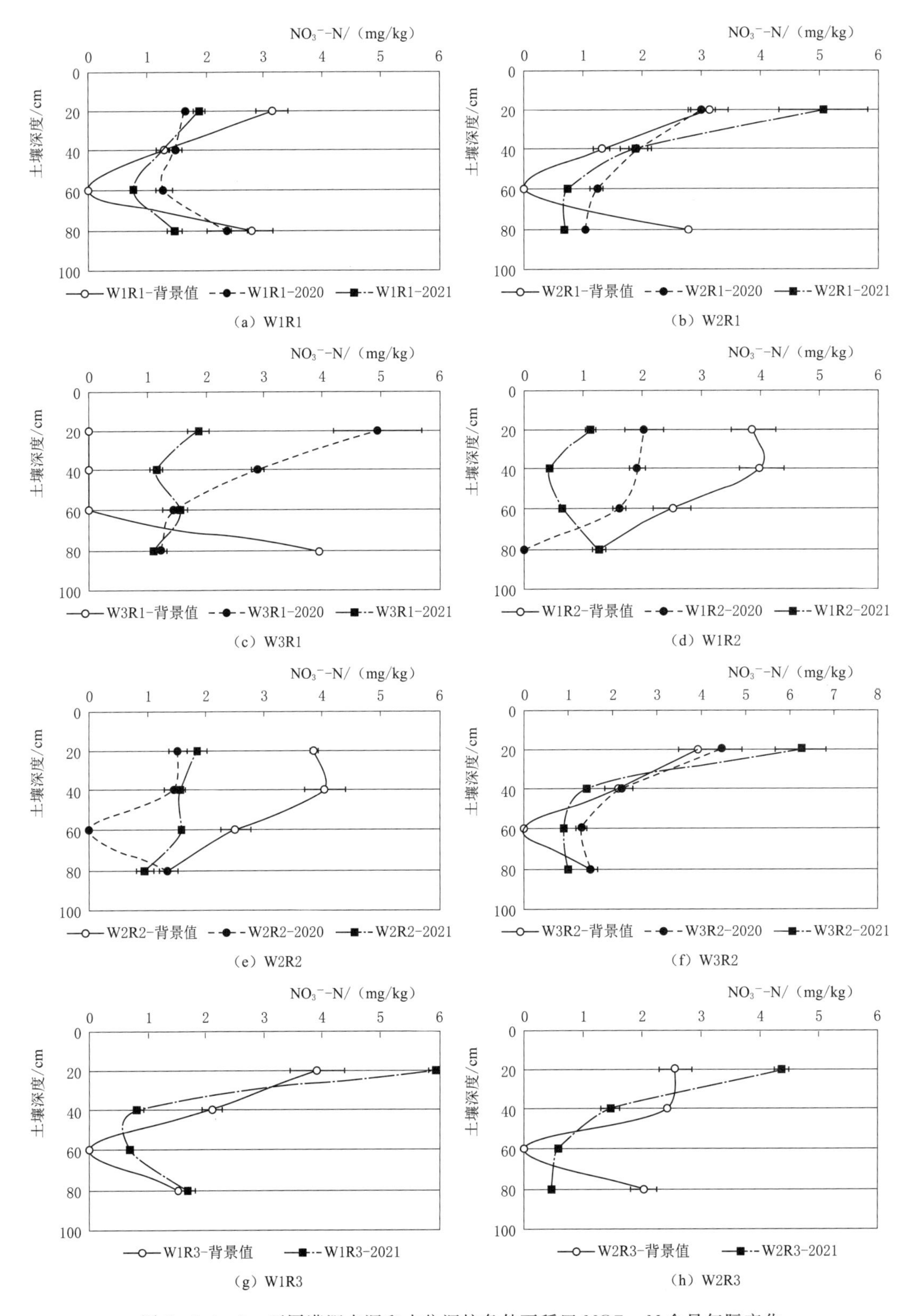

图 7-9（一）　不同灌溉水源和水位调控条件下稻田 NO_3^--N 含量年际变化

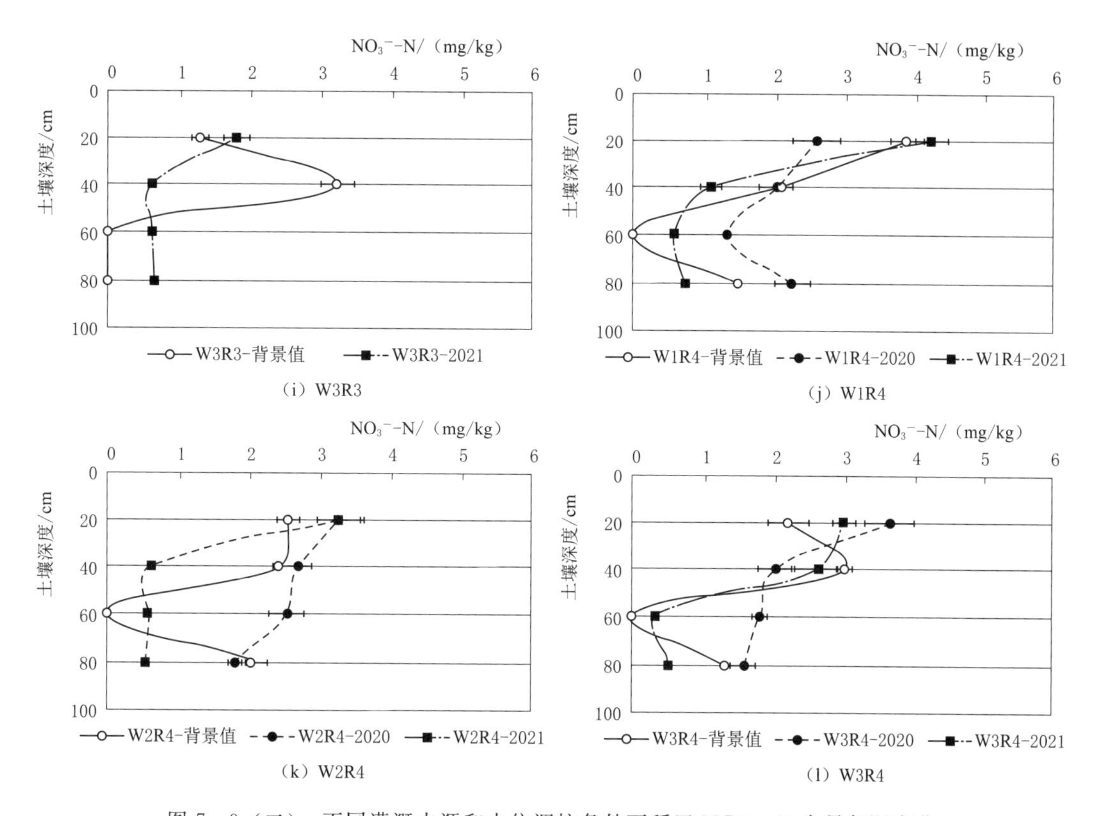

图 7-9（二） 不同灌溉水源和水位调控条件下稻田 NO_3^--N 含量年际变化

NO_3^--N 含量呈现降低趋势，2020 年、2021 年分别降低了 38.4%、25.8%；R2 水源灌溉，各土层 NO_3^--N 含量均呈现降低趋势，相比背景值，2020 年，0～20cm、20～40cm、40～60cm、60～80cm 土层 NO_3^--N 含量分别降低了 17.5%、30.7%、30.4%、29.1%，2021 年分别降低了 15.2%、33.1%、30.3%、6.7%；R3 水源灌溉，2021 年，0～20cm 土层 NO_3^--N 含量增加 4.7%，20～40cm 土层 NO_3^--N 含量降低 33.1%，40～60cm 和 60～80cm NO_3^--N 含量分别增加了 6.0%、16.4%；R4 水源灌溉，2020 年，0～20cm、20～40cm、40～60cm、60～80cm 土层 NO_3^--N 含量分别降低了 13.9%、10.7%、5.1%、10.5%，2021 年分别降低了－0.4%、29.2%、10.9%、31.2。W1 水位调控，各土层 NO_3^--N 含量均呈现降低趋势，相比背景值，2020 年，0～20cm、20～40cm、40～60cm、60～80cm 土层 NO_3^--N 含量分别降低了 31.4%、13.4%、8.1%、10.9%，2021 年分别降低了 8.4%、28.8%、25.6%、13.4%；W2 水位调控，与 W1 相似，2020 年，0～20cm、20～40cm、40～60cm、60～80cm 土层 NO_3^--N 含量分别降低了 10.6%、12.9%、36.5%、33.0%，2021 年分别降低了 1.9%、30.2%、42.2%、24.6%；W3 水位调控，2020 年，0～20cm、20～40cm、40～60cm、60～80cm 土层 NO_3^--N 含量分别增加了 25.6%、5.1%、47.9%、20.6%，2021 年，0～20cm、40～60cm 土层 NO_3^--N 含量分别增加了 12.7%、46.4%，20～40cm 土层 NO_3^--N 含量降低了 7.5%，60～80cm 土层 NO_3^--N 含量与背景值一致。由以上分析可知，R1 水源灌溉 NO_3^--N 含量随着水位升高而逐渐增加。

总体而言，高浓度再生水灌溉条件下试验区稻田土壤 NH_4^+ - N 和 NO_3^- - N 含量有所增加，而 NH_4^+ - N 和 NO_3^- - N 可以直接被水稻吸收利用，因此低浓度的再生水有利于水稻对 NH_4^+ - N 和 NO_3^- - N 的吸收利用，高浓度的再生水则对表层土壤 NH_4^+ - N 和 NO_3^- - N 的吸收利用有一定的抑制作用。

7.4　稻田酸碱度、盐分生育期内变化

7.4.1　酸碱度（pH）和电导率（EC）

不同灌溉水源和水位调控下水稻生育期内土壤 pH 和 EC 变化如图 7 - 10 所示。总体

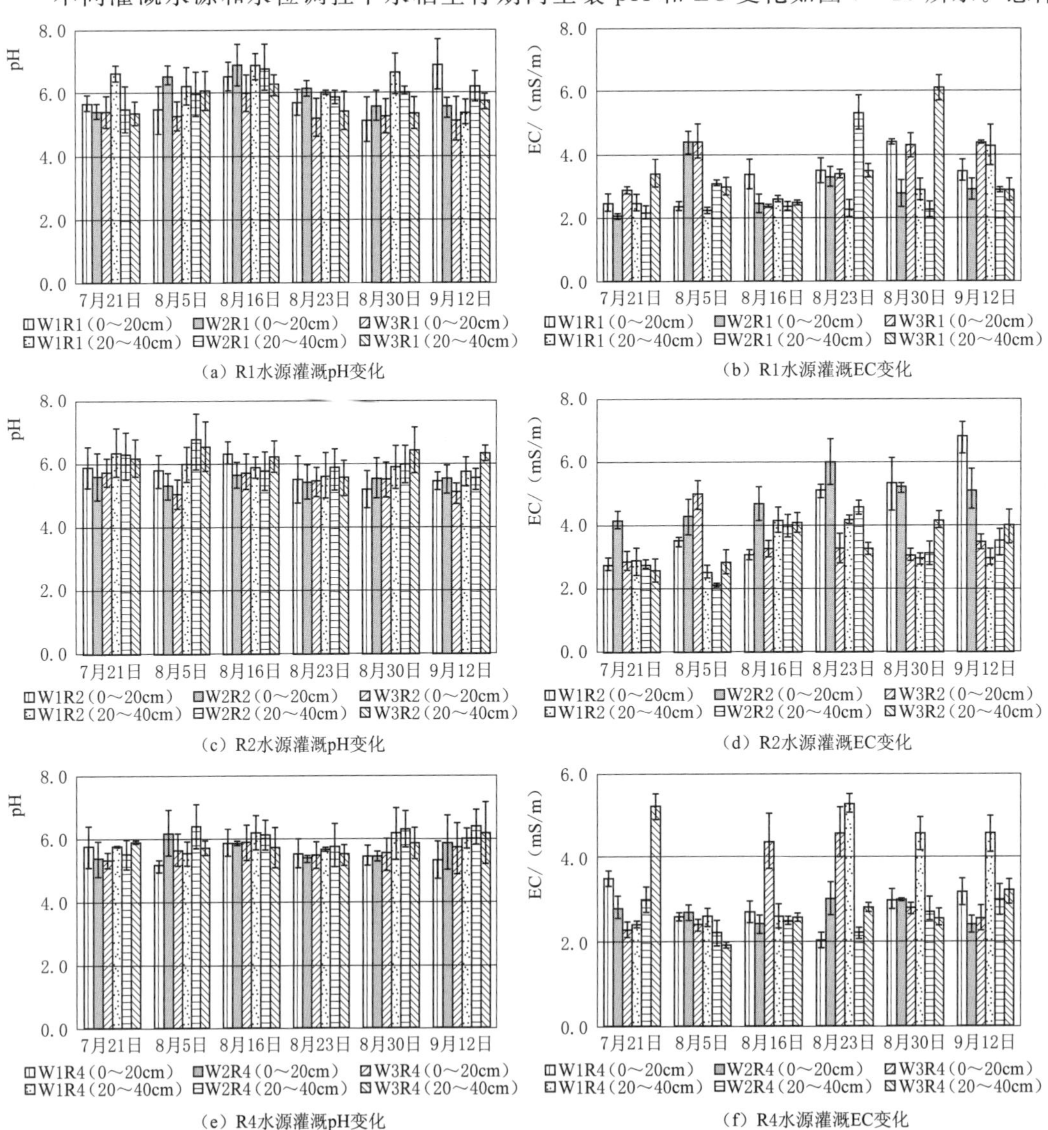

（a）R1水源灌溉pH变化　（b）R1水源灌溉EC变化
（c）R2水源灌溉pH变化　（d）R2水源灌溉EC变化
（e）R4水源灌溉pH变化　（f）R4水源灌溉EC变化
（A）2020年

图 7 - 10（一）　不同灌溉水源和水位调控下水稻生育期内土壤 pH 和 EC 变化

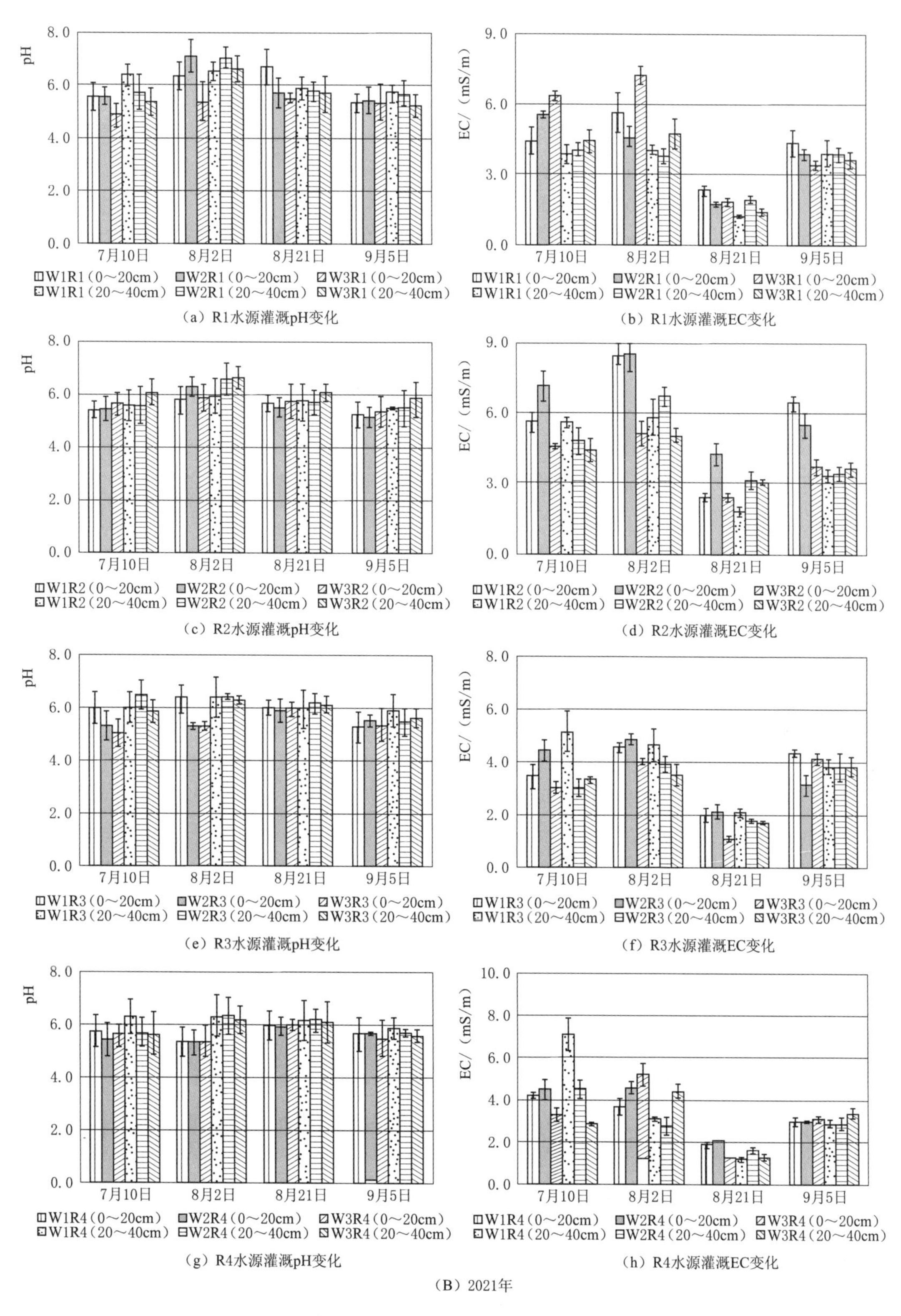

(a) R1水源灌溉pH变化

(b) R1水源灌溉EC变化

(c) R2水源灌溉pH变化

(d) R2水源灌溉EC变化

(e) R3水源灌溉pH变化

(f) R3水源灌溉EC变化

(g) R4水源灌溉pH变化

(h) R4水源灌溉EC变化

(B) 2021年

图 7-10(二) 不同灌溉水源和水位调控下水稻生育期内土壤 pH 和 EC 变化

上2021年水稻生育期pH均值略高于2020年，2020年R1、R2、R4水源灌溉稻田pH均值分别为5.85、5.78、5.73，2021年R1、R2、R3、R4水源灌溉稻田pH均值分别为5.87、5.73、5.84、5.78，表明R1水源灌溉稻田生育期pH略高，R2和R3次之，R4相对较小；各年度0～20cm土层pH均值均略低于20～40cm土层。相同灌溉水源下，W1水位调控20～40cm土层pH均值增幅3.8%～6.8%（2020年）、2.2%～8.2%（2021年），W2水位调控20～40cm土层pH均值增幅1.6%～9.1%（2020年）、1.7%～10.4%（2021年），W3水位调控20～40cm土层pH均值增幅3.9%～14.5%（2020年）、4.5%～11.3%（2021年）。这表明随着田间灌溉水位的提高，可以有效提高20～40cm土层土壤pH。总体而言，再生水灌溉条件下稻田土壤由偏酸性向中性方向移动，而参与土壤中有机质分解的微生物大多在接近中性的环境下生长发育，进而将有机质分解为速效态养分供植物吸收，因此再生水灌溉更有利于土壤肥力的增加，从而更有利于作物吸收利用土壤中的养分，对作物生长安全有利。

2020年、2021年稻田0～20cm土层EC均值分别为5.06mS/m、5.26mS/m，20～40cm土层分别为5.38mS/m、5.55mS/m，表明再生水灌溉后稻田EC值随着土层深度增加呈现增加趋势，相比2020年，2021年各土层EC均值略大。2020年R1、R2、R4灌溉水源下EC均值分别为5.89mS/m、5.74mS/m、5.77mS/m，2021年R1、R2、R3、R4灌溉水源下EC均值分别为5.97mS/m、5.77mS/m、5.86mS/m、5.81mS/m，表明R1水源灌溉下稻田全生育期EC值最大，R3和R4次之，R2最小。2020年，分蘖期R1、R2水源灌溉稻田EC值略低于R4，拔节孕穗期R1和R2水源灌溉稻田EC值略有升高，R4水源灌溉稻田EC值下降。2021年4种水源灌溉稻田EC值均在分蘖期到拔节孕穗期呈现上升趋势，在拔节孕穗期达到最高值，拔节孕穗期到抽穗开花期呈现下降趋势，在抽穗开花期达到最低值，抽穗开花期到乳熟期略有升高，这可能是与灌溉后土壤微生物活动有关。2020年W1、W2、W3水位调控下稻田生育期EC均值分别为5.81mS/m、5.85mS/m、5.91mS/m，2021年分别为5.84mS/m、5.86mS/m、5.89mS/m，表明高水位调控W3可以略微增加稻田EC值，但是三种水位调控对EC值变化影响不显著（$P>0.05$）。R1水源灌溉对稻田20～40cm土层EC增加较明显，且在W3水位调控下表现最大，这可能是由于高水位时土壤呼吸受影响，而低水位时灌溉水中污染物含量较低、微生物量较少。总体而言，再生水灌溉下试验区稻田土壤EC明显增加，而EC在一定程度上反映了土壤肥力水平，因此再生水灌溉更有利于增强土壤中吸附性离子的离解和交换性能，增加各种离子与土壤胶体相互作用的强度，有利于土壤肥力的增加，对作物生长有利。

7.4.2　水溶性盐（WSS）

土壤中盐分过高会提高土壤的渗透压，阻碍作物对水分和养分的吸收，进而影响作物的生长和产量，并使土壤盐化。不同灌溉水源和不同水位调控下水稻生育期内WSS总量变化见图7-11。由图7-11可知，土壤WSS含量在生育期内总体呈先升高后降低的趋势，2020年R1、R2、R4水源灌溉水稻生育期内WSS均值分别为0.43g/kg、0.45g/kg、0.31g/kg，2021年R1、R2、R3、R4水源灌溉稻田生育期内WSS均值分别为0.50g/kg、0.57g/kg、0.33g/kg、0.21g/kg，表明农村生活再生水灌溉可以显著增加稻田WSS含量，其中R2水源灌溉稻田WSS含量最高，R3水源灌溉稻田WSS含量略有增加。2020

年，W1、W2、W3三种水位调控下稻田0～20cm和20～40cm土层WSS含量分别为0.38g/kg和0.37g/kg、0.44g/kg和0.38g/kg、0.30g/kg和0.47g/kg，表明中低水位调控对稻田WSS含量影响较小，随着田间灌溉水位升高，其中0～20cm土层WSS含量呈现先增后减趋势，20～40cm土层WSS含量显著增加，相比W1（W1≈W2），W3水位调控下WSS含量增幅为29.1%；2021年，W1、W2、W3三种水位调控下稻田0～20cm和20～40cm土层WSS含量分别为0.41g/kg和0.40g/kg、0.46g/kg和0.37g/kg、0.39g/kg和0.36g/kg，0～20cm土层中低水位调控（W1、W2）土壤WSS含量略有增加，与2020年不同，20～40cm土层水位调控对稻田WSS影响不明显。此外，R1、R2水源灌溉稻田WSS在分蘖后期与拔节孕穗期较高，在生育期后期（抽穗开花期后期与乳熟期）含量较低。因此，R1、R2水源灌溉低水位调控对表层土壤WSS增加影响较大，高水位调控对深层土壤WSS含量增加影响较大，R3水源灌溉中高水位调控对土壤WSS含量增加影响较小，接近河道水（R4）灌溉效果。可见与河道水灌溉相比，再生水灌溉能明显提高土壤中水溶性盐含量，且再生水灌溉下高水位调控可有效增加20～40cm土壤WSS含量，说明高水位增强了淋溶作用，土壤盐分向下迁移明显，因此需要避免农村生活再生水回用进行高水位调控灌溉。

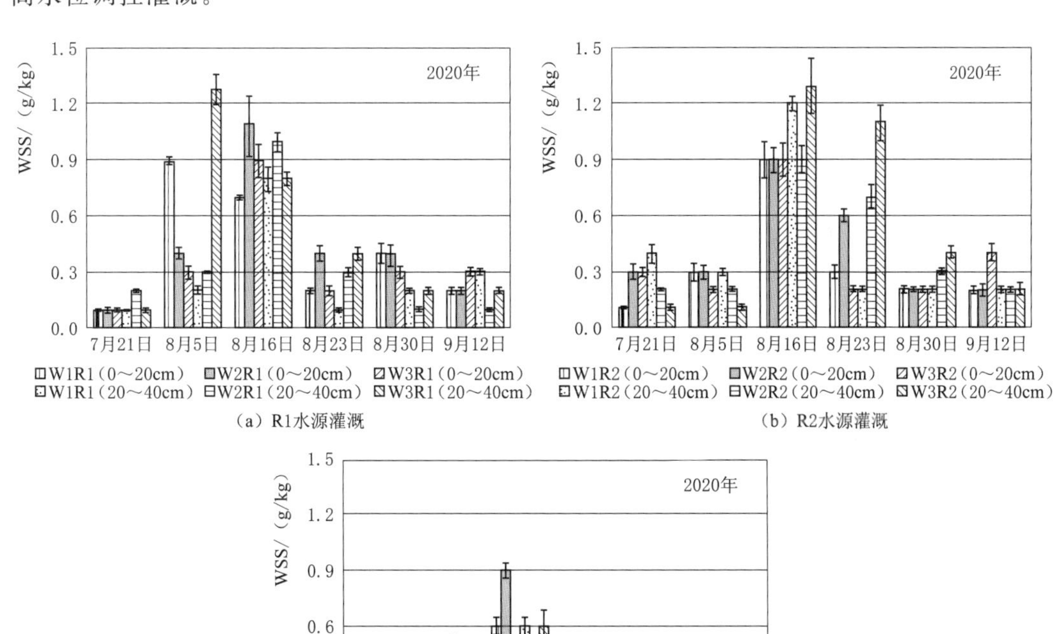

（a）R1水源灌溉

（b）R2水源灌溉

（c）R4水源灌溉

（A）2020年

图7-11（一） 不同灌溉水源和不同水位调控下水稻生育期内土壤WSS总量变化

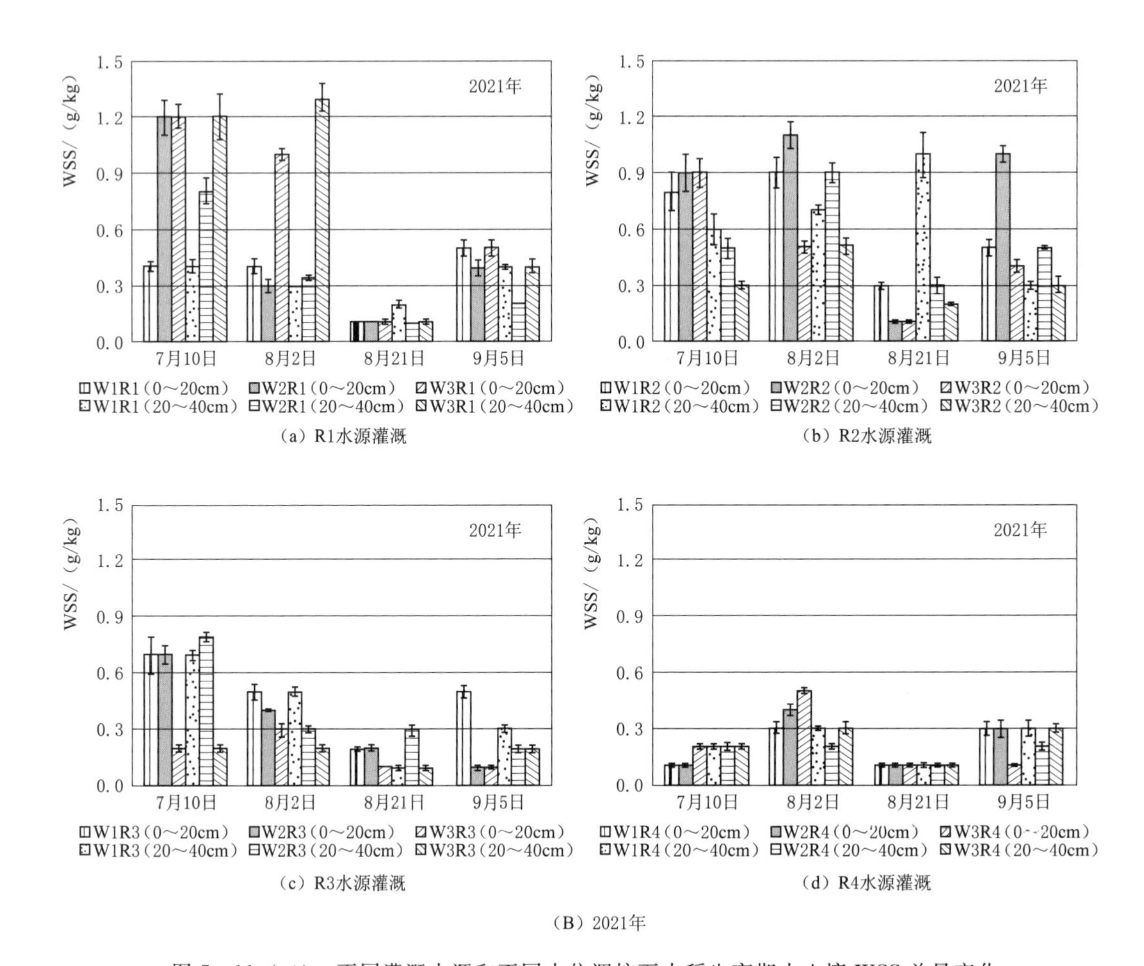

（a）R1水源灌溉　（b）R2水源灌溉

（c）R3水源灌溉　（d）R4水源灌溉

（B）2021年

图 7-11（二）　不同灌溉水源和不同水位调控下水稻生育期内土壤 WSS 总量变化

7.5　稻田酸碱度、盐分年际变化

7.5.1　酸碱度（pH）

不同灌溉水源和不同水位调控条件下稻田土壤 pH 年际变化如图 7-12 所示。总体而言，试验区内土壤偏酸性，且随着土层深度增加，土壤 pH 升高，80cm 处土壤接近中性，表层（0～20cm）和深层（60～80cm）土壤内 pH 变化较小，中间土层（20～40cm 和 40～60cm）pH 变化较大，这与水稻根系分布范围有关。R1 水源灌溉下，0～20cm 和 20～40cm 土层 pH 随着时间的推移呈现增加趋势，相比背景值，2020 年、2021 年 0～20cm 土层 pH 分别增加 3.0%、4.0%，20～40cm 土层分别增加 2.8%、3.6%，40～60cm 和 60～80cm 土层 pH 在 2020 年较背景值增加，在 2021 年降低到背景值或略低于背景值；R2 水源灌溉下，0～20cm 土层 pH 基本一致，20～40cm 土层 pH 在 2020 年略有降低，2021 年恢复到背景值水平，40～60cm 和 60～80cm 土层 pH 在 2020 年略有增加，在 2021 年恢复到背景值水平；R3 水源灌溉下，相比背景值，0～20cm、20～40cm、和 40～60cm

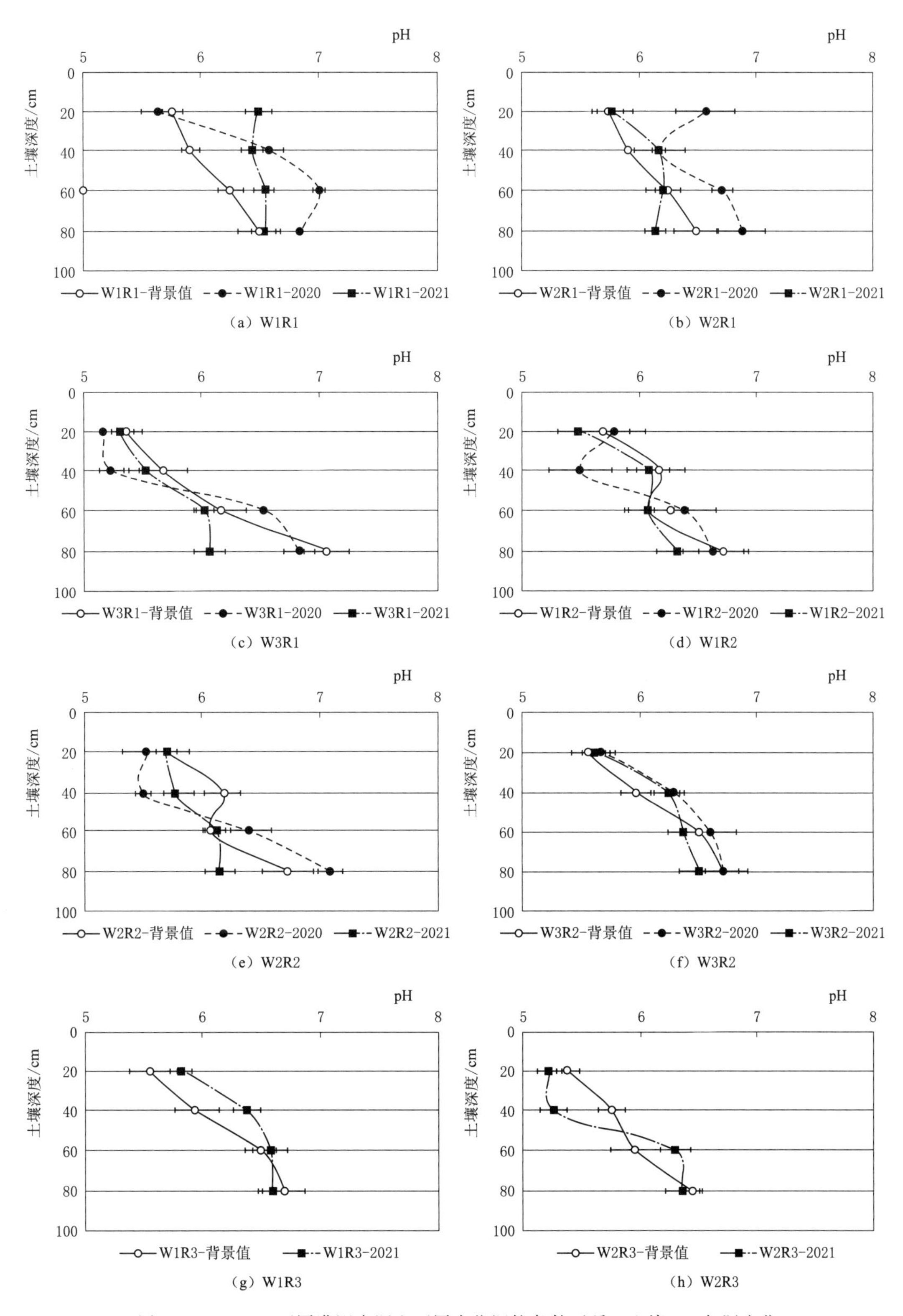

图 7-12（一） 不同灌溉水源和不同水位调控条件下稻田土壤 pH 年际变化

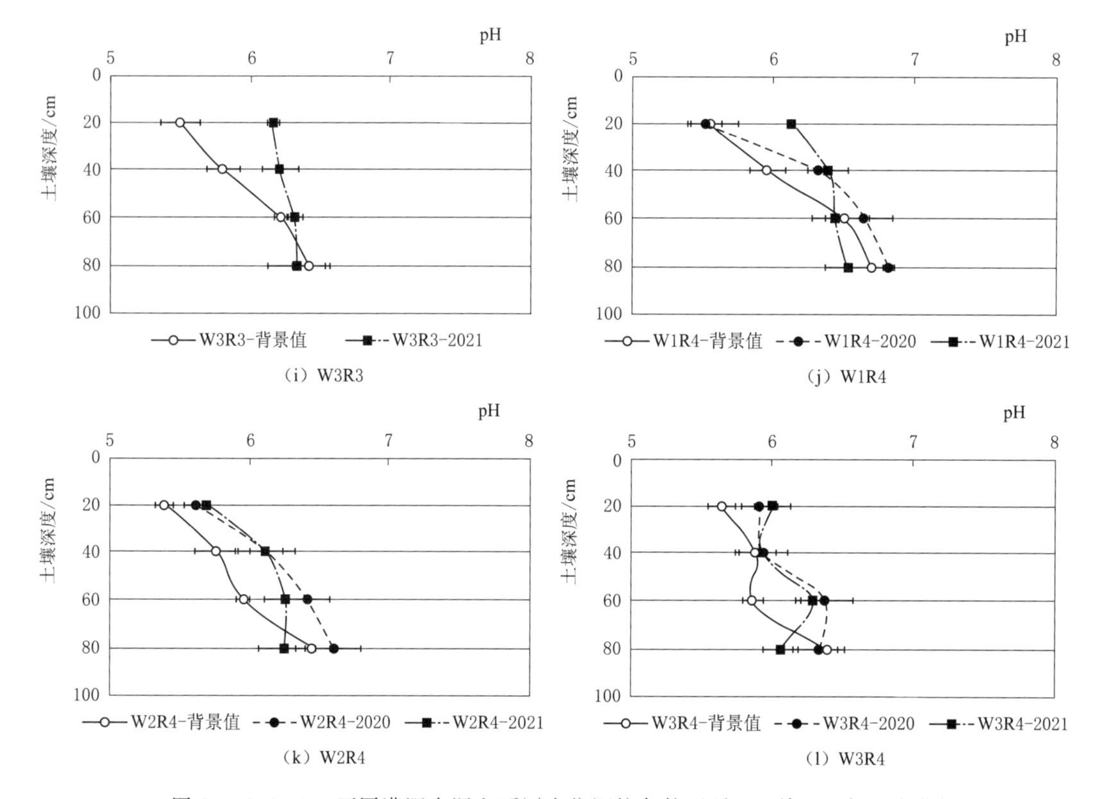

图 7-12（二）　不同灌溉水源和不同水位调控条件下稻田土壤 pH 年际变化

土层 pH 分别增加了 4.7%、1.9%、2.7%，60～80cm 土层 pH 略有降低（1.4%），总体上各土层 pH 变化不大；R4 水源灌溉下，2020 年与 2021 年各土层 pH 接近，相比背景值，0～20cm、20～40cm 和 40～60cm pH 略有增加，60～80cm 土层略有降低。W1 水位调控下，0～20cm、20～40cm 土层 pH 随着时间推移呈现增加趋势，相比背景值，2020 年、2021 年 0～20cm 土层 pH 分别增加 0.1%、5.1%，20～40cm 土层 pH 分别增加 2.1%、5.4%，2021 年 40～60cm 和 60～80cm 土层 pH 基本与背景值一致；W2 水位调控下，0～20cm 和 20～40cm 土层 pH 与背景值基本一致，40～60cm 和 60～80cm 土层 pH 略有升高；W3 水位调控下，0～20cm、20～40cm、和 40～60cm 土层 pH 与背景值基本一致，60～80cm 土层 pH 略有降低（2020 年降低 0.2%、2021 年降低 6.0%）。可见，再生水灌溉相比河道水灌溉可以提高 0～20cm 和 20～40cm 土壤 pH，高水位调控可以降低 60～80cm 土层 pH。

7.5.2　电导率（EC）

不同灌溉水源和不同水位调控条件下稻田 EC 年际变化如图 7-13 所示。R1 水源灌溉，各土层稻田 EC 值随着时间的推移呈现增加趋势，相比背景值，2020 年，0～20cm、20～40cm、40～60cm、60～80cm 土层 EC 值分别增加 63.6%、61.0%、31.9%、40.6%，2021 年分别增加 92.0%、63.6%、27.8%、40.6%，说明 R1 水源灌溉稻田表层 EC 增加幅度显著高于深层；R2 水源灌溉，与 R1 水源灌溉趋势一致，相比背景值，2020 年，0～20cm、20～40cm、40～60cm、60～80cm 土层 EC 值分别增加 33.0%、90.3%、

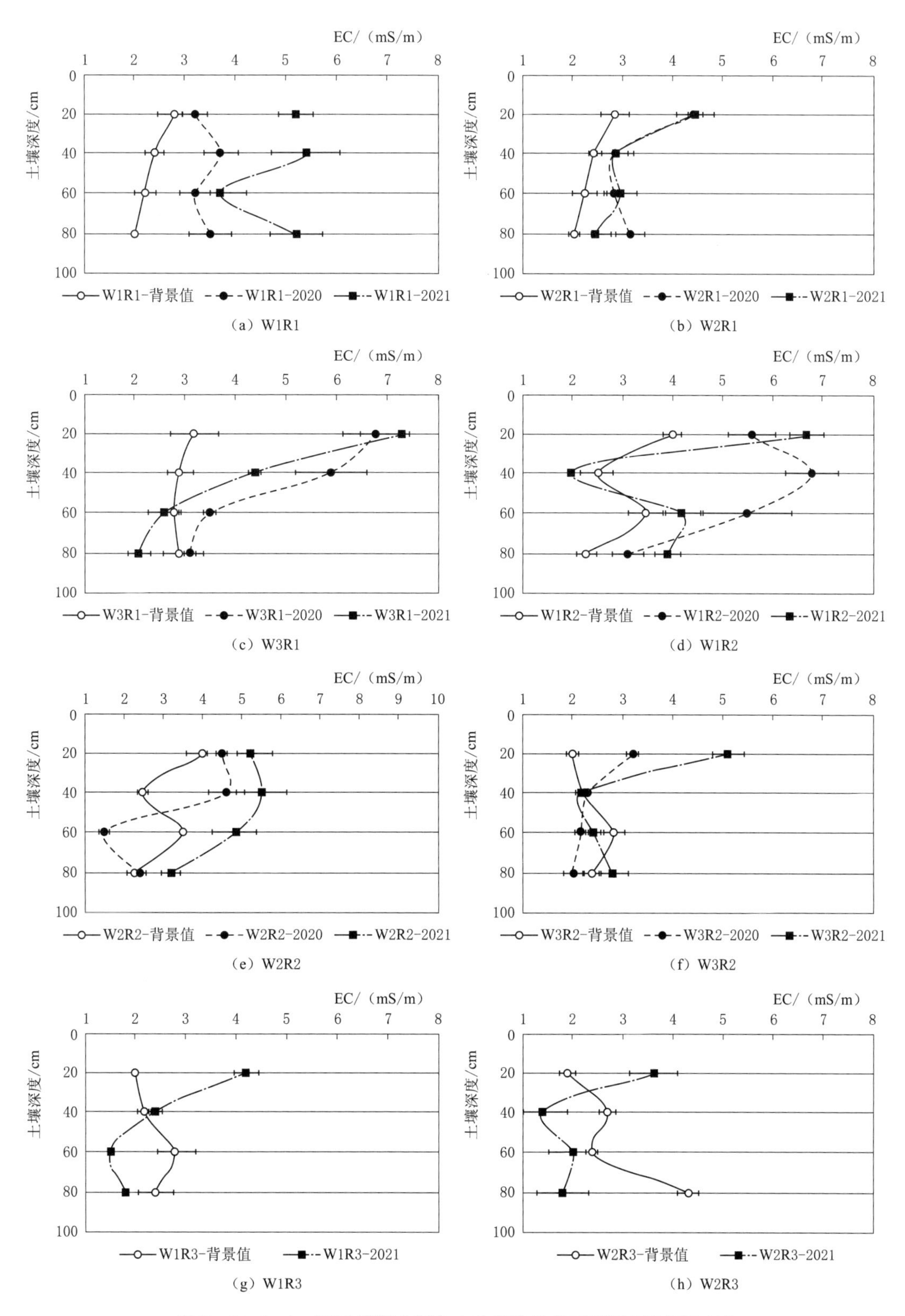

图 7-13（一） 不同灌溉水源和水位调控条件下稻田 EC 年际变化

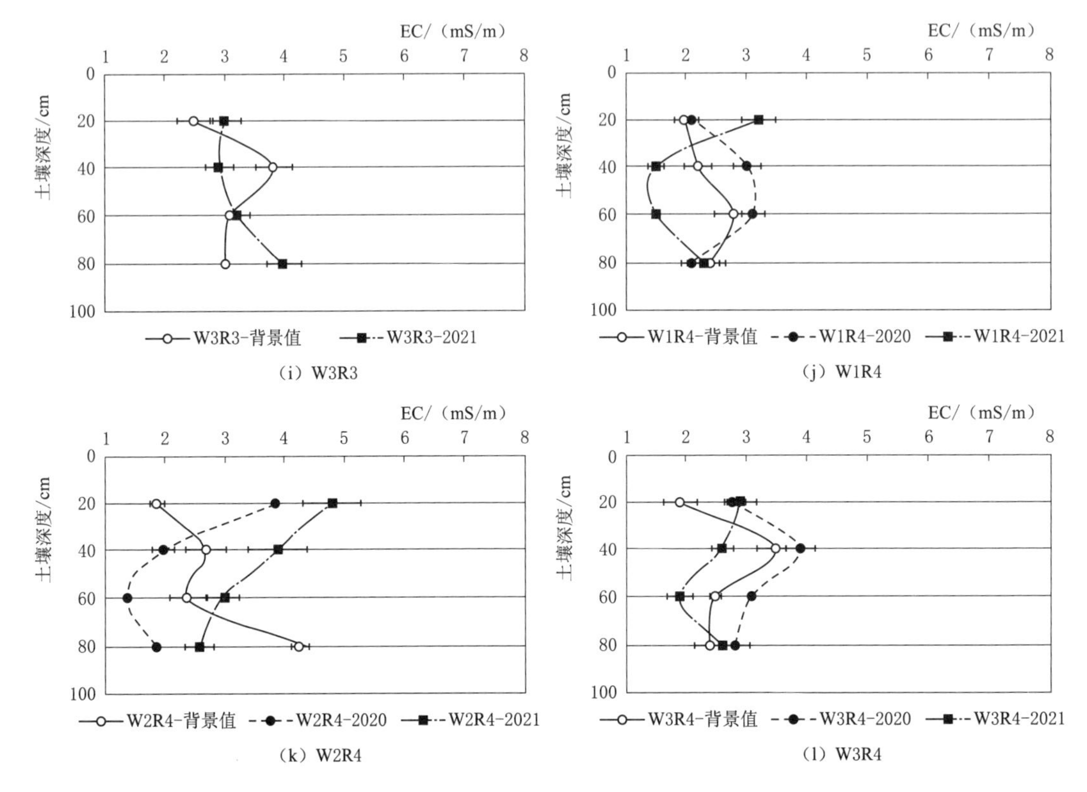

图 7-13（二）　不同灌溉水源和水位调控条件下稻田 EC 年际变化

−6.1%、7.1%，2021 年分别增加 70.0%、34.7%、16.3%、41.4%，可见 R2 与 R1 相比对 40～80cm 稻田 EC 值影响较小；R3 水源灌溉，0～20cm 土层稻田 EC 值增大，增幅为 68.8%，其余土层 EC 值略微减小；R4 水源灌溉，与 R3 趋势一致，相比背景值，2020 年、2021 年 0～20cm 土层稻田 EC 值增幅分别为 57.1%、87.9%。以上分析表明，R1 水源灌溉稻田各土层 EC 值均显著增加，R2 水源灌溉稻田深层土壤 EC 值增加速率降低，R3、R4 水源灌溉仅增加稻田 0～20cm 土层 EC 值。

W1 水位调控，0～20cm 和 60～80cm 土层 EC 值随着时间推进呈现增加趋势，其中 0～20cm 土层增幅最大（2020 年增幅 34.6%、2021 年增幅 78.7%），其余土层表现为先增后减趋势，接近背景值；W2 水位调控，0～20cm 和 20～40cm 土层稻田 EC 值均呈现增加趋势，相比背景值，2020 年、2021 年 0～20cm 土层 EC 值分别增加了 1.61 倍、1.70 倍，20～40cm 土层 EC 值分别增加了 1.22 倍、1.32 倍；W3 水位调控，相比背景值，2020 年，0～20cm、20～40cm、40～60cm、60～80cm 土层 EC 值分别增加 1.78 倍、1.30 倍、1.05 倍、0.98 倍，2021 年分别增加 1.98 倍、0.98 倍、0.90 倍、1.07 倍。以上分析表明，表层（0～20cm）土壤 EC 值增速随着田间控制水位升高而增大。

7.5.3　水溶性盐（WSS）

不同灌溉水源和不同水位调控条件下稻田 WSS 含量年际变化如图 7-14 所示。总体而言水溶性盐含量年际变化不大，20～40cm 和 40～60cm 土层土壤可溶性盐含量相对稳定，表层和深层土壤略有波动，各处理土层内可溶性盐含量在 0.1～0.6g/kg 之间。R1

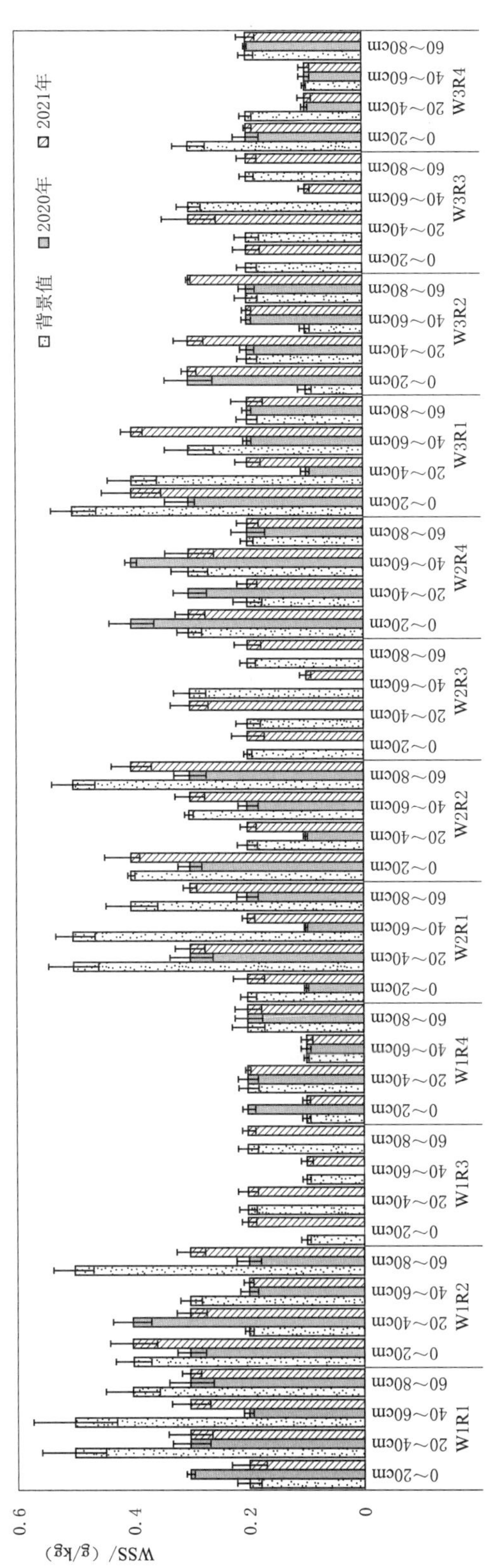

图 7-14 不同灌溉水源和不同水位调控条件下稻田 WSS 含量年际变化

水源灌溉，各土层 WSS 含量随时间的推进呈现下降趋势，其中 0～20cm 和 60～80cm 土层 WSS 含量接近背景值，20～40cm 和 40～60cm 土层降幅较大，2021 年分别降低了 42.9%、30.9%；R2 水源灌溉，0～20cm 和 20～40cm 土层 WSS 含量略有提高，相比背景值，2021 年分别增加了 22.2%、330%，40～60cm 土层 WSS 含量与背景值一致，60～80cm 土层 WSS 含量降低（2021 年降幅 16.7%）；R3 水源灌溉，0～20cm 和 20～40cm 土层 WSS 含量随着时间推进增加，2021 年，分别增加了 20.0%、33.3%，40～60cm 土层 WSS 含量下降，60～80cm 土层与背景值一致；R4 水源灌溉，各土层 WSS 含量在 2021 年基本与背景值一致。三种水位调控下，各土层 WSS 含量与背景值基本一致。可见，再生水灌溉水源对稻田 WSS 含量波动较大，水位调控对稻田 WSS 含量影响较小。

7.6　农村生活再生水灌溉对稻田环境质量影响分析

7.6.1　对生育期内土壤环境质量的影响

2020 年和 2021 年水稻生育期内不同灌溉水源和水位调控对土壤环境质量因子的方差检验结果分别见表 7-1 和表 7-2。

表 7-1　　2020 年水稻生育期内不同灌溉水源和水位调控对土壤环境质量因子的方差检验结果

指标	土层深度/cm	变异来源	7月21日	8月5日	8月16日	8月23日	8月30日	9月12日
pH	0～20	水位	*(P=0.020)	NS(P=0.290)	NS(P=0.458)	NS(P=0.456)	NS(P=0.178)	NS(P=0.545)
		水源	*(P=0.024)	NS(P=0.670)	NS(P=0.146)	NS(P=0.790)	NS(P=0.462)	NS(P=0.594)
	20～40	水位	NS(P=0.359)	NS(P=0.367)	NS(P=0.690)	NS(P=0.077)	NS(P=0.687)	NS(P=0.509)
		水源	NS(P=0.312)	NS(P=0.246)	NS(P=0.103)	NS(P=0.515)	NS(P=0.945)	NS(P=0.385)
EC	0～20	水位	NS(P=0.851)	NS(P=0.191)	NS(P=0.940)	NS(P=0.880)	NS(P=0.593)	NS(P=0.492)
		水源	NS(P=0.469)	NS(P=0.073)	NS(P=0.587)	NS(P=0.356)	NS(P=0.235)	NS(P=0.126)
	20～40	水位	NS(P=0.282)	NS(P=0.940)	*(P=0.009)	NS(P=0.784)	NS(P=0.454)	NS(P=0.444)
		水源	NS(P=0.464)	NS(P=0.432)	*(P=0.000)	NS(P=0.896)	NS(P=0.918)	NS(P=0.930)
OM	0～20	水位	*(P=0.032)	NS(P=0.798)	NS(P=0.293)	NS(P=0.075)	NS(P=0.068)	*(P=0.013)
		水源	*(P=0.042)	NS(P=0.316)	NS(P=0.054)	*(P=0.004)	NS(P=0.381)	NS(P=0.736)
	20～40	水位	NS(P=0.240)	NS(P=0.827)	NS(P=0.134)	NS(P=0.591)	NS(P=0.241)	NS(P=0.974)
		水源	NS(P=0.447)	NS(P=0.564)	NS(P=0.755)	NS(P=0.351)	NS(P=0.539)	NS(P=0.387)
WSS	0～20	水位	NS(P=1.000)	NS(P=0.152)	NS(P=0.296)	NS(P=0.111)	NS(P=0.694)	NS(P=0.605)
		水源	NS(P=0.444)	NS(P=0.209)	NS(P=0.198)	NS(P=0.444)	*(P=0.019)	NS(P=0.871)
	20～40	水位	NS(P=1.000)	NS(P=0.788)	NS(P=0.630)	NS(P=0.210)	NS(P=0.940)	NS(P=0.840)
		水源	NS(P=0.694)	NS(P=0.554)	*(P=0.029)	NS(P=0.166)	NS(P=0.506)	NS(P=0.840)
NH_4^+-N	0～20	水位	NS(P=0.967)	NS(P=0.354)	NS(P=0.098)	NS(P=0.331)	NS(P=0.935)	NS(P=0.672)
		水源	NS(P=0.704)	NS(P=0.686)	*(P=0.006)	*(P=0.049)	NS(P=0.632)	*(P=0.030)

续表

指标	土层深度/cm	变异来源	7月21日	8月5日	8月16日	8月23日	8月30日	9月12日
NH_4^+-N	20～40	水位	NS(P=0.407)	NS(P=0.562)	NS(P=0.141)	NS(P=0.558)	NS(P=0.671)	NS(P=0.432)
		水源	NS(P=0.411)	NS(P=0.596)	*(P=0.018)	*(P=0.047)	NS(P=0.286)	*(P=0.018)
NO_3^--N	0～20	水位	NS(P=0.683)	NS(P=0.154)	NS(P=0.859)	NS(P=0.822)	NS(P=0.589)	NS(P=0.436)
		水源	NS(P=0.594)	NS(P=0.543)	NS(P=0.441)	NS(P=0.674)	NS(P=0.302)	NS(P=0.270)
	20～40	水位	NS(P=0.870)	NS(P=0.779)	NS(P=0.111)	NS(P=0.971)	NS(P=0.243)	NS(P=0.607)
		水源	NS(P=0.971)	NS(P=0.071)	*(P=0.013)	NS(P=0.976)	NS(P=0.274)	NS(P=0.670)

注 括号内为 P 值；* 表示在 α=0.05 水平上显著。

表 7-2 2021 年水稻生育期内不同灌溉水源和水位调控对土壤环境质量因子的方差检验结果

指标	深度/cm	变异来源	7月10日	8月2日	8月21日	9月5日
pH	0～20	水位	NS（P=0.287）	NS（P=0.350）	NS（P=0.347）	NS（P=0.661）
		水源	NS（P=0.894）	NS（P=0.249）	NS（P=0.531）	*（P=0.029）
	20～40	水位	NS（P=0.557）	NS（P=0.266）	NS（P=0.830）	NS（P=0.553）
		水源	NS（P=0.637）	NS（P=0.139）	NS（P=0.104）	NS（P=0.879）
EC	0～20	水位	NS（P=0.201）	NS（P=0.974）	NS（P=0.154）	NS（P=0.263）
		水源	*（P=0.045）	NS（P=0.142）	NS（P=0.083）	NS（P=0.055）
	20～40	水位	NS（P=0.133）	NS（P=0.974）	NS（P=0.295）	NS（P=0.592）
		水源	NS（P=0.500）	*（P=0.049）	*（P=0.033）	*（P=0.010）
OM	0～20	水位	NS（P=0.416）	NS（P=0.355）	NS（P=0.739）	NS（P=0.521）
		水源	NS（P=0.419）	NS（P=0.303）	NS（P=0.918）	NS（P=0.704）
	20～40	水位	NS（P=0.805）	NS（P=0.087）	NS（P=0.378）	NS（P=0.497）
		水源	NS（P=0.408）	NS（P=0.085）	NS（P=0.296）	NS（P=0.855）
WSS	0～20	水位	NS（P=0.577）	NS（P=0.971）	NS（P=0.275）	NS（P=0.447）
		水源	*（P=0.049）	NS（P=0.311）	NS（P=0.378）	NS（P=0.149）
	20～40	水位	NS（P=0.867）	NS（P=0.818）	NS（P=0.415）	NS（P=0.791）
		水源	NS（P=0.211）	NS（P=0.415）	NS（P=0.215）	NS（P=0.426）
TN	0～20	水位	NS（P=0.210）	NS（P=0.732）	NS（P=0.700）	NS（P=0.356）
		水源	NS（P=0.219）	NS（P=0.423）	NS（P=0.957）	NS（P=0.686）
	20～40	水位	NS（P=0.865）	NS（P=0.975）	NS（P=0.233）	NS（P=0.413）
		水源	NS（P=0.660）	NS（P=0.782）	NS（P=0.213）	NS（P=0.956）
NH_4^+-N	0～20	水位	NS（P=0.181）	NS（P=0.679）	NS（P=0.745）	NS（P=0.277）
		水源	NS（P=0.064）	*（P=0.030）	NS（P=0.176）	*（P=0.001）
	20～40	水位	NS（P=0.450）	NS（P=0.124）	NS（P=0.337）	NS（P=0.946）
		水源	NS（P=0.126）	*（P=0.017）	NS（P=0.549）	*（P=0.034）

续表

指标	深度/cm	变异来源	7月10日	8月2日	8月21日	9月5日
NO_3^--N	0～20	水位	NS（P=0.114）	NS（P=0.608）	NS（P=0.078）	NS（P=0.516）
		水源	*（P=0.006）	NS（P=0.550）	*（P=0.013）	NS（P=0.923）
	20～40	水位	NS（P=0.108）	NS（P=0.381）	NS（P=0.687）	NS（P=0.088）
		水源	NS（P=0.083）	NS（P=0.139）	*（P=0.036）	NS（P=0.979）

注 括号内为 P 值；*表示在 α=0.05 水平上显著。

对于pH，在2020年分蘖期（7月21日），相应的0～20cm土壤深度，水位和水源处理对土壤pH均有显著性影响（P<0.05），在2021年乳熟期（9月5日），相应的0～20cm土壤深度，水源处理对土壤pH有显著性影响（P<0.05），其他处理在不同生育期及土层对土壤pH无显著性影响（P>0.05）。

对于EC，在2020年拔节孕穗期（8月16日），对应20～40cm土壤深度，水位和水源处理对EC均有显著性影响（P<0.05），在2021年分蘖期（7月10日），对应0～20cm土壤深度，水源处理对土壤EC有显著性影响（P<0.05），同时，在2021年水稻拔节孕穗期（8月2日）、抽穗开花期（8月21日）、乳熟期（9月5日），各水源处理对20～40cm土层的EC均有显著性影响（P<0.05），其他生育期及土层各处理对土壤EC无显著性影响（P>0.05）。

对于OM含量，在2020年，分蘖期（7月21日），对应0～20cm土壤深度，水位和水源处理对土壤OM含量均有显著性影响（P<0.05），同时，抽穗开花期（8月23日）水源条件及乳熟期（9月12日）水位条件对0～20cm土层土壤OM亦表现出显著性影响（P<0.05），2020年全生育期在20～40cm土层，水位和水源处理对土壤OM均未表现出显著性影响（P>0.05），2021年全生育期在0～40cm土层亦然。

对于WSS含量，在2020年，乳熟期（8月30日），对应0～20cm土壤深度水源处理对土壤WSS含量有显著性影响（P<0.05），拔节孕穗期（8月16日）水源条件对20～40cm土壤WSS亦表现出显著性影响（P<0.05）；在2021年分蘖期（7月10日）0～20cm土层水源处理对土壤WSS含量具有显著性影响（P<0.05），其他生育期及各处理对土壤WSS无显著性影响（P>0.05）。

对于TN含量，不同生育阶段及不同土壤深度，水位及水源处理均未对土壤TN含量产生显著性影响（P>0.05）。

对于NH_4^+-N含量，在2020年拔节孕穗期（8月16日）、抽穗开花期（8月23日）、乳熟期（9月12日），对应0～20cm土壤深度的水源处理对土壤NH_4^+-N含量均具有显著性影响（P<0.05），在2021年拔节孕穗期（8月2日）和乳熟期（9月5日），对应0～20cm、20～40cm土壤深度的水源处理对土壤NH_4^+-N含量同样有显著性影响（P<0.05），其他生育期及土层各处理对土壤NH_4^+-N含量无显著性影响（P>0.05）。

对于NO_3^--N含量，2020年拔节孕穗期（8月16日），水源处理在20～40cm土层深度处对土壤NO_3^--N含量的影响显著（P<0.05）；其他生育阶段及不同土层深度，水位和水源对土壤NO_3^--N含量均未表现出显著差异（P>0.05）。2021年，在0～20cm处对应水源处理对分蘖期（7月10日）、抽穗开花期（8月21日）的土壤NO_3^--N含量具有

显著性影响，同时，于抽穗开花期（8月21日），在20～40cm处，水源条件对土壤NO_3^--N含量影响显著（$P<0.05$）。

7.6.2 对年际间土壤环境质量的影响

表7-3为不同灌溉水源和水位调控对土壤环境质量因子的年际间方差检验结果。由表7-3可知，在不同水源和水位调控条件下，土壤理化性质各指标在年际间均有差异表现。

表7-3 不同灌溉水源和水位调控对土壤环境质量因子的年际间方差检验结果

处理	土层深度/cm	pH	EC	OM	WSS	TN	TP	NH_4^+-N	NO_3^--N
W1R1	0～20	**(0.00)	**(0.00)	**(0.00)	**(0.00)	**(0.00)	NS(0.79)	**(0.00)	**(0.00)
	20～40	**(0.00)	**(0.00)	**(0.00)	**(0.00)	**(0.00)	**(0.00)	**(0.00)	**(0.00)
	40～60	**(0.00)	**(0.00)	**(0.00)	**(0.00)	**(0.00)	**(0.00)	**(0.00)	**(0.00)
	60～80	*(0.03)	**(0.00)	**(0.00)	**(0.00)	**(0.00)	NS(0.06)	NS(0.06)	**(0.00)
W1R2	0～20	NS(0.77)	**(0.00)	**(0.00)	**(0.00)	**(0.00)	**(0.00)	**(0.00)	**(0.00)
	20～40	**(0.00)	**(0.00)	**(0.00)	**(0.00)	**(0.00)	**(0.00)	**(0.00)	**(0.00)
	40～60	*(0.01)	**(0.00)	NS(0.09)	*(0.03)	**(0.00)	NS(0.73)	**(0.00)	**(0.00)
	60～80	*(0.01)	**(0.00)	**(0.00)	**(0.00)	**(0.00)	**(0.00)	**(0.00)	**(0.00)
W1R3	0～20	*(0.04)	**(0.00)	**(0.00)	**(0.00)	**(0.00)	NS(0.39)	**(0.00)	NS(0.14)
	20～40	**(0.00)	NS(0.07)	**(0.00)	NS(1.00)	**(0.00)	NS(0.48)	**(0.00)	*(0.03)
	40～60	NS(0.43)	**(0.00)	**(0.00)	NS(1.00)	**(0.00)	NS(0.48)	**(0.00)	**(0.00)
	60～80	NS(0.24)	**(0.00)	**(0.00)	NS(1.00)	**(0.00)	*(0.02)	**(0.00)	**(0.00)
W1R4	0～20	**(0.00)	**(0.00)	**(0.00)	**(0.00)	**(0.00)	**(0.00)	**(0.00)	**(0.00)
	20～40	**(0.00)	**(0.00)	**(0.00)	NS(1.00)	**(0.00)	*(0.01)	**(0.00)	**(0.00)
	40～60	NS(0.10)	**(0.00)	**(0.00)	NS(1.00)	**(0.00)	NS(1.00)	**(0.00)	NS(0.13)
	60～80	*(0.02)	NS(0.18)	**(0.00)	NS(1.00)	**(0.00)	NS(0.25)	**(0.00)	**(0.00)
W2R1	0～20	**(0.00)	**(0.00)	**(0.00)	**(0.00)	*(0.01)	*(0.03)	**(0.00)	**(0.00)
	20～40	*(0.02)	**(0.00)	**(0.00)	**(0.00)	**(0.00)	**(0.00)	**(0.00)	**(0.00)
	40～60	**(0.00)	**(0.00)	**(0.00)	**(0.00)	**(0.00)	**(0.00)	**(0.00)	**(0.00)
	60～80	**(0.00)	**(0.00)	*(0.04)	**(0.00)	**(0.00)	NS(0.05)	**(0.00)	**(0.00)
W2R2	0～20	NS(0.06)	**(0.00)	*(0.03)	**(0.00)	**(0.00)	**(0.00)	**(0.00)	**(0.00)
	20～40	**(0.00)	**(0.00)	**(0.00)	**(0.00)	**(0.00)	*(0.04)	**(0.00)	**(0.00)
	40～60	**(0.00)	**(0.00)	**(0.00)	**(0.00)	**(0.00)	*(0.02)	**(0.00)	**(0.00)
	60～80	**(0.00)	**(0.00)	**(0.00)	**(0.00)	**(0.00)	NS(0.16)	**(0.00)	**(0.00)
W2R3	0～20	NS(0.05)	**(0.00)	**(0.00)	NS(1.00)	**(0.00)	NS(0.39)	**(0.00)	**(0.00)
	20～40	NS(0.68)	**(0.00)	**(0.00)	*(0.01)	**(0.00)	NS(0.34)	**(0.00)	**(0.00)
	40～60	*(0.03)	*(0.04)	**(0.00)	**(0.00)	**(0.00)	NS(1.00)	*(0.02)	**(0.00)
	60～80	NS(0.17)	**(0.00)	**(0.00)	NS(1.00)	**(0.00)	NS(0.39)	**(0.00)	NS(0.70)

续表

处理	土层深度/cm	pH	EC	OM	WSS	TN	TP	NH_4^+-N	NO_3^--N
W2R4	0～20	NS(0.08)	** (0.00)	** (0.00)	* (0.01)	** (0.00)	NS(0.18)	** (0.00)	** (0.00)
	20～40	** (0.00)	** (0.00)	** (0.00)	** (0.00)	** (0.00)	NS(0.08)	** (0.00)	** (0.00)
	40～60	** (0.00)	** (0.00)	** (0.00)	** (0.00)	** (0.00)	** (0.00)	** (0.00)	** (0.00)
	60～80	* (0.03)	** (0.00)	** (0.00)	NS(1.00)	** (0.00)	NS(0.61)	** (0.00)	** (0.00)
W3R1	0～20	NS(0.36)	** (0.00)	** (0.00)	** (0.00)	** (0.00)	NS(0.92)	** (0.00)	** (0.00)
	20～40	NS(0.04)	** (0.00)	** (0.00)	** (0.00)	** (0.00)	NS(0.25)	** (0.00)	** (0.00)
	40～60	** (0.00)	** (0.00)	** (0.00)	** (0.00)	** (0.00)	** (0.00)	** (0.00)	** (0.00)
	60～80	** (0.00)	** (0.00)	** (0.00)	NS(1.00)	** (0.00)	* (0.03)	** (0.00)	** (0.00)
W3R2	0～20	NS(0.35)	** (0.00)	** (0.00)	** (0.00)	** (0.00)	** (0.00)	** (0.00)	** (0.00)
	20～40	* (0.01)	NS(0.63)	** (0.00)	** (0.00)	** (0.00)	NS(0.30)	** (0.00)	** (0.00)
	40～60	* (0.04)	** (0.00)	** (0.00)	** (0.00)	** (0.00)	** (0.00)	** (0.00)	** (0.00)
	60～80	NS(0.09)	** (0.00)	** (0.00)	** (0.00)	** (0.00)	** (0.00)	** (0.00)	** (0.00)
W3R3	0～20	** (0.00)	* (0.04)	** (0.00)	NS(1.00)	** (0.00)	NS(0.22)	NS(0.10)	** (0.00)
	20～40	** (0.00)	** (0.00)	** (0.00)	** (0.00)	** (0.00)	NS(0.29)	** (0.00)	** (0.00)
	40～60	NS(0.43)	NS(0.29)	NS(0.20)	** (0.00)	** (0.00)	NS(0.23)	** (0.00)	** (0.00)
	60～80	NS(0.45)	** (0.00)	** (0.00)	NS(1.00)	** (0.00)	NS(0.20)	** (0.00)	** (0.00)
W3R4	0～20	** (0.00)	** (0.00)	** (0.00)	** (0.00)	** (0.00)	** (0.00)	** (0.00)	** (0.00)
	20～40	NS(0.86)	** (0.00)	** (0.00)	** (0.00)	** (0.00)	** (0.00)	** (0.00)	** (0.00)
	40～60	** (0.00)	NS(0.06)	** (0.00)	NS(1.00)	** (0.00)	** (0.00)	** (0.00)	** (0.00)
	60～80	* (0.02)	* (0.04)	** (0.00)	NS(1.00)	** (0.00)	* (0.02)	** (0.00)	** (0.00)

注　括号内为 P 值；* 表示在 $\alpha=0.05$ 水平上显著，** 表示在 $\alpha=0.01$ 水平上显著。

对于 pH，在水源 R2 水平下，W1、W2、W3 处理 0～20cm 土层的 pH 年际间 P 值分别为 0.77、0.06、0.35，无显著性影响（$P>0.05$）；在水源 R3 水平下，W1、W2、W3 处理在 40～60cm 土层的 pH 年际间 P 值分别为 0.43、0.03、0.43，W2 处理年际间差异性显著（$P<0.05$），W1、W3 处理差异性不显著（$P>0.05$）；在 60～80cm 土层的 pH 年际间 P 值分别为 0.24、0.17、0.45，均无显著性差异（$P>0.05$）；对于 20～40cm 土层，W2R3、W3R1、W3R4 处理对土壤 pH 无显著影响，其他水源和水位处理 pH 变化较大，差异性显著（$P<0.05$）。

对于 EC，在 W1 水平下，水源 R3 处理在 20～40cm 土层的 EC 值年际间差异不显著（$P>0.05$），其余各处理具有显著性差异（$P<0.05$）；在 W2 水平下，R1、R2、R3、R4 处理各土层的 EC 值年际间差异性显著（$P<0.05$），不同时间段的 EC 值变化较大；在 W3 水平下，R2 处理在 20～40cm 土层年际间无显著性差异（$P>0.05$），R3、R4 在 40～60cm 土层年际间无显著性差异（$P>0.05$），其他处理具有显著性差异（$P<0.05$）。

对于 OM 含量，仅 W1R2 和 W3R3 两个处理在 40～60cm 土层年际间无显著性差异（$P>0.05$），W2R1 和 W2R2 分别对应 60～80cm、0～20cm 土层的差异性显著（$P<0.05$），其他处理在各土层的差异性表现为极显著（$P<0.01$），说明水质和水源处理对土

壤有机质的影响较大。

对于WSS含量，在水位W1水平下，水源R3、R4处理在20～40cm、40～60cm、60～80cm土层的年际间差异性不显著（$P>0.05$），其余处理差异性显著（$P<0.05$）；在W2水平下，R3、R4水源在60～80cm土层年际间无显著性差异（$P>0.05$）；在W3水平下，R1、R3、R4水源在60～80cm土层无显著性差异（$P>0.05$）。分析可知，随着土壤深度增加，水源R3、R4对土壤WSS的影响逐渐降低。除了W2R3和W3R3处理在0～20cm土层的年际间差异性不显著（$P>0.05$）外，其余各处理在不同土层的差异性均显著（$P<0.05$），说明水源和水位处理对土壤WSS的影响较大。

对于TN含量，不同土层各处理年际间差异性显著，其中W2R1在0～20cm土层的差异性为显著（$P<0.05$），其余为极显著（$P<0.01$），土壤TN对水源和水位处理年际间变化的响应较强。

对于TP含量，在水源R3水平下，水位W1、W2、W3处理规律性较强，除W1在60～80cm土层的年际间差异性显著（$P<0.05$）外，其他各处理在不同土层均表现为无显著性差异（$P>0.05$），即水源R3对土壤TP的影响较小；同时，由表7-3可知，其他各处理在不同土层的规律性不明显，但与其他指标年际间差异性相比，TP指标对应较多处理均表现为无显著性差异（$P>0.05$），进一步分析，水位和水源对土壤的作用短期内对全磷的影响有限，土壤TP含量变化是一个长期过程，随着时间推移有待进一步讨论分析。

对于NH_4^+-N和NO_3^--N含量，W1R1和W3R3处理分别对应在60～80cm和0～20cm土层处NH_4^+-N年际间无显著性差异（$P>0.05$），W1R3、W1R4、W2R3处理分别在0～20cm、40～60cm、60～80cm土层处NO_3^--N年际间无显著性差异（$P>0.05$），其他处理在不同土层的NH_4^+-N和NO_3^--N含量差异性极显著（$P<0.01$）。分析可知，土壤中NH_4^+-N和NO_3^--N含量是一个动态变化过程，与生育阶段和土壤状态等关系较大，综合分析，水位和水源处理对土壤NH_4^+-N和NO_3^--N影响较为明显。

7.7　苗木、蔬菜试区土壤环境质量变化

7.7.1　苗木试区土壤环境质量

7.7.1.1　pH

不同水源灌溉条件下苗木试区土壤pH变化如图7-15（a）所示。可以看出，0～20cm、20～40cm土层，各水源灌溉土壤pH呈现升高趋势。0～20cm土层，R1、R2、R3、R4水源灌溉pH分别升高了3.2%、4.6%、2.4%、1.5%，20～40cm土层，R1、R2、R3、R4水源灌溉pH分别升高了16.0%、7.5%、5.4%、3.7%；表明0～20cm、20～40cm土层再生水灌溉土壤pH增幅高于河道水灌溉R4。40～60cm、60～80cm土层各水源灌溉土壤pH值呈现下降趋势，40～60cm土层R1、R2、R3、R4水源灌溉pH分别下降了0.5%、7.7%、7.7%、7.2%，60～80cm土层R1、R2、R3、R4水源灌溉pH分别下降了6.8%、3.2%、3.0%、1.5%；表明40～60cm土层再生水灌溉土壤pH降幅低于生态塘水R3、河道水灌溉R4，60～80cm土层相反。

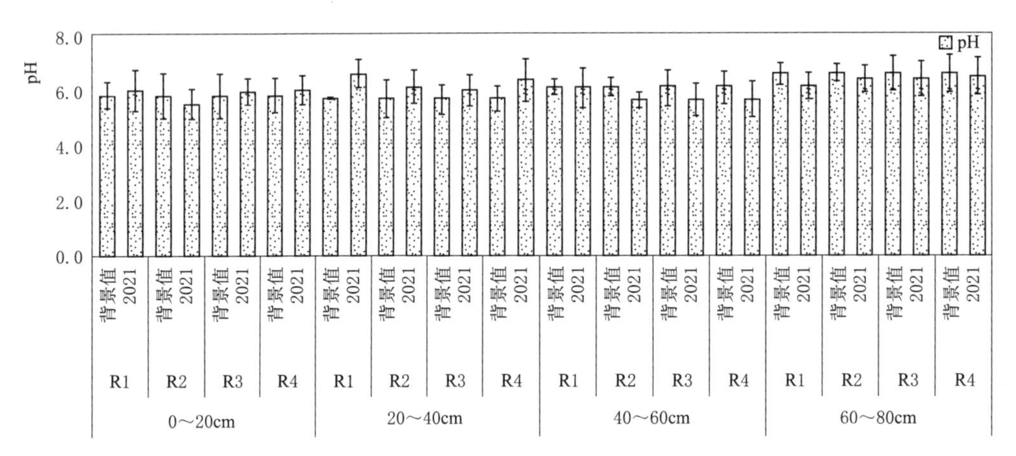

（a）苗木试区土壤pH变化

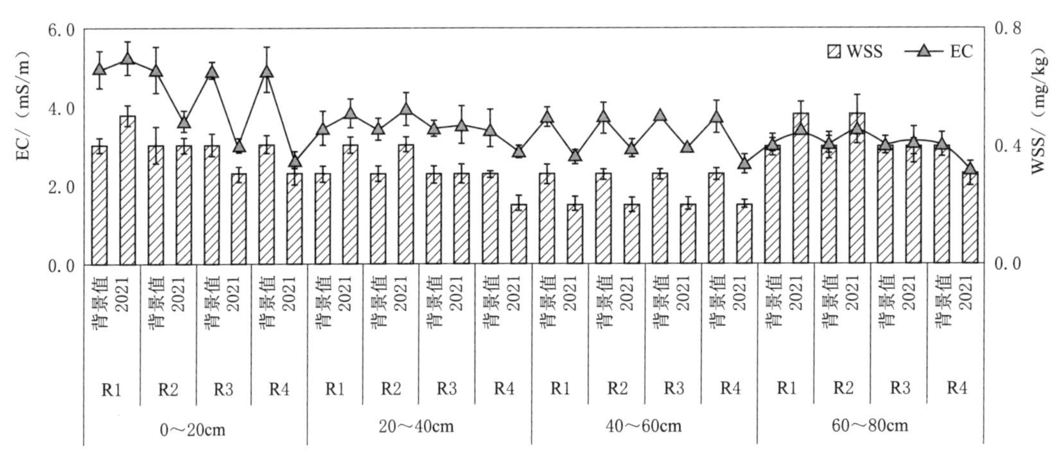

（b）苗木试区土壤EC与WSS含量变化

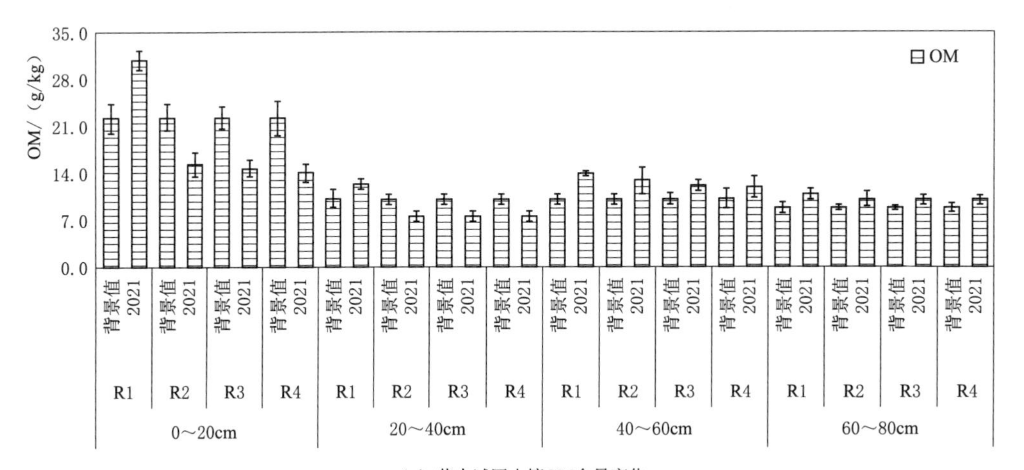

（c）苗木试区土壤OM含量变化

图 7－15（一）　不同水源灌溉条件下苗木试区土壤环境质量变化

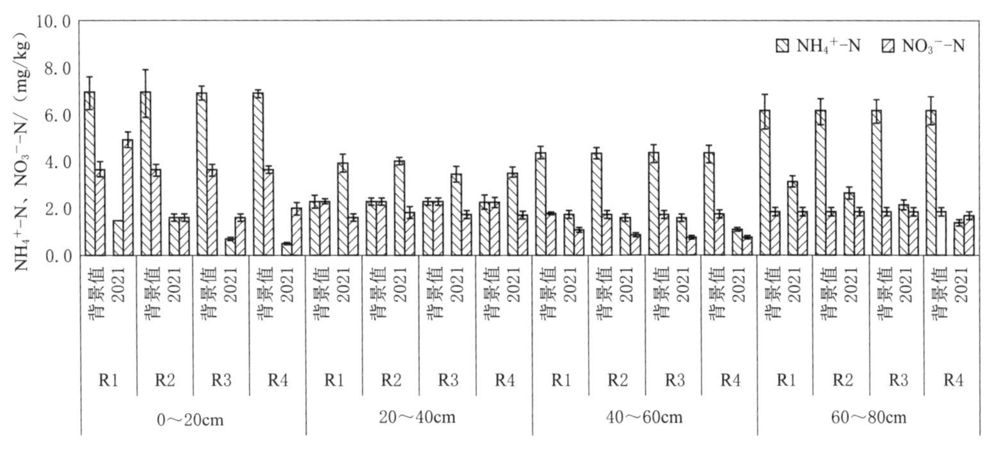

（d）苗木试区土壤NH_4^+-N、NO_3^--N变化

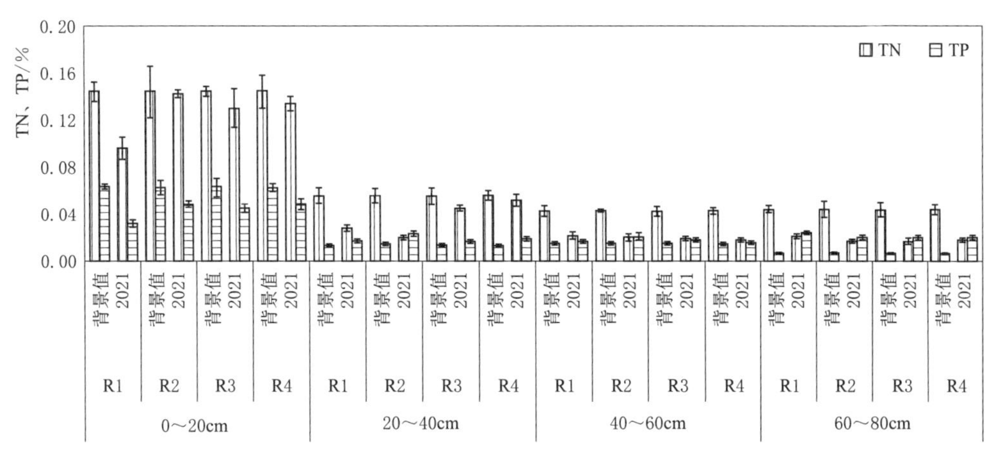

（e）苗木试区土壤TN、TP变化

图 7-15（二）　不同水源灌溉条件下苗木试区土壤环境质量变化

7.7.1.2　EC 与 WSS

不同水源灌溉条件下苗木试区土壤 EC 与 WSS 变化如图 7-15（b）所示。可以看出，EC 与 WSS 变化趋势一致。0～20cm 土层，R1 水源灌溉 EC 增加，增幅为 6.1%，R2、R3、R4 水源灌溉 EC 下降，降幅分别为 26.5%、38.8%、47.0%；20～40cm 土层，R1、R2、R3 水源灌溉 EC 增加，增幅分别为 11.8%、12.8%、2.9%，R4 水源灌溉 EC 下降，降幅为 17.6%；40～60cm 土层，R1、R2、R3、R4 水源灌溉 EC 下降，降幅分别为 13.5%、18.9%、21.6%、32.4%；60～80cm 土层，R1、R2、R3 水源灌溉 EC 增加，增幅分别为 10.0%、13.3%、3.3%，R4 水源灌溉 EC 下降，降幅为 20.0%；表明再生水灌溉可以增加 0～20cm、20～40cm、60～80cm 土层 EC。0～20cm 土层，R1 水源灌溉土壤 WSS 含量均呈现增加趋势，增幅为 25.0%，R2 与背景值一致，R3、R4 水源灌溉 WSS 值降低，降幅均为 25.0%；20～40cm 土层，R1、R2 水源灌溉 WSS 升高，R3、R4 相反；40～60cm 土层，各水源灌溉 WSS 均降低，且降幅一致；60～80cm 土层，R1、R2 水源灌溉 WSS 值增加，增幅均为 25.0%，R3 与背景值一致，R4 下降 25.0%；可以看出再生水

灌溉 WSS 含量增幅高于生态塘水与河道水灌溉。

7.7.1.3　OM

不同水源灌溉条件下苗木试区土壤 OM 变化如图 7-15（c）所示。可以看出 0～20cm 和 20～40cm 土层，R1 水源灌溉 OM 增加，增幅分别为 38.7%和 21.6%，R2、R3、R4 水源条件下 OM 降低，降幅分别为 31.7%和 21.9%、33.8%和 26.1%、37.4%和 26.4%；40～60cm 和 60～80cm 土层，各水源灌溉下土壤 OM 含量均呈现增加趋势，R1、R2、R3、R4 水源灌溉 OM 值分别增加了 1.37 倍和 1.24 倍、1.26 倍和 1.15 倍、1.19 倍和 1.14 倍、1.16 倍和 1.12 倍；表明再生水灌溉 OM 值增幅高于河道水灌溉。

7.7.1.4　NH_4^+-N 与 NO_3^--N

不同水源灌溉条件下苗木试区土壤 NH_4^+-N、NO_3^--N 含量变化如图 7-15（d）所示。对于 NH_4^+-N 含量，0～20cm 土层，R1、R2、R3、R4 水源灌溉 NH_4^+-N 含量下降，降幅分别为 79.1%、77.5%、89.9%、93.3%；20～40cm 各水源灌溉 NH_4^+-N 含量增加，R1、R2、R3、R4 增幅分别为 73.1%、76.2%、53.8%、56.1%，表明再生水灌溉根层土壤 NH_4^+-N 含量增幅高于河道水灌溉；40～60cm 和 60～80cm 土层，各水源灌溉土壤 NH_4^+-N 含量均呈现降低趋势，R1、R2、R3、R4 降幅分别为 60.8%和 48.2%、60.6%和 56.3%、68.7%和 64.6%、74.7%和 73.6；可见，再生水灌溉可以增加 20～40cm 土壤 NH_4^+-N 含量，其余土层，再生水灌溉土壤 NH_4^+-N 含量降幅小于河道水灌溉。

对于 NO_3^--N 含量，0～20cm 土层，R1 水源灌溉 NO_3^--N 含量增加，增幅为 36.1%，R2、R3、R4 水源灌溉 NO_3^--N 含量降低，降幅分别为 59.2%、55.8%、46.1%；20～40cm 和 40～60cm 土层 NO_3^--N 变化均呈现下降趋势，其中 20～40cm 土层 R1、R2、R3、R4 降幅分别为 39.5%、19.5%、25.0%、23.6%，40～60cm 土层 R1、R2、R3、R4 降幅分别为 39.5%、51.2%、56.4%、55.8%；60～80cm 土层 R1、R2、R3 水源灌溉 NO_3^--N 含量增加，增幅分别为 3.4%、5.1%、2.3%，R4 水源灌溉 NO_3^--N 含量降低，降幅为 5.7%；可以看出，再生水灌溉增加了 60～80cm 土层 NO_3^--N 含量。

7.7.1.5　TN 与 TP

不同水源灌溉条件下苗木试区土壤 TN、TP 含量变化如图 7-15（e）所示。各土层土壤 TN 含量均呈现降低趋势，0～20cm 土层 R1、R2、R3、R4 水源灌溉 TN 值分别降低了 33.3%、1.4%、9.7%、6.9%，20～40cm 土层 R1、R2、R3、R4 水源灌溉 TN 值分别降低了 48.2%、64.3%、19.6%、7.1%，40～60cm 土层 R1、R2、R3、R4 水源灌溉 TN 值分别降低了 48.8%、53.5%、55.8%、58.1%，60～80cm 土层 R1、R2、R3、R4 水源灌溉 TN 值分别降低了 50.0%、61.4%、61.4%、59.1%；可见，0～40cm 土层，再生水灌溉土壤 TN 降幅高于河道水灌溉，40～80cm 土层相反。对于 TP 含量，0～20cm，各水源灌溉后 TP 含量均呈现降低趋势，R1、R2、R3、R4 水源灌溉 TP 降幅分别为 49.2%、23.8%、28.5%、22.2%；20～40cm、40～60cm、60～80cm 土层，各水源灌溉后 TP 含量均呈现降低趋势，且再生水灌溉土壤 TP 降幅高于河道水灌溉。

7.7.2 蔬菜试区土壤环境质量

7.7.2.1 pH

不同水源灌溉条件下蔬菜试区土壤 pH 变化如图 7-16（a）所示。0～20cm、20～40cm 土层，各水源灌溉土壤 pH 呈现升高趋势，0～20cm 土层，R1、R2、R3、R4 水源灌溉 pH 分别升高了 8.4%、14.0%、7.8%、5.3%，20～40cm 土层，R1、R2、R3、R4 水源灌溉 pH 分别升高了 10.9%、12.3%、9.5%、7.9%；表明再生水灌溉土壤 pH 增幅高于河道水灌溉 R4。40～60cm、60～80cm 土层，各水源灌溉土壤 pH 呈现下降趋势，40～60cm 土层，R1、R2、R3、R4 水源灌溉 pH 分别下降了 0.3%、1.0%、2.5%、3.3%，60～80cm 土层，R1、R2、R3、R4 水源灌溉 pH 分别下降了 1.4%、3.4%、4.0%、4.0%；表明再生水灌溉土壤 pH 降幅低于生态塘水和河道水灌溉。

7.7.2.2 EC 与 WSS

不同水源灌溉条件下蔬菜试区土壤 EC 与 WSS 变化如图 7-16（b）所示。可以看出，EC 与 WSS 变化趋势一致，各土层 EC 变化随着土层深度增加而降低。40～60cm 与 60～80cm 土层 EC 值相近，各水源灌溉后，EC 均呈现增加趋势；0～20cm 土层，R1、R2、R3、R4 水源灌溉 EC 分别增加了 3.21 倍、2.90 倍、2.52 倍、2.07 倍；20～40cm 土层，R1、R2、R3、R4 水源灌溉 EC 分别增加了 2.26 倍、1.65 倍、1.61 倍、1.52 倍；40～60cm 土层，R1、R2、R3、R4 水源灌溉 EC 分别增加了 1.16 倍、1.25 倍、1.09 倍、1.22 倍；60～80cm 土层，R1、R2、R3、R4 水源灌溉 EC 分别增加了 1.12 倍、1.25 倍、1.06 倍、1.06 倍；表明随着土层深度增加，EC 增幅降低，同时再生水灌溉 EC 增幅高于生态塘水与河道水灌溉。0～20cm 土层，各水源灌溉土壤 WSS 含量均呈现增加趋势，R1、R2、R3、R4 水源灌溉 WSS 值分别增加了 3.67 倍、2.67 倍、2.33 倍、2.00 倍，其余土层与背景值基本一致，可以看出，0～20cm 土层，再生水灌溉 WSS 含量增幅高于生态塘水与河道水灌溉。

7.7.2.3 OM

不同水源灌溉条件下蔬菜试区土壤 OM 变化如图 7-16（c）所示。可以看出，各土层土壤 OM 变化随着土层深度增加呈现降低趋势。0～20cm、20～40cm、40～60cm 土层，各水源灌溉土壤 OM 含量均呈现降低趋势，其中，0～20cm 土层 R1、R2、R3、R4 水源灌溉 OM 值分别降低了 4.0%、14.2%、6.7%、8.0%，20～40cm 土层 R1、R2、R3、R4 水源灌溉 OM 值分别降低了 36.2%、27.8%、17.7%、25.8%，40～60cm 土层 R1、R2、R3、R4 水源灌溉 OM 值分别降低了 5.2%、12.3%、18.5%、20.0%，可见 0～20cm、20～40cm 土层再生水灌溉土壤 OM 降幅高于河道水灌溉，40～60cm 土层相反；60～80cm 土层 R1、R2、R3、R4 水源灌溉 OM 值分别增加了 1.67 倍、1.65 倍、1.62 倍、1.30 倍，表明再生水灌溉 OM 值增幅高于河道水灌溉。

7.7.2.4 NH_4^+-N 与 NO_3^--N

不同水源灌溉条件下蔬菜试区土壤 NH_4^+-N、NO_3^--N 含量变化如图 7-16（d）所示。对于 NH_4^+-N 含量，各土层 NH_4^+-N 含量表现为 0～20cm 土层＞60～80cm 土层＞40～60cm 土层＞20～40cm 土层，这主要受根系分布范围影响。0～20cm 土层，R1 水源灌溉 NH_4^+-N 含量增加，增幅为 27.7%，R2、R3、R4 水源灌溉 NH_4^+-N 含量下降，降幅分别为 39.7%、

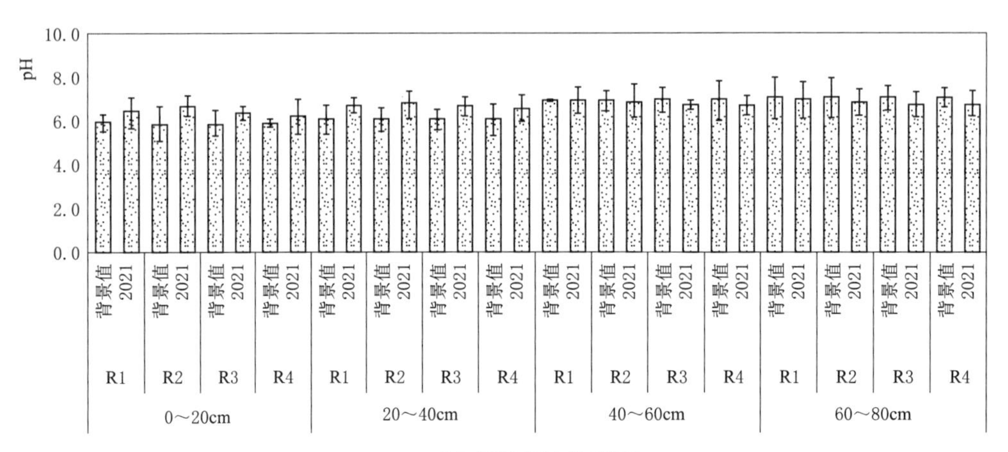

(a) 蔬菜试区土壤pH变化

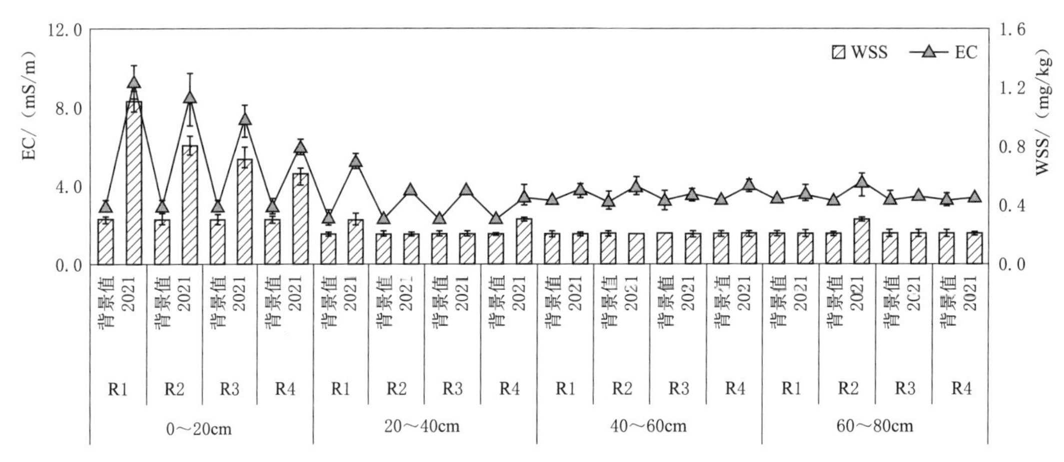

(b) 蔬菜试区土壤EC与WSS变化

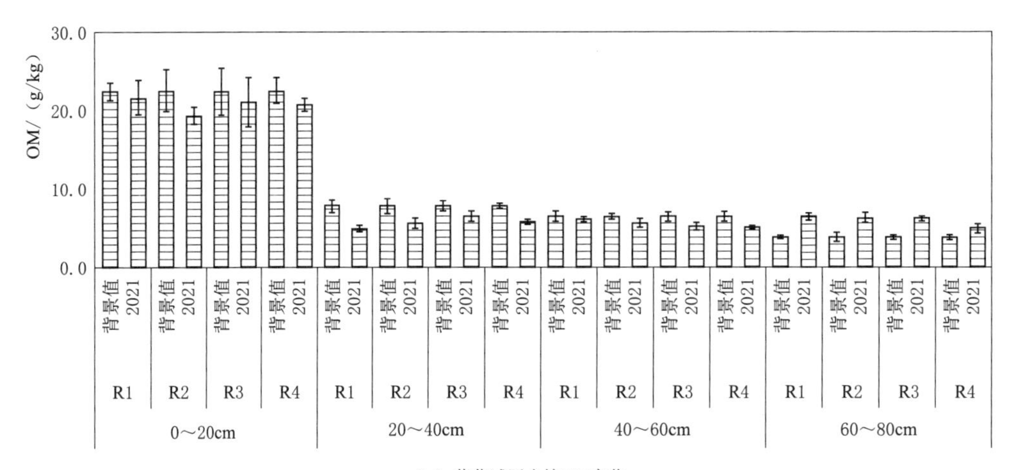

(c) 蔬菜试区土壤OM变化

图 7-16（一）　不同水源灌溉条件下蔬菜试区土壤环境质量变化

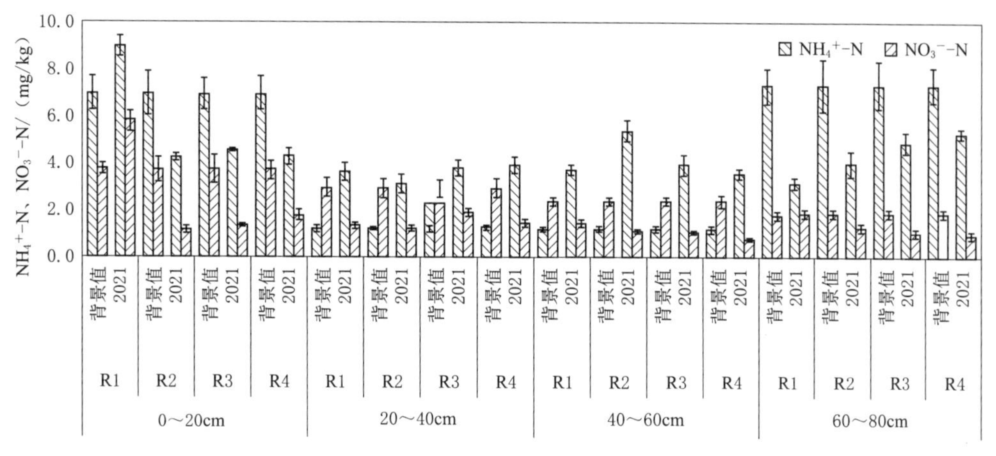

（d）蔬菜试区土壤NH_4^+-N、NO_3^--N变化

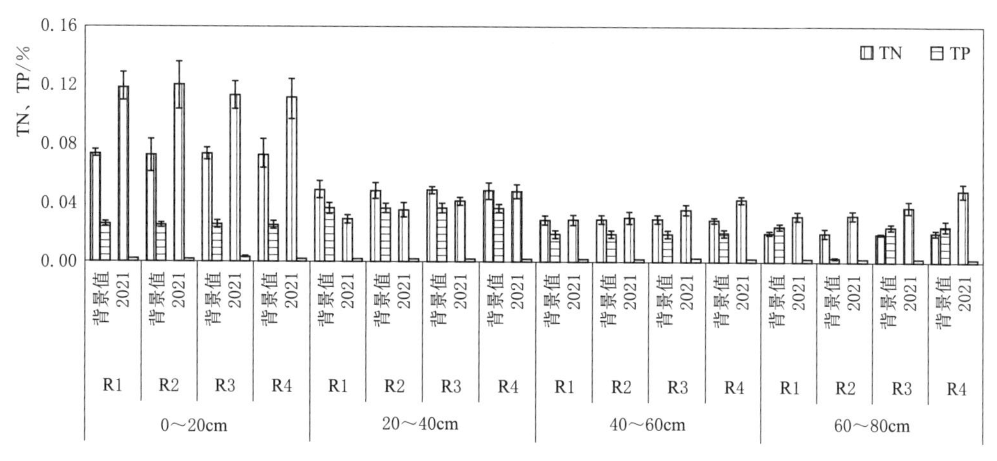

（e）蔬菜试区土壤TN、TP变化

图 7-16（二） 不同水源灌溉条件下蔬菜试区土壤环境质量变化

35.3%、38.9%；20～40cm 和 40～60cm 土层，各水源灌溉 NH_4^+-N 含量增加，20～40cm 土层 R1、R2、R3、R4 增幅分别为 2.97 倍、2.55 倍、3.13 倍、3.23 倍，40～60cm 土层 R1、R2、R3、R4 增幅分别为 3.07 倍、4.47 倍、3.23 倍、2.9 倍，表明根层（20～40cm）再生水灌溉 NH_4^+-N 增幅小于河道水灌溉，40～60cm 土层相反；60～80cm 土层，各水源灌溉 NH_4^+-N 均下降，R1、R2、R3、R4 降幅分别为 57.2%、46.0%、33.5%、278%，可见，再生水灌溉土壤 NH_4^+-N 降幅高于河道水灌溉。对于 NO_3^--N 含量，各土层 NO_3^--N 含量随着土层深度增加呈现降低趋势，0～20cm 土层，各水源灌溉 NO_3^--N 含量增加，R1、R2、R3、R4 增幅分别为 55.8%、69.3%、63.6%、51.5%；其余土层 NO_3^--N 变化均呈现下降趋势，其中 20～40cm 土层 R1、R2、R3、R4 降幅分别为 54.5%、56.5%、35.3%、51.7%，40～60cm 土层 R1、R2、R3、R4 降幅分别为 38.3%、55.1%、55.5%、64.8%，60～80cm 土层 R1、R2、R3、R4 降幅分别为 43.2%、29.5%、40.3%、48.3%；可以看出再生水灌溉土壤 NO_3^--N 含量高于河道水

灌溉。

7.7.2.5　TN 与 TP

不同水源灌溉条件下蔬菜试区土壤 TN、TP 含量变化如图 7－16（e）所示。对于 TN 含量，各土层 TN 变化随着土层深度增加呈现降低趋势。0～20cm 土层，各水源灌溉土壤 TN 含量均呈现增加趋势，R1、R2、R3、R4 水源灌溉 TN 值分别增加了 61.6%、63.0%、53.4%、50.7%，可见，再生水灌溉土壤 TN 增幅高于河道水灌溉；20～40cm 土层，R1、R2、R3 水源灌溉 TN 值呈现降低趋势，分别降低了 41.7%、27.0%、16.7%，R4 水源灌溉后土壤 TN 含量与背景值一致；40～60cm 土层，R1 水源灌溉后土层 TN 含量与背景值一致，R2、R3、R4 水源灌溉后 TN 含量增加，分别增加了 0%、7.1%、25.0%、50.0%；60～80cm 土层，各水源灌溉土壤 TN 含量均呈现增加趋势，R1、R2、R3、R4 水源灌溉 TN 值分别增加了 63.2%、63.2%、94.7%、152.6%，可见再生水灌溉表层土壤 TN 含量增幅高于河道水灌溉，其余土层相反。对于 TP 含量，各水源灌溉后 TP 含量均呈现降低趋势，R4 水源灌溉 TP 降幅高于再生水灌溉。

第8章 农村生活再生水灌溉对稻田水环境的影响

8.1 概述

农村生活污水的排放不仅具有出水水质、水量波动大且排放不均匀的特点（钟永梅，2016），还呈现出排放量随季节变化的特点，一般夏季污水的排放量大、冬季排放量小，而污水中的主要污染物COD、氮磷的浓度则呈现出与排放量相反的规律，表现为夏季浓度低，冬季浓度高（侯京卫等，2012）。农村生活污水中的淘米洗菜水和刷锅洗碗水有机物含量较高，是农村生活污水中COD、BOD等污染物的主要来源；洗涤废水中由于日常使用清洁剂中磷助剂的添加，导致污水中氮磷含量较高；此外，洗涤废水中含有大量的表面活性剂成分，导致污水中阴离子表面活性剂（LAS）含量增加，不仅破坏景观美感，而且减弱了水体与大气的气体交换，使水体变臭。农村生活污水易受人口密度、季节变化、经济发展水平等因素的影响，不同地区、不同季节农村生活污水的产生与排放差异性显著（于法稳等，2018）。

有研究表明，农村生活污水灌溉后田面水TN含量在施肥后均呈现先上升后缓慢下降趋势，显著降低了基肥期田面水中TN浓度和pH，显著提高了穗肥期及灌浆期田面水中的TN浓度，降低了水稻生育前期径流损失风险（马资厚等，2016；Cao et al.，2013）。稻田能吸收利用农村生活污水中的氮素，减少稻田化肥的施用量和氮素向地表的排放量，从而降低地表水污染的风险（Li et al.，2009；张悦，2013）。当前地下水形式也不容乐观，在全国6124个地下水水质监测点中，有高达60.1%的监测点水质为较差和极差（中华人民共和国环境保护部，2017）。再生水灌溉时，水中的Na^+与地下水中的Ca^+发生交换反应会导致地下水盐分增加（Kass et al.，2005），且NO_3^--N含量也会出现增加（王巧环等，2012；Chen et al.，2006）。祁丽荣等（2017）研究发现，相对于二级处理污水，长时间采用一级处理污水灌溉，地下水环境污染风险表现为高风险。李欣（2017）研究表明，尽管农村生活污水各项水质指标达到《农田灌溉水质标准》（GB 5048—2021）要求，当水力负荷为$0.002m^3/(m^2 \cdot d)$时，地下水基本没有污染风险，但随着水力负荷的升高，地下水依然存在潜在污染风险。

可见，农村生活再生水灌溉回用，将带入大量的COD、N、P和LAS，若直接外排，将对水环境造成一定的负面影响，经灌溉回用，通过作物吸收、土壤吸附、生态缓存净化作用，对水环境的影响有待于进一步研究。基于此，本章研究了不同再生水水源和田间灌排调控下稻田渗漏水和地下水中污染物的分布特征，阐明污染物在稻田水环境中的迁移规律，探明农村生活再生水灌溉对地下水的污染风险，为评价再生水灌溉对水环境的影响、确定农村生活再生水灌溉安全高效调控机制提供参考。

8.2　灌溉水水质变化

对水稻生育期内的灌溉水样进行收集并进行水质测定，其 COD、NH_4^+－N、NO_3^-－N、LAS 含量变化如图 8－1 所示。由于灌溉水质不稳定，各指标含量在年际间和年度内不同时期灌溉波动较大，2020 年 7 月灌溉时水中 COD、NH_4^+－N、LAS 含量较高，且 R1 水源 COD、NH_4^+－N、LAS 含量明显高于 R2 水源，R4 水源 COD、NH_4^+－N、LAS 含量最低。8 月 R1 水源中 COD 和 LAS 含量变化较为平稳，R2 和 R4 波动较大，且 R2 水源 NO_3^-－N 含量最高。9 月 R2 水源中 COD 和 NH_4^+－N 含量略高于 R4 水源，LAS 和 NO_3^-－N 含量相差不大。R1 水源污染物含量大小顺序为 COD>NH_4^+－N>LAS>NO_3^-－N；R2 水源中 COD 含量最高，8 月 8 日以前 NO_3^-－N 含量最低，8 月 8 日以后 LAS 含量最低；R4 水源中 COD 含量最高，LAS 含量最低。

2021 年 R1、R2、R3、R4 水源 TN 浓度范围分别在 5.5～22.9mg/L、3.2～23.9mg/L、0.8～9.4mg/L、0.80～23.4mg/L，均值分别为 16.1mg/L、13.6mg/L、2.2mg/L、4.4mg/L；NH_4^+－N 浓度范围分别为 4.3～17.4mg/L、1.6～17.5mg/L、0.12～3.4mg/

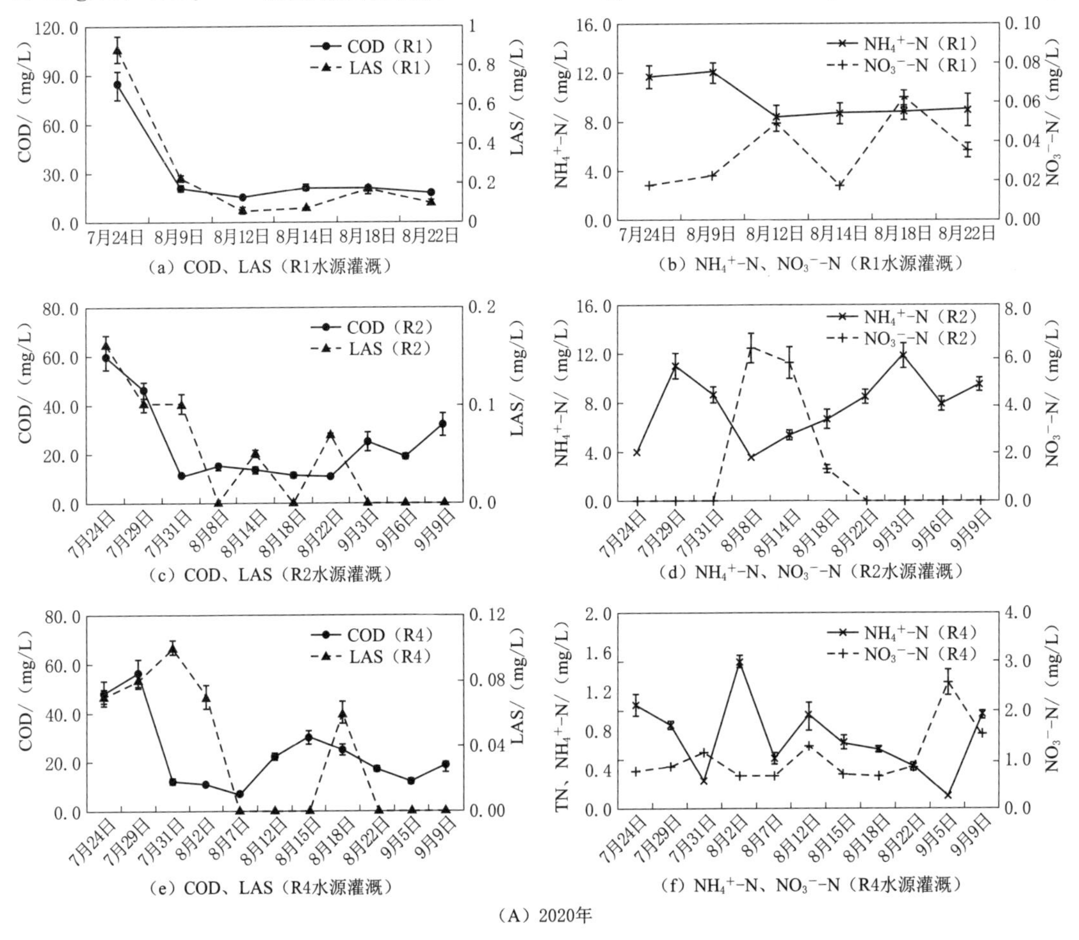

图 8－1（一）　不同灌溉水源 COD、NH_4^+－N、NO_3^-－N、LAS 含量变化

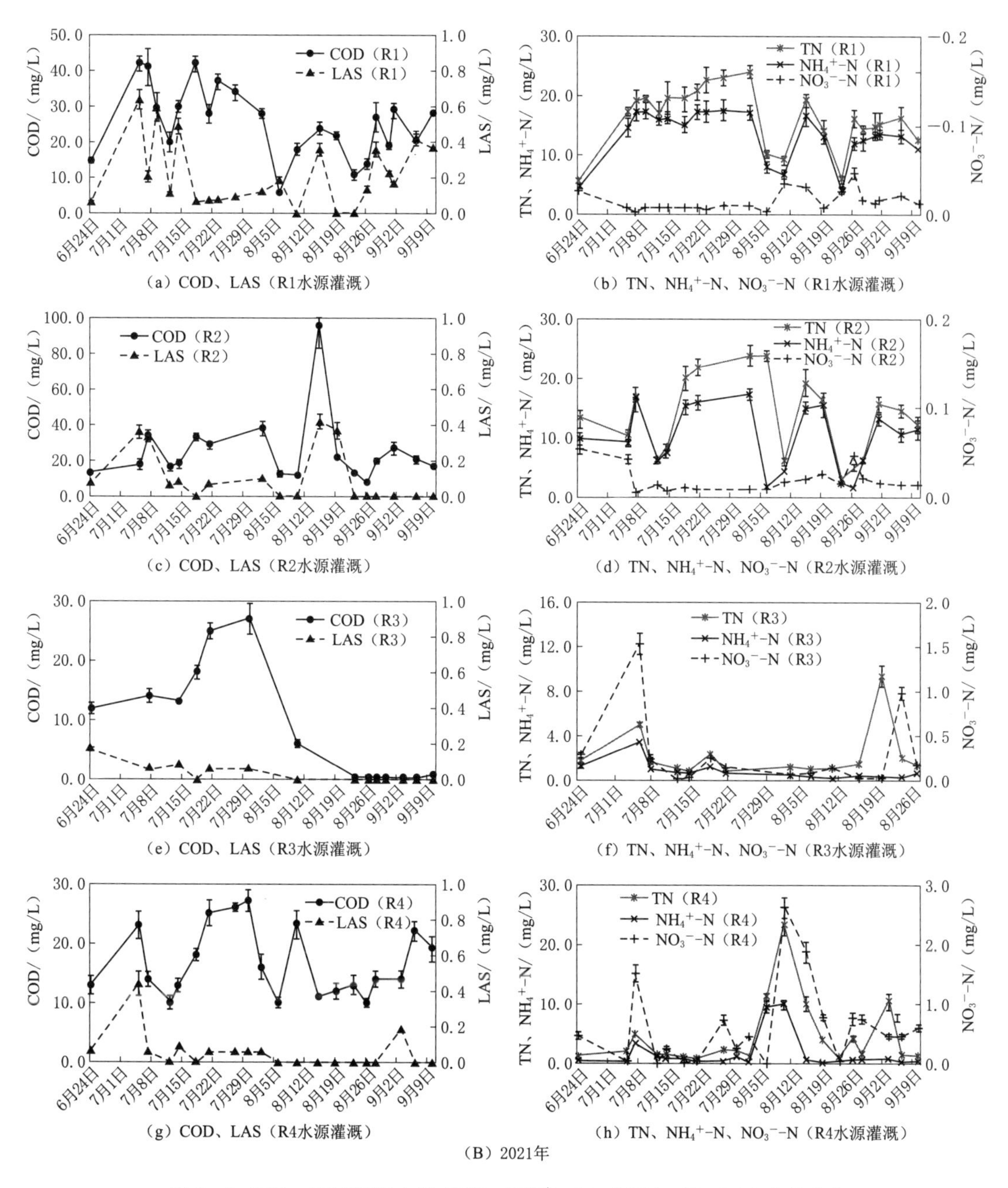

(a) COD、LAS（R1水源灌溉）　(b) TN、NH_4^+-N、NO_3^--N（R1水源灌溉）

(c) COD、LAS（R2水源灌溉）　(d) TN、NH_4^+-N、NO_3^--N（R2水源灌溉）

(e) COD、LAS（R3水源灌溉）　(f) TN、NH_4^+-N、NO_3^--N（R3水源灌溉）

(g) COD、LAS（R4水源灌溉）　(h) TN、NH_4^+-N、NO_3^--N（R4水源灌溉）

(B) 2021年

图 8-1（二） 不同灌溉水源 COD、NH_4^+-N、NO_3^--N、LAS 含量变化

L、0.17～1.00mg/L，均值分别为 13.4mg/L、10mg/L、0.8mg/L、1.7mg/L；NO_3^--N 浓度范围分别为 0.004～0.036mg/L、0.006～0.054mg/L、0.016～0.983mg/L、0.013～2.63mg/L，均值分别为 0.016mg/L、0.02mg/L、0.281mg/L、0.611mg/L；COD 浓度范围分别为 6～42mg/L、8～96mg/L、0.122～27mg/L、10～27mg/L，均值分别为 26mg/L、25mg/L、8mg/L、17mg/L；LAS 浓度范围分别为 0～0.64mg/L、0～0.42mg/L、0～0.17mg/L、0～0.44mg/L，均值分别为 0.22mg/L、0.10mg/L、

0.03mg/L、0.05mg/L。总体而言，各水源水质由优到劣表现为 R3>R4>R2>R1。其中各水源条件下 TN 与 NH_4^+ -N 浓度变化规律一致，NO_3^- -N 含量较低，且 R1 与 R2 水源 TN 和 NH_4^+ -N 含量在 7 月、8 月较高，而 NO_3^- -N 含量变化趋势与 TN 和 NH_4^+ -N 呈相反趋势，R3 和 R4 水源表现为氮素变化较为同步且变化平稳。灌溉水中各污染物含量均符合《城镇污水处理厂污染物排放标准》（GB 18918—2002）以及《农田灌溉水质标准》（GB 5084—2021）。

8.3　渗漏水水质变化

8.3.1　COD 含量

不同灌溉水源和水位调控条件下稻田渗漏水 COD 含量变化如图 8-2 所示。2020 年 R1 水源灌溉处理渗漏水中 COD 含量远高于 R2 水源灌溉和 R4 水源灌溉处理，且低水位（W1）调控下整个生育期内 COD 含量远高于同一水源条件下中（W2）高（W3）水位处理。R2 和 R4 水源灌溉时同一水位调控下 COD 含量变化差异不大，且在水稻生育期内波动不大。对于 R1 灌溉水源，W1 水位调控下整个生育期内渗漏水中 COD 浓度远高于 W2 和 W3，且在拔节孕穗期差异最大，抽穗开花期次之。8 月 12 日 W1 处理下 COD 含量明显升高，W2 和 W3 略有升高，与 8 月 6 日相比分别升高了 83.3%、3.8%、10.9%，这是由于 8 月 9 日和 8 月 12 日连续灌溉 R1 水源，与 W2 和 W3 相比，W1 田间水位最低，透气性较好，因此渗漏较大，导致 COD 浓度升高；8 月 12 日水稻处于拔节孕穗期中期，R1 水源灌溉下 W1 日平均渗漏量较大，而 W2 与 W3 渗漏强度接近，因此渗漏水中 COD 浓度相差不大。8 月 24—28 日水稻处于抽穗开花期，渗漏量与拔节孕穗期相比略有下降，COD 浓度也随之下降，W1、W2、W3 条件下分别下降了 31%、24.6%、41.3%；9 月 7 日水稻进入乳熟期，此时渗漏水中 COD 浓度分别下降 4.1%、4.7%、31.8%。对于 R2 和 R4 灌溉水源，渗漏水中 COD 浓度并未因灌溉而有明显升高，这是由于 R1 灌溉水中 COD 浓度远高于 R2 和 R4，而 R2 与 R4 之间差异不大。

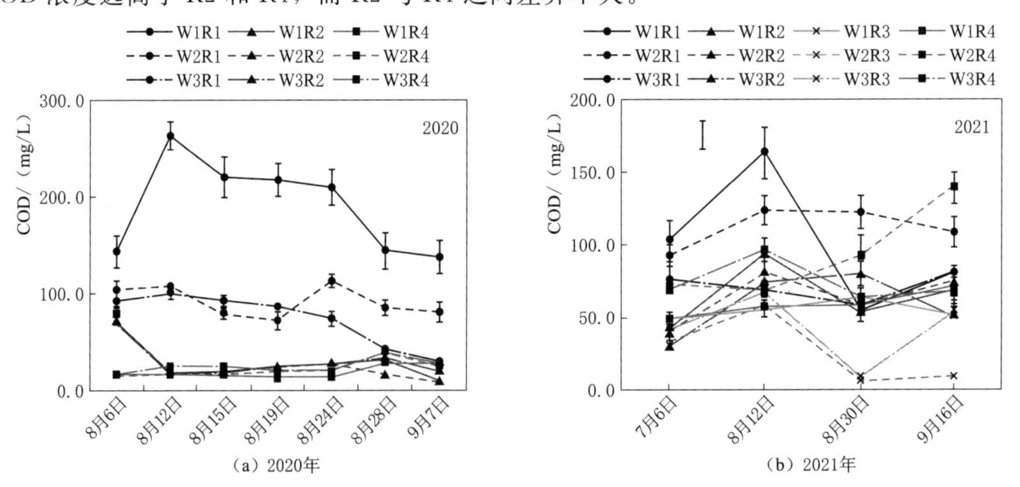

图 8-2　不同灌溉水源和水位调控条件下稻田渗漏水 COD 含量变化

2021年水稻生育期内渗漏水中COD含量波动较大，分蘖期至拔节孕穗期明显升高，抽穗开花期降低，乳熟期有所升高，各处理总体呈锯齿状变化趋势。这是由于本年拔节孕穗期和乳熟期降雨较多，且拔节孕穗期田间渗漏量较大，而抽穗开花期降雨偏少。其中分蘖期至拔节孕穗期W1R1处理下COD含量高于其余处理，且为整个生育期内最大，这与2020年结论一致。W1水位调控下各水源COD峰值比W2和W3水位调控下高10.4%和21.2%，而同一水位下R1水源COD峰值分别比R2、R3、R4高41.3%、93.5%、56.8%。抽穗开花期时W1R1处理COD含量下降最快，至乳熟期时有所回升，而W2R4处理COD含量则在整个生育期内一直升高至乳熟期。

与2020年相比，2021年各处理乳熟期时渗漏水中COD含量较高，这主要是本年该生育阶段内较高的降水量导致，2021年R1、R2、R4水源灌溉下乳熟期渗漏水COD含量分别为2020年的1.05倍、4.62倍、3.37倍，W1、W2、W3水位调控下2021年渗漏水中COD含量分别为2020年的1.14倍、2.11倍、2.36倍。

8.3.2 氮素含量

不同灌溉水源和水位调控条件下稻田渗漏水中氮素含量变化如图8-3所示。对于NH_4^+-N和NO_3^--N含量变化，R1水源灌溉处理渗漏水中NH_4^+-N平均含量远高于其余灌溉水源处理，且渗漏水中NH_4^+-N含量远高于NO_3^--N，2020年整个生育期内W1R1处理NH_4^+-N含量均最高，2021年分蘖期和拔节孕穗期时W3R1处理NH_4^+-N最高，抽穗开花期时W1R1最高，乳熟期时W1R2最高。2020年在水稻进入拔节孕穗期后R1水源灌溉处理渗漏水中NH_4^+-N明显降低，抽穗开花期时降至最低，其中W3到达最低值的时间比W2提前，而W2比W1提前，表明高水位调控促进了NH_4^+-N的转化利用。高水位调控下NH_4^+-N浓度明显低于低水位调控，W1峰值分别是W2和W3的1.8倍和3.2倍；而NO_3^--N变化趋势与NH_4^+-N相反，呈此消彼长的变化趋势。R2和R4水源灌溉下NH_4^+-N变化趋势近似，在抽穗开花期之前变化较平稳，抽穗开花中期之后迅速增加，这是由于R2和R4发生灌溉，而该阶段R1未发生灌溉，故没有外来氮素补充，而R2与R4随着灌溉的发生田间渗漏较大，NH_4^+-N含量较高，NO_3^--N含量无明显变化。抽穗开花期至乳熟期W1和W2下R2水源灌溉NO_3^--N含量先增加后减小，R4水源灌溉则逐渐增加；W3水位下R2水源灌溉，NO_3^--N先减小后增加，R4水源灌溉逐渐减小；可见高水位与中低水位下R2和R4水源灌溉，NO_3^--N含量变化趋势相反，这是由于高水位下土壤处于厌氧环境，促进了反硝化过程的进行，因此加速了NO_3^--N的转化利用。2021年除W3R4处理外，其余处理在进入拔节孕穗期时NH_4^+-N含量均下降，而进入抽穗开花期时，除W3水位调控，W1和W2调控下NH_4^+-N含量均升高，其中该生育阶段W1、W2、W3水位下NH_4^+-N平均含量分别为0.23mg/L、0.19mg/L、0.22mg/L，4种水源灌溉下NH_4^+-N平均含量分别为0.32mg/L、0.24mg/L、0.11mg/L、0.19mg/L。与2020年相比，2021年各处理渗漏水中NO_3^--N含量在整个生育期内变化较为一致，在分蘖期含量最高，至拔节孕穗期时急剧下降，后维持在较低水平至生育期结束。

对于TN含量，R1水源条件下渗漏水中TN含量随着生育期推进呈逐渐下降的趋势，

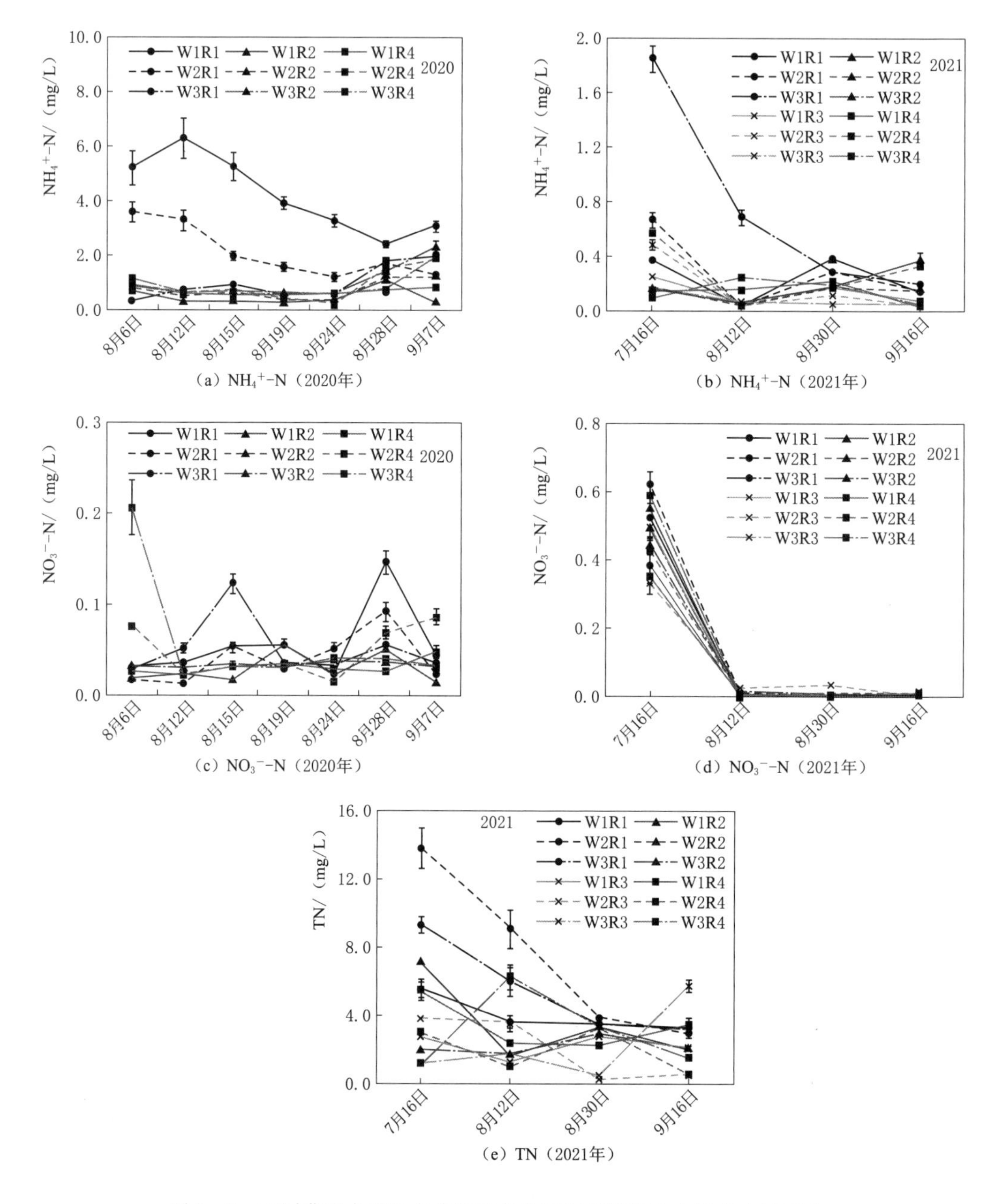

图 8-3　不同灌溉水源和水位调控条件下稻田渗漏水中氮素含量变化

其中 W2 水位调控下在水稻生育前期和中期 TN 含量最高，乳熟期时降至较低水平；W3 水位调控下 TN 含量仅次于 W2，W1 水位调控下 TN 含量最低，且下降趋势最为缓慢。R2 水源条件下渗漏水中 TN 含量呈先降低后升高、至乳熟期时再下降的趋势，且分蘖期至拔节孕穗期，随着调控水位的升高，TN 下降速率逐渐减小，抽穗开花期和乳熟期时各水位调控下差异较小。R3 水源条件下，TN 含量在生育期内呈波浪状变化趋势。R4 水源条件下，W1 时生育期内 TN 呈先降低后升高的变化趋势，而 W3 时则相反，表现为先升

高后降低。分蘖期时 R1 水源条件下渗漏水中 TN 含量分别为 R2、R3、R4 水源条件下的 1.9 倍、3.6 倍、2.9 倍，拔节孕穗期时分别为 3.6 倍、2.8 倍、1.9 倍，抽穗开花期时分别为 1.2 倍、3.1 倍、1.2 倍，乳熟期时分别为 1.6 倍、1.1 倍、1.7 倍，因此 4 种水源灌溉条件下渗漏水中 TN 含量在分蘖期和拔节孕穗期差异较大，至抽穗开花期和乳熟期差异较小。3 种水位调控下，分蘖期时 W2 调控下 TN 含量最高，分别为 W1 和 W3 调控下的 1.3 倍和 1.9 倍，拔节孕穗期和乳熟期时 W3 调控下 TN 含量最高，而抽穗开花期时 W1 调控下 TN 含量最高，除分蘖期外，其余生育期内 3 种水位调控下渗漏水中 TN 含量差异较小。

8.3.3 LAS

不同灌溉水源和水位条件下稻田渗漏水中 LAS 含量变化见图 8-4。阴离子表面活性剂（LAS）会消耗水中的溶解氧，当灌溉水中 LAS 含量过大时，会严重危害到作物的生长。由图 8-4 可见，2020 年各处理渗漏水中 LAS 含量基本在 0～0.2mg/L 范围内波动，LAS 在拔节孕穗期开始和乳熟期时含量较高，拔节孕穗中后期含量最低；水稻生育初期 R1 水源灌溉时明显升高，之后并未因灌溉而增加。2020 年，对于不同水位调控，稻田渗漏水 LAS 含量变化表现为 W3（0.07mg/L）＞W1（0.06mg/L）＞W2（0.05mg/L），对于不同灌溉水源，稻田渗漏水 LAS 含量变化表现为 R1（0.09mg/L）＞R2（0.05mg/L）≈R4（0.04mg/L），表明中低水位调控 R2、R4 水源灌溉有利于 LAS 含量降低。2021 年生育期内各处理 LAS 含量变化较为一致，波动范围为 0～0.18mg/L，与 2020 年相比波动范围变化不大。分蘖期时 W1、W2、W3 水位调控下 LAS 含量分别为 0.158mg/L、0.153mg/L、0.158mg/L，表明分蘖期水位调控对 LAS 含量变化影响不大；R1、R2、R3、R4 水源条件下 LAS 含量分别为 0.150mg/L、0.153mg/L、0.163mg/L、0.157mg/L，表明分蘖期农村生活再生水灌溉回用不会导致 LAS 含量增加，分蘖期至拔节孕穗各处理 LAS 含量均显著下降至 0，抽穗开花期 R1、R2 灌溉水源部分处理 LAS 含量有所增加，至乳熟期所有处理渗漏水中均未检测出 LAS。

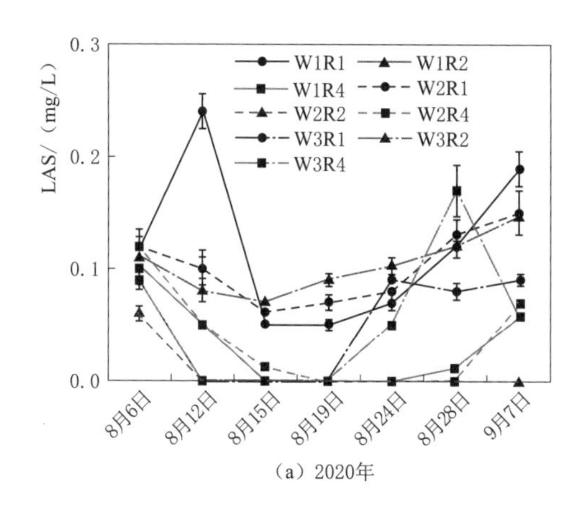

（a）2020年

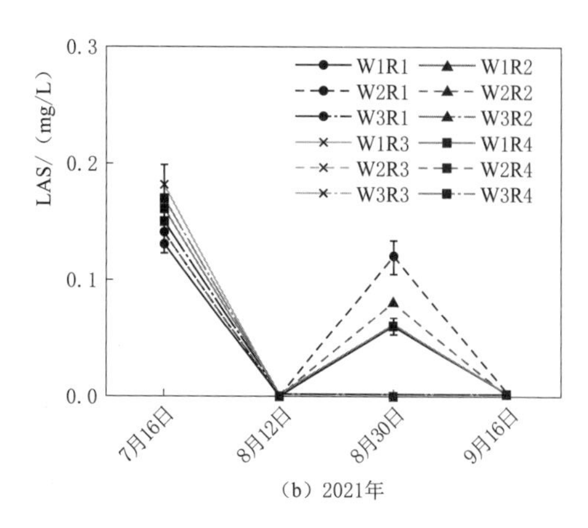

（b）2021年

图 8-4 不同灌溉水源和水位条件下稻田渗漏水中 LAS 含量变化

8.4　地下水水质变化

水稻生育期地下水水质变化如图 8-5 所示，其中 COD 含量最高，分蘖期时 NH_4^+-N 含量显著高于 NO_3^--N 含量，进入拔节孕穗期后 NH_4^+-N 含量显著下降，NO_3^--N 含量上升，且与 NH_4^+-N 相比一直维持在较高水平，这是由于 NH_4^+-N 带正电荷，容易被土壤胶体吸附，而 NO_3^--N 带负电荷，更易随土壤淋溶进入地下水，拔节孕穗后期 LAS 均未检出。根据《地下水质量标准》（GB/T 14848—2017），该污水灌溉区域地下水中硝酸盐氮和阴离子表面活性剂均达到Ⅰ类标准，但 COD 含量略高，为Ⅴ类标准（见表 8-1），因此再生水灌溉对地下水有一定影响，这是由于该地区地下水位较浅，且土壤为沙土或沙黏土，土壤吸附能力较低，污染物易随土壤淋溶而进入地下水。

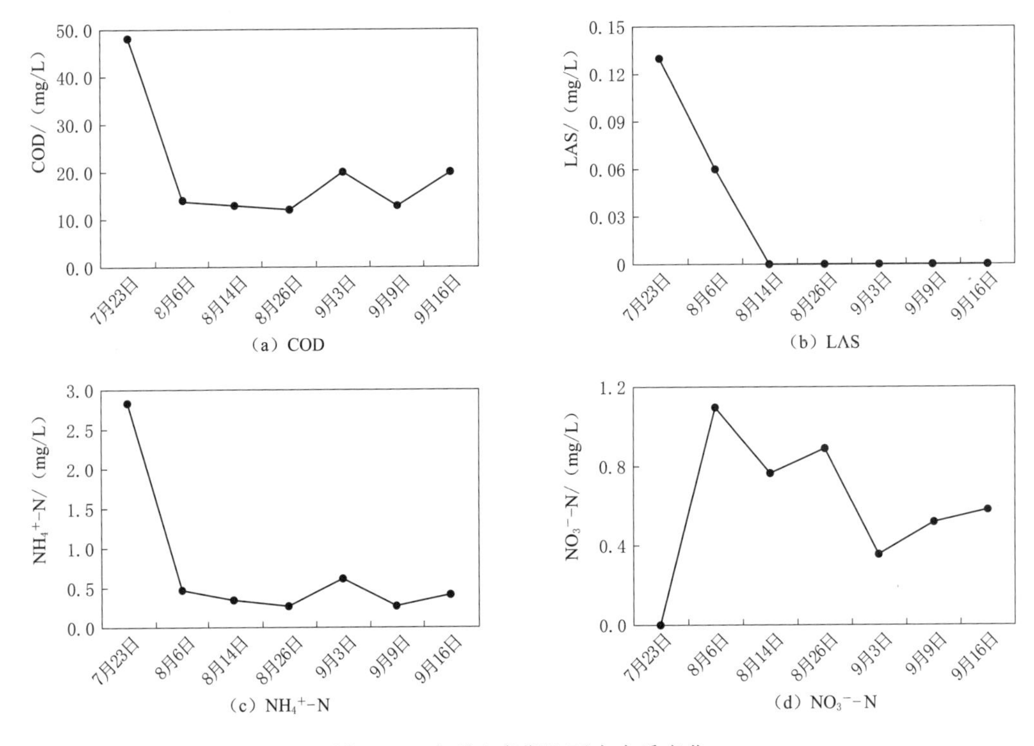

图 8-5　水稻生育期地下水水质变化

表 8-1　　**地下水环境质量标准**

指标＼分类	Ⅰ类	Ⅱ类	Ⅲ类	Ⅳ类	Ⅴ类
LAS	不得检出	≤0.1	≤0.3	≤0.3	>0.3
COD	≤1	≤2	≤3	≤10	>10
NO_3^--N	≤2	≤5	≤20	≤30	>30

第9章 农村生活再生水灌溉对土壤微生物环境的影响

9.1 概述

土壤酶是土壤中存在的各种酶的总称，是土壤环境中最活跃的组成成分之一，与微生物共同推动土壤的代谢，可用来表征土壤肥力状况（杨晓东等，2017）。淀粉酶可将土壤中淀粉水解为还原糖，其活性可用来表示有机质分解速率的快慢程度（邓少虹等，2014）。蔗糖酶能够反映出土壤的碳代谢强度（Jorge et al.，2011）。脲酶对土壤尿素的转化至关重要，是催化尿素水解的唯一酶，其活性与微生物数量、土壤氮素状况相关。过氧化氢酶能促进过氧化氢的分解，解除其对土壤及生物的毒害，它与土壤有机质含量和腐殖化程度有关，也是土壤肥力的指标（陈鸿飞等，2017）。Chen 等（2008）研究发现，长期再生水灌溉促进了土壤生物酶活性的提升，并指出脲酶、过氧化氢酶、蔗糖酶、脱氢酶和磷酸酶能够作为评价长期再生水灌溉对土壤微生物生态效应影响的指标。刘雅文等（2018）通过研究生活污水灌溉对水稻幼苗和土壤环境的影响发现，生活污水灌溉下提高了土壤 5 种酶的活性，其中对脲酶和过氧化氢酶的效应最显著。郭晓明等（2012a）研究发现污水灌溉使表层土壤（0～20cm）中脲酶、转化酶和磷酸酶活性增加。刘辉等（2019）研究发现，农村混合污水灌溉后土壤过氧化氢酶和酸性磷酸酶活性低于清水灌溉处理（$P<0.01$）），而土壤脲酶和转化酶活性显著高于清水灌溉处理（$P<0.05$）。

土壤微生物可在一定程度上推动土壤养分循环进程，反映土壤养分循环状况，其多样性大小及群落结构分布常被看作是评估土壤肥力的关键指标（孙波等，2017；王慧颖等，2018）。灌溉水质直接影响土壤微生物区系的组成变化，进而显著影响土壤细菌总数（Prassd et al.，1995）。其中有机质和 pH 是影响土壤中细菌群落结构的两个主要因素（Lu et al.，2022）。郭魏等（2017）研究表明再生水灌溉会使土壤微生物的群落结构发生改变，对参与土壤碳、氮转化相关的土壤微生物生长有一定的促进作用。Cui 等（2019）研究表明，再生水灌溉导致作物植株果实和根际均存在变形菌门、拟杆菌门、放线菌门和厚壁菌门。焦志华等（2010）发现，与清水灌溉相比，再生水灌溉会使土壤细菌和放线菌数量增加，但对土壤真菌数量没有较大的影响。而韩烈保等（2006）通过长期再生水灌溉的研究表明，不同水质再生水灌溉对土壤的细菌总数、放线菌总数和真菌总数都没有显著影响。Wu 等（2021）研究发现，再生水灌溉后细菌总丰度增加 16%，但对古细菌总丰度无显著影响（$P>0.05$）。Huang 等（2017）通过研究再生水对根际土壤细菌群落生态的影响发现，随着再生水干扰强度的增加，根际细菌群落的类群丰富度、均匀度和多样性均呈下降趋势。刘辉等（2019）和范东芳（2019）研究表明污水灌溉使土壤细菌与真菌的多样性增加，且改变了细菌和真菌在 genus 水平上各优势物种的相对丰度。张翠英等（2014）研究表明再生水灌溉未改变细菌群落组成类型，但改变了不同菌群类型丰度分布，土壤亚硝化细菌、硝化细菌和反硝化细菌数量减少，氨氧化细菌和好气性纤维素分解菌的数量增加。

再生水灌溉导致土壤生境发生改变，原因有两方面：一方面再生水灌溉带入的养分和微生物等能促进作物残体的分解，通过影响理化性指标分布变化，改变土壤生物环境；另一方面为微生物提供能量来源，刺激了微生物活性，进而对土壤微生物数量、种类和活性产生影响（Hubner et al.，2012；Zhou et al.，2016；Wang et al.，2017）。当前，农村生活再生水灌溉对土壤生境变化影响尚不明晰，基于此，本章研究了不同再生水灌溉水源和灌排调控下稻田氮碳转化相关的酶活性在生育期内和年际间的变化规律，明确了土壤酶活性与土壤环境质量因子间的关系，阐明再生水灌溉对物种多样性和微生物多样性的影响，旨在探明农村生活再生水灌溉下微生物作用机制。

9.2 土壤酶活性变化

9.2.1 酶活性在生育期内变化

水稻生育期内土壤 0～40cm 土层蔗糖酶（INV）、过氧化氢酶（CAT）、淀粉酶（AMS）、脲酶（UR）活性变化见图 9-1。可以看出，在低水位调控下，2020 年和 2021 年 R1 水源灌溉处理下 0～20cm 土层土壤 INV 活性均在乳熟期达到峰值，R4 水源灌溉处理下均在拔节孕穗期达到峰值，但 R2 与 R3 在年际间达到峰值的时间有所不同，分别在乳熟期和拔节孕穗期。而对于 20～40cm 土层，2020 年 R1、R2、R4 水源灌溉处理下 INV 分别在乳熟期、抽穗开花期、拔节孕穗期达到最大，且 W1 水位调控下 R2 与 R4 土壤 INV 活性变化趋势接近。2021 年 4 种水源条件下 INV 分别在分蘖期、拔节孕穗期、抽穗开花期、拔节孕穗期达到最大，年际间差异较大。以 R1 水源灌溉为例，2020 年低水位时 0～20cm 土层土壤 INV 活性在水稻生育期内表现为先降低后升高的趋势；2021 年则呈先升高后降低再升高的趋势，且 2021 年 INV 活性总体高于 2020 年。2020 年中高水位下 0～20cm 土层 INV 活性先升高后降低，且高水位比中水位滞后；而 20～40cm 土层 INV 活性则在低水位下逐渐升高，中高水位下先降低后升高，且高水位比中水位降低提前。2021 年中水位调控下 0～20cm 内 INV 活性则先降低后升高。2020 年 0～20cm 和 20～40cm 土层内 INV 活性均在 W2 水位调控下峰值最大，分别为 130.04U/g 和 147.13U/g；2021 年则在 W3 水位调控下达到最大，分别为 149.27U/g 和 166.83U/g。

分析生育期内 CAT 活性变化，2020 年 3 种不同水位调控下 0～20cm 土层土壤中最大 CAT 活性均为 R1 水源灌溉，分别发生在拔节孕穗期、分蘖期和抽穗开花期，最大值分别为 188.20U/g、184.51U/g、178.79U/g；2021 年则为 R2 和 R3 水源，达到最大值的时间均在抽穗开花期。而 2020 年 3 种不同水位调控下 20～40cm 土层土壤 CAT 活性最大分别发生在乳熟期、分蘖期、分蘖期，最大值分别为 185.61U/g（R2 水源灌溉条件下）、191.88U/g（R1 水源灌溉条件下）、188.37U/g（R2 水源灌溉条件下）；2021 年则均发生在分蘖期，为 R3 灌溉水源。由此可见，再生水灌溉能显著提高 CAT 活性。2021 年 R1、

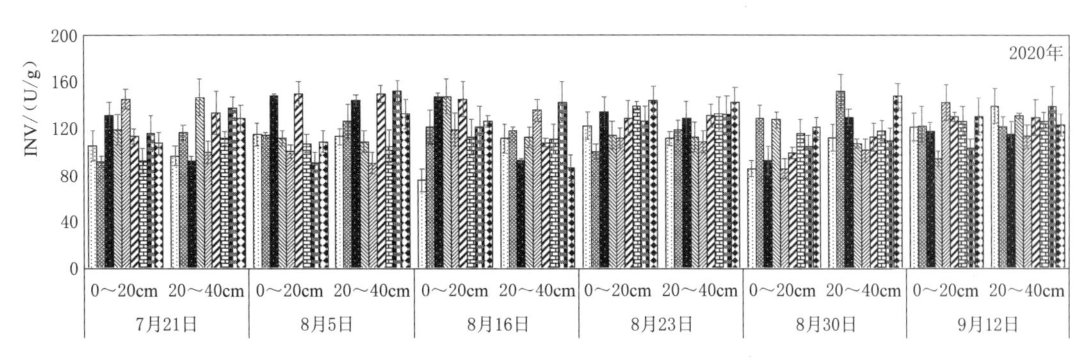

(a) 蔗糖酶(INV)变化

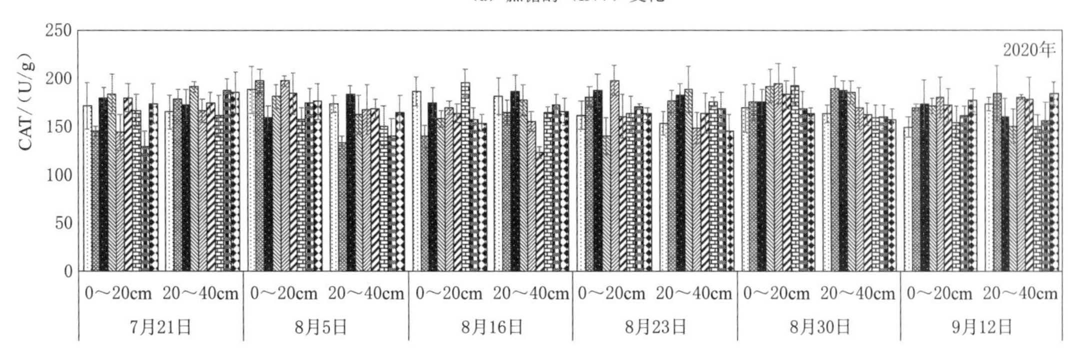

(b) 过氧化氢酶(CAT)变化

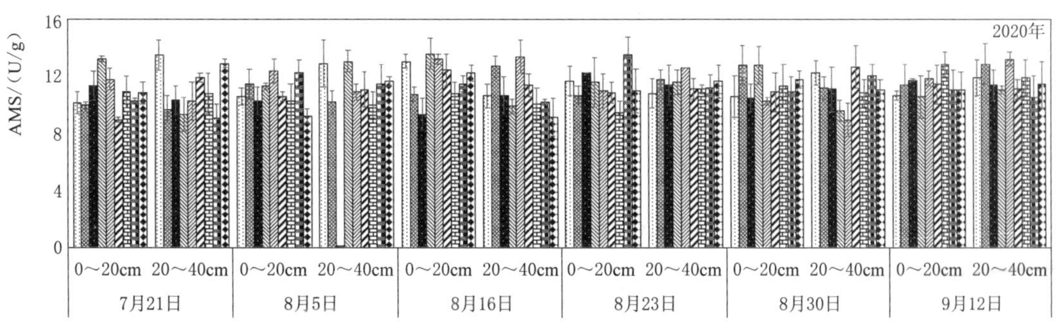

(c) 淀粉酶(AMS)变化

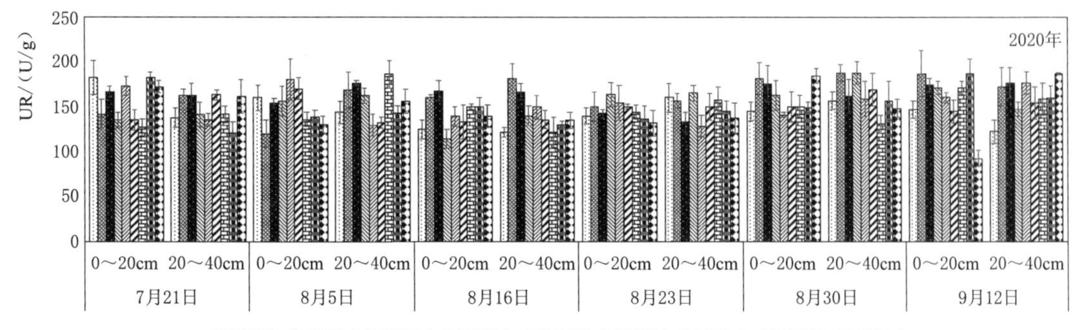

W1R1 W1R2 W1R4 W2R1 W2R2 W2R4 W3R1 W3R2 W3R4

(d) 脲酶(UR)变化

(A) 2020年

图 9-1(一) 水稻生育期内土壤酶活性变化

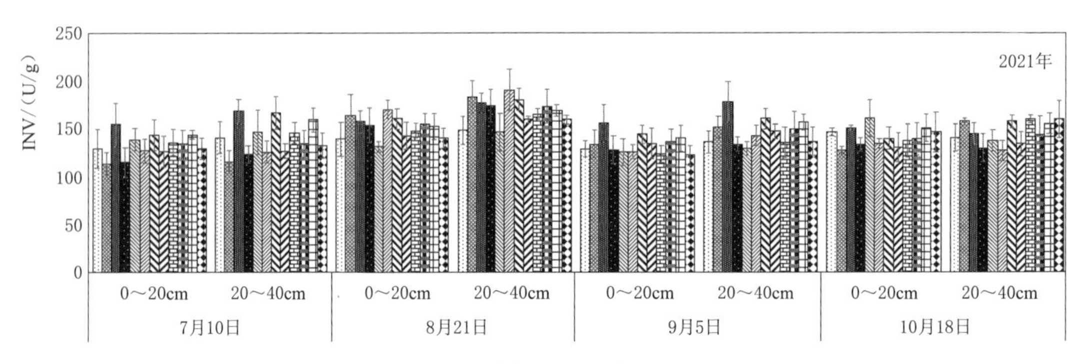

(a) 蔗糖酶(INV)变化

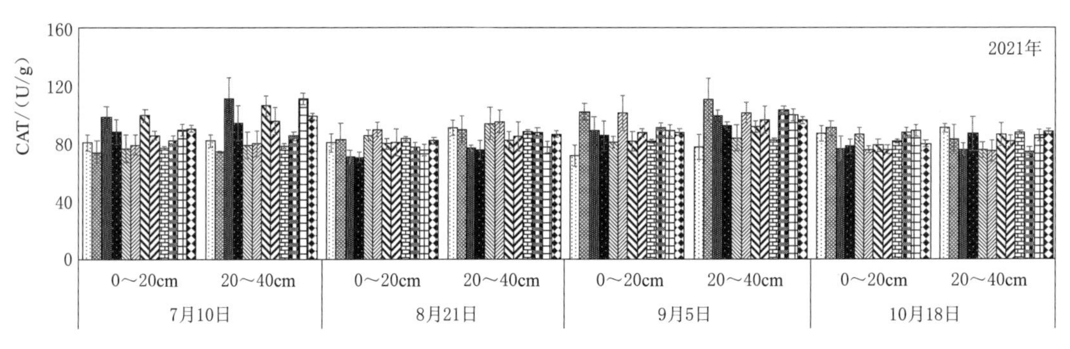

(b) 过氧化氢酶(CAT)变化

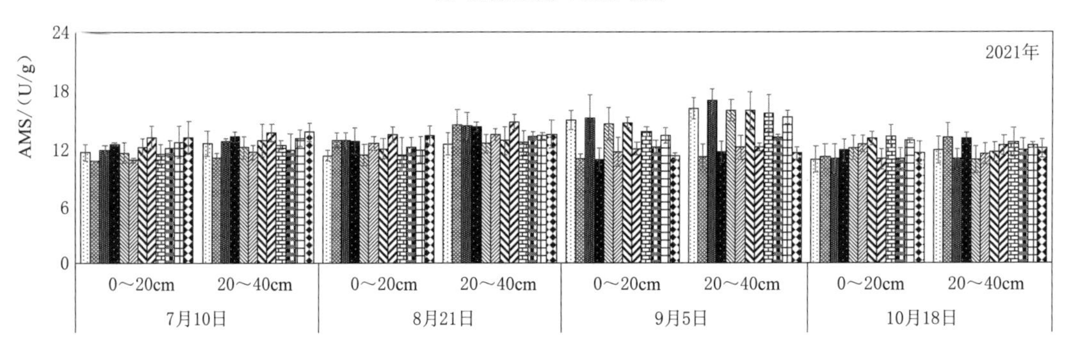

(c) 淀粉酶(AMS)变化

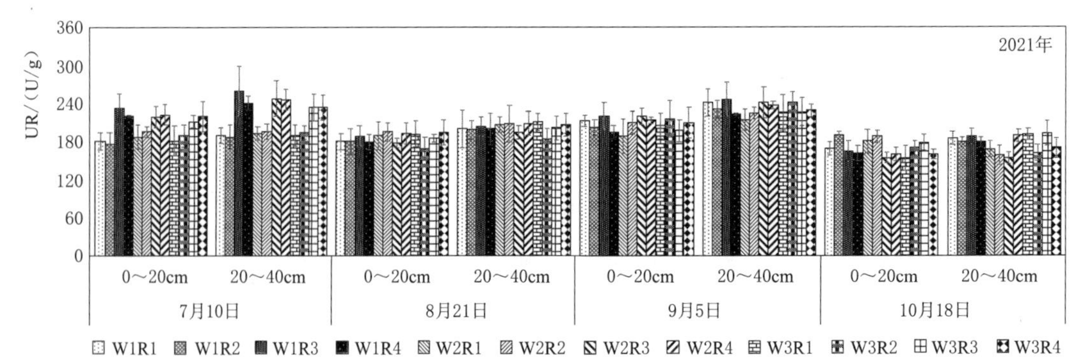

(d) 脲酶(UR)变化

(B) 2021年

图9-1(二)　水稻生育期内土壤酶活性变化

R2、R3、R4 水源灌溉三种水位调控下 CAT 活性分别在拔节孕穗期、抽穗开花期、分蘖期、分蘖期达到最大，可见再生水灌溉下 CAT 活性高峰出现了延迟。

对于 AMS 活性变化，2021 年 0～20cm 和 20～40cm 土层内 R1 和 R3 水源条件下 AMS 活性均在抽穗开花期最大，其中 R1 在 0～20cm 和 20～40cm 处 AMS 分别为 14.43U/g 和 15.94U/g，R3 分别为 14.43U/g 和 16.03U/g，而 R2 和 R4 则在拔节孕穗期最大，R2 分别为 12.55U/g 和 13.72U/g，R4 分别为 13.23U/g 和 14.17U/g，2020 年则无明显规律。以 2020 年低水位调控处理为例，再生水灌溉处理下 0～20cm 土层土壤中 AMS 先升高后降低，而河道水灌溉则相反，且 R1 水源灌溉下峰值最大，为 12.49U/g，发生在抽穗开花期，R2 和 R4 峰值在乳熟期，分别为 11.58U/g 和 11.86U/g。

对 UR 活性而言，2020 年生育期内 0～20cm 土壤中 UR 活性呈波浪状变化，其中 W1 调控下先降低后升高，W2 调控下先升高后降低，W3 则无规律。20～40cm 土层土壤则无此规律。2021 年各水源条件下 UR 活性变化无明显规律。以低水位调控为例，W1R1 在 2020 年抽穗开花期时 20～40cm 土层土壤 UR 活性高于表层土壤，其余生育阶段内均比 0～20cm 土层 UR 活性低；W1R2 在乳熟期时 20～40cm 土层土壤 UR 活性低于 0～20cm 土层土壤，其余生育阶段内均比 0～20cm 土层 UR 活性高，而 W1R4 则与 W1R2 相反。因此低水位调控下再生水灌溉有效增加了深层土壤 UR 活性，但 R1 水源灌溉下抑制了 20～40cm 土层土壤 UR 活性，且抽穗开花期时抑制作用减弱，UR 活性较高。2021 年所有处理下除乳熟期外，其余生育阶段土壤 UR 活性均表现为表层较低，乳熟期时 R2 水源灌溉下 0～20cm 土层 UR 活性高于 20～40cm，R4 水源灌溉条件下则相反，而 R1 和 R3 在低水位和高水位时 0～20cm 土层 UR 活性低于 20～40cm，中水位时相反。2020 年 20～40cm 土层土壤中 UR 活性最高均发生在乳熟期，低、中、高水位调控下 R1、R2 和 R4 水源灌溉下最高，分别为 176.27U/g、176.27U/g、186.7U/g。2021 年则均发生在抽穗开花期，4 种水源条件下分别为 229.73U/g、234.74U/g、240.49U/g、231.96U/g，总体而言，UR 活性均比 2020 年有所提高。

9.2.2 酶活性年际变化

通过土壤酶活性的动态变化可以间接了解或预测土壤某些营养物质的转化和微生物的分布，以及土壤肥力的演化，同时，酶活性的变化能够反映土壤系统的改变，能够监测再生水灌溉的环境效应，因此，对作物根区土壤酶活性进行连续监测，能够了解再生水灌溉对根区土壤生物活性、养分转化和水土环境的影响，为再生水安全高效灌溉调控提供参考。不同灌溉水源和不同水位条件下稻田酶活性年际变化如图 9-2 所示。R1 水源灌溉条件下，2020 年和 2021 年灌溉后 0～20cm 土层 INV 活性与背景值相比均有所增加，平均分别增加了 10.5%和 21.8%，其中 2020 年水位越高增幅越大，2021 年中高水位下增幅接近，低水位下增幅最小，总体而言，各处理间随着时间推移，土壤中 INV 含量呈显著性变化趋势；20～80cm 土层内则无明显规律，但总体上 2021 年灌溉后各土层 INV 活性均比背景值有所增加，因此短期 R1 水源灌溉下 INV 活性变化不稳定。R2 水源灌溉条件下，W3 水位调控下 2020 年和 2021 年 0～80cm 土层内 INV 活性均明显增加，中低水位调控下则表现为 2021 年有所增加，2020 年有增有减，其中 2021 年与背景值相比 0～20cm、20～40cm、40～60cm、60～80cm 分别增加了 25.5%、32.6%、34%、53.3%，不同处理之

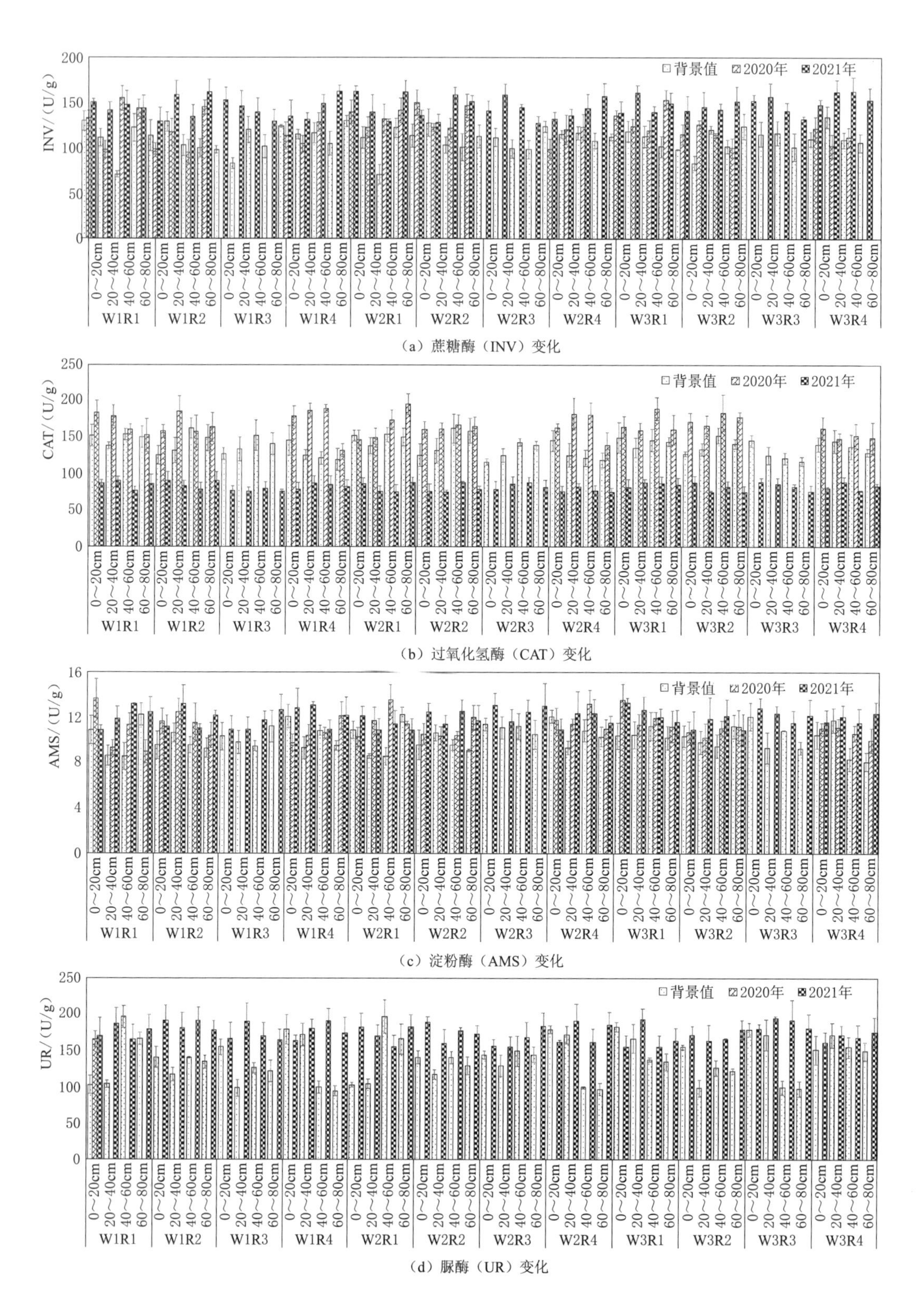

(a) 蔗糖酶(INV)变化

(b) 过氧化氢酶(CAT)变化

(c) 淀粉酶(AMS)变化

(d) 脲酶(UR)变化

图9-2　不同灌溉水源和不同水位条件下稻田酶活性年际变化

间具有显著性差异。R3 水源灌溉条件下 2021 年各土层与背景值相比分别增加了 34.5%、51.1%、27.5%、28.9%。R4 水源灌溉条件下同样表现为 2020 年增减无规律，2021 年分别增加了 16.9%、17.3%、33.6%、48.2%。同一水位下，W1 时 4 种不同水源处理 2021 年各土层 INV 活性与背景值相比平均增加了 23.5%、35%、45.6%、40.1%，W2 时分别增加了 19.3%、21.4%、51.1%、39.2%，W3 时分别增加 31.2%、41.6%、28%、42.8%。

对 CAT 活性而言，2020 年各土层与背景值相比总体呈增加趋势，但 2021 年与背景值相比均明显减小。2021 年 W1 水位时 0～20cm、20～40cm、40～60cm、60～80cm 平均减小了 39.2%、36.5%、45.1%、39.9%，W2 时分别减小了 40.8%、38.7%、43.1%、43%，W3 时分别减小 39.7%、37.7%、40.9%、39.9%；2020 年与背景值相比，平均增加幅度较小，以 W2 为例，各土层 CAT 活性平均增加了 12.4%、25.1%、21.5%、16.8%。同一水位不同水源条件下，R1 时 2021 年各土层 CAT 活性与背景值相比平均减小了 44%、38.3%、47.34%、41.9%，R2 时分别减小了 32.9%、41.6%、48%、45.8%、R3 时分别减小了 37.1%、35.6%、40%、41.1%，R4 时分别减小了 45.7%、35.1%、37.1%、34.8%。

各年际 AMS 活性与背景值相比总体呈逐年增加趋势，2021 年 R1 水源灌溉下 0～20cm、20～40cm、40～60cm、60～80cm 分别增加了 13.1%、28.4%、31.5%、1.3%，R2 水源灌溉下各土层 AMS 活性分别增加了 17.7%、17.5%、24.7%、18.9%，R3 水源灌溉下分别增加了 8.9%、16.2%、14%、22.5%，R4 水源灌溉下分别增加了 2.5%、25%、17.8%、31%。同一水源灌溉下，2021 年 W1 水位调控处理时各土层 AMS 活性与背景值相比分别增加了 7.2%、28.3%、23.6%、18.4%，W2 时分别增加了 11.8%、17.7%、22.4%、13.3%，W3 时分别增加了 12.7%、19.3%、19.9%、23.5%。2020 年 W1 水位调控处理各土层 AMS 活性与背景值相比分别增加了 9.4%、12.4%、17%、4.2%，W2 时分别增加了 0.7%、18.6%、29.3%、10.5%，W3 时分别增加了 13.3%、2.7%、16.5%、11%，而不同水源条件下 2020 年各土层 AMS 活性有增有减，总体呈增加趋势。

2021 年各处理土壤中 UR 活性与背景值相比均有所增加，其中 W1 水位调控下 0～20cm、20～40cm、40～60cm、60～80cm 土层内 UR 活性分别增加了 30.8%、46.1%、37.4%、41.4%，W2 和 W3 时分别增加了 34%、36.6%、22.5%、45.1% 和 8.9%、27.2%、17.7%、28.6%。2020 年三种水位调控下则分别增加了 18%、26.7%、27.6%、5.4%，−5.3%、20.3%、8.4%、8.1% 和 4%、9.9%、9.6%、23%。2020 年 R1、R2、R4 水源灌溉下各土层 UR 活性分别增加了 18%、33.3%、−13.2%、6.6%，9.5%、39.3%、5.6%、12.7% 和 −14.3%、−15.7%、53.1%、177.1%，而 2021 年 4 种水源灌溉下 UR 活性分别增加了 42.5%、52.5%、−8.1%、13%，27.1%、52%、31.3%、37.7%，5.5%、42.2%、46.7%、49.2% 和 −3.9%、5.4%、54.3%、64.4%。可见不同水位调控下各年灌溉后各土层 UR 活性增加较为明显，处理间差异性更为显著，而不同水源灌溉对 UR 活性大小的影响有增有减，但总体呈增加趋势。

表 9-1 为不同灌溉水源和水位条件对水稻生育期始末酶活性影响。由表 9-1 可知，水源和水位条件对 0～20cm、20～40cm、40～60cm、60～80cm 土层土壤蔗糖酶和淀粉酶

表 9-1　生育期始末土壤酶活性双因素方差分析

起始	土层深度	蔗糖酶		过氧化氢酶		淀粉酶		脲酶	
		水位	水源	水位	水源	水位	水源	水位	水源
背景值	0～20cm	NS (P=0.511)	NS (P=0.357)	NS (P=0.597)	* (P=0.025)	NS (P=0.923)	NS (P=0.140)	NS (P=0.378)	NS (P=0.347)
	20～40cm	NS (P=0.878)	NS (P=0.716)	NS (P=0.605)	NS (P=0.444)	NS (P=0.703)	NS (P=0.705)	NS (P=0.303)	NS (P=0.101)
	40～60cm	NS (P=0.245)	NS (P=0.102)	NS (P=0.551)	* (P=0.036)	NS (P=0.936)	NS (P=0.781)	NS (P=0.722)	NS (P=0.163)
	60～80cm	NS (P=0.506)	NS (P=0.086)	NS (P=0.348)	* (P=0.021)	NS (P=0.537)	NS (P=0.217)	NS (P=0.894)	NS (P=0.275)
2020年	0～20cm	NS (P=0.660)	NS (P=0.344)	NS (P=0.307)	NS (P=0.878)	NS (P=0.717)	NS (P=0.399)	* (P=0.017)	NS (P=0.223)
	20～40cm	NS (P=0.202)	NS (P=0.300)	NS (P=0.123)	NS P=0.596)	NS (P=0.921)	NS (P=0.976)	NS (P=0.658)	NS (P=0.240)
	40～60cm	NS (P=0.632)	NS (P=0.239)	NS (P=0.919)	NS (P=0.946)	NS (P=0.399)	NS (P=0.436)	NS (P=0.098)	NS (P=0.064)
	60～80cm	NS (P=0.717)	NS (P=0.496)	NS (P=0.406)	NS (P=0.105)	NS (P=0.625)	NS (P=0.782)	NS (P=0.157)	NS (P=0.184)
2021年	0～20cm	NS (P=0.905)	NS (P=0.244)	NS (P=0.391)	NS (P=0.417)	NS (P=0.610)	NS (P=0.846)	NS (P=0.759)	NS (P=0.213)
	20～40cm	NS (P=0.244)	NS (P=0.699)	NS (P=0.523)	NS (P=0.402)	NS (P=0.420)	NS (P=0.580)	NS (P=0.316)	NS (P=0.553)
	40～60cm	NS (P=0.886)	NS (P=0.485)	NS (P=0.826)	NS (P=0.765)	NS (P=0.689)	NS (P=0.845)	NS (P=0.305)	NS (P=0.245)
	60～80cm	NS (P=0.808)	NS (P=0.008)	NS (P=0.566)	NS (P=0.361)	NS (P=0.295)	NS (P=0.209)	NS (P=0.469)	NS (P=0.968)

注　*代表在0.05水平上相关，NS代表无显著性差异。

活性影响均不显著（$P>0.05$）；水源条件下背景值对水稻收获后0～20cm、40～60cm、60～80cm土层土壤中过氧化氢酶活性有显著性影响（$P<0.05$），对水位条件影响不显著（$P>0.05$）；不同水源对水稻收获后各个土层土壤脲酶活性无显著影响（$P>0.05$），水位条件仅对水稻种植前0～20cm土层土壤脲酶活性有显著影响（$P<0.05$）。

9.2.3 稻田酶活性与土壤环境质量关系分析

本节对稻田根区土壤参与N、P循环转化的酶活性与土壤质量环境的关系进行分析（见表9-2）。R1水源灌溉，对于INV，在0～20cm土层，与pH、EC、NO_3^--N呈正相关关系，与WSS、TP呈负相关关系；在20～40cm土层，与EC、OM呈正相关关系，与WSS呈负相关关系。对于CAT，仅在0～20cm土层，与EC呈负相关关系。对于AMS，在0～20cm土层，与EC、OM、TN、TP、NH_4^+-N呈正相关关系，与pH呈显著负相关关系（$P<0.05$）；20～40cm土层，与EC相关性加强，呈显著正相关关系，与WSS呈极显著负相关关系（$P<0.01$）。对于UR，在0～20cm土层，与EC、WSS、TN、TP、NH_4^+-N呈正相关关系；20～40cm土层，与EC相关性加强，呈显著正相关关系，与WSS呈现极显著负相关关系。此外，在20～40cm土层，AMS、INV、UR呈现极显著正相关关系，表明AMS、INV、UR具有相同的来源，他们对土壤环境质量的响应具有一致性，酶活性在促进土壤有机质转化和能量交换的过程中，不仅显示其专有性，同时还存在共性关系，共性关系的酶在总体上和一定程度上反映土壤肥力水平，极显著的共性关系说明再生水灌溉未对土壤肥力产生消极影响。

R2水源灌溉，对于INV，在0～20cm土层，与EC、WSS呈正相关关系，与pH、NH_4^+-N、NO_3^--N呈负相关关系；在20～40cm土层，与pH呈正相关关系，与TN呈负相关关系。对于CAT，在0～20cm土层，与EC、WSS呈负相关关系；在20～40cm土层，与EC、TN呈正相关关系，与pH呈负相关关系。对于AMS，在0～20cm土层，与EC呈正相关关系，与TN、NH_4^+-N、NO_3^--N呈负相关关系；20～40cm土层，与OM呈正相关关系，与WSS相关性加强，呈极显著正相关关系，与TN、NO_3^--N呈负相关关系。对于UR，0～20cm土层，仅与EC呈正相关关系；20～40cm土层，与EC、WSS呈正相关关系，与NO_3^--N呈显著负相关关系。此外，R2水源灌溉下UR、INV、AMS呈现显著正相关关系，与R1水源灌溉一致，存在共性关系。

R3水源灌溉，对于INV，在0～20cm土层，与pH、WSS呈正相关关系，与EC呈显著正相关关系，与TN、NH_4^+-N呈负相关关系，与OM呈显著负相关关系；在20～40cm土层，与WSS相关性增强，呈显著正相关关系，与OM、NH_4^+-N、NO_3^--N呈负相关关系，与TN呈极显著负相关关系。对于CAT，在0～20cm土层，与EC、WSS呈正相关关系，与OM、TP呈负相关关系，与TN、NH_4^+-N、NO_3^--N呈显著负相关关系；在20～40cm土层，与EC、OM、NO_3^--N呈正相关关系，与TN呈极显著正相关关系，与WSS呈负相关关系。对于AMS，在0～20cm土层，与WSS呈负相关关系，与EC呈显著负相关关系；20～40cm土层，与WSS呈显著正相关关系，与EC、OM、NH_4^+-N、NO_3^--N呈负相关关系，与TN呈显著负相关关系。对于UR，0～20cm土层，与EC、pH呈正相关关系，与NH_4^+-N、NO_3^--N呈负相关关系，与OM、TN呈显著负相关关系；

表 9-2　　土壤酶活性与土壤环境质量相关系数

水源	酶活性	土层	pH	EC	OM	WSS	TN	TP	NH_4^+-N	NO_3^--N	INV	CAT	AMS	UR
R1	INV	0～20	0.408	0.378	0.034	−0.567	−0.035	−0.534	−0.170	0.526	/	−0.652*	0.209	0.264
		20～40	−0.270	0.409	0.364	−0.485	0.248	−0.024	0.173	0.063	/	−0.846**	0.827**	0.629*
	CAT	0～20	−0.200	−0.489	−0.244	0.029	−0.181	0.062	−0.145	−0.221	−0.652*	/	0.046	−0.442
		20～40	−0.011	−0.071	−0.098	0.067	0.016	0.152	0.061	−0.075	−0.846**	/	−0.488	−0.409
	AMS	0～20	−0.597*	0.539	0.394	0.298	0.424	0.341	0.425	−0.251	0.209	0.046	/	0.228
		20～40	−0.212	0.600*	0.258	−0.761*	0.119	−0.457	0.082	0.237	0.827**	−0.488	/	0.804**
	UR	0～20	−0.208	0.464	−0.066	0.485	0.470	0.316	0.326	−0.103	0.264	−0.442	0.228	/
		20～40	0.052	0.620*	0.181	−0.725**	0.056	−0.520	0.133	0.056	0.629*	−0.409	0.804*	/
R2	INV	0～20	−0.451	0.438	−0.051	0.377	0.037	0.169	−0.451	−0.304	/	−0.362	0.254	−0.036
		20～40	0.316	−0.178	−0.098	0.257	−0.460	0.210	0.149	−0.106	/	−0.513	0.683	0.731
	CAT	0～20	0.180	−0.425	−0.127	−0.308	0.033	0.163	0.077	0.079	−0.362	/	−0.337	−0.438
		20～40	−0.396	0.335	−0.008	−0.049	0.377	0.007	0.191	0.115	−0.513	/	−0.387	−0.284
	AMS	0～20	0.118	0.524	−0.169	0.131	−0.317	0.281	−0.561	−0.336	0.254	−0.337	/	0.749*
		20～40	−0.129	0.241	0.484	0.776**	−0.344	0.091	0.281	−0.352	0.683*	−0.387	/	0.789**
	UR	0～20	0.078	0.459	−0.304	−0.131	−0.019	−0.105	−0.212	0.110	−0.036	−0.438	0.749*	/
		20～40	−0.223	0.322	0.052	0.433	−0.018	−0.197	−0.190	−0.630*	0.731*	−0.284	0.789**	/

续表

水源	酶活性	土层	pH	EC	OM	WSS	TN	TP	NH_4^+ - N	NO_3^- - N	INV	CAT	AMS	UR
R3	INV	0～20	0.506	0.867*	−0.792*	0.701	−0.617	−0.132	−0.757	−0.185	/	0.582	−0.780*	0.541
		20～40	−0.017	−0.261	−0.715	0.749*	−0.984**	0.014	−0.613	−0.629	/	−0.925**	0.768*	0.804*
	CAT	0～20	0.030	0.301	−0.614	0.657	−0.885*	−0.679	−0.783*	−0.774*	0.582	/	−0.337	0.387
		20～40	−0.228	0.375	0.490	−0.594	0.951**	0.172	0.282	0.490	−0.925**	/	−0.714	−0.759*
	AMS	0～20	−0.273	−0.809*	0.267	−0.378	0.180	0.125	0.275	−0.284	−0.780*	−0.337	/	0.028
		20～40	0.021	−0.426	−0.514	0.786*	−0.747 *	−0.173	−0.613	−0.388	0.768*	−0.714	/	0.420
	UR	0～20	0.653	0.328	−0.800*	0.293	−0.759*	0.244	−0.633	−0.487	0.541	0.387	0.028	/
		20～40	0.385	0.304	−0.828*	0.383	−0.835*	0.447	−0.356	−0.732*	0.804*	−0.759*	0.420	/
R4	INV	0～20	0.577	0.132	−0.463	−0.558	−0.551	−0.436	−0.052	0.087	/	−0.796**	0.352	0.630*
		20～40	−0.077	−0.163	−0.474	−0.060	−0.143	0.149	0.248	−0.073	/	−0.689*	0.528	0.504
	CAT	0～20	−0.612*	−0.511	0.689*	0.228	0.710*	−0.028	0.241	−0.222	−0.796**	/	−0.413	−0.296
		20～40	0.161	0.110	0.346	0.206	0.076	−0.029	−0.546	0.214	−0.689*	/	−0.255	−0.279
	AMS	0～20	0.329	0.118	0.062	−0.281	0.101	−0.020	0.178	0.444	0.352	−0.413	/	0.345
		20～40	0.538	−0.362	−0.869**	0.329	−0.679*	−0.100	0.505	−0.392	0.528	−0.255	/	0.365
	UR	0～20	−0.032	0.382	0.158	−0.591*	−0.306	−0.191	0.307	0.306	0.630*	−0.296	0.345	/
		20～40	0.196	−0.235	−0.036	−0.190	−0.032	−0.177	0.287	0.226	0.504	−0.270	0.365	/

注 INV、CAT、AMS和UR分别代表蔗糖酶、过氧化氢酶、淀粉酶和脲酶；** 代表在0.01水平上显著相关，* 代表在0.05水平上显著相关。

20～40cm 土层，与 pH、EC、WSS、TP 呈正相关关系，与 NH_4^+ -N 呈负相关关系，与 OM、TN、NO_3^- -N 呈显著负相关关系。此外，R3 水源灌溉下 UR、INV、AMS 呈现显著正相关关系，与 R1、R2 水源灌溉一致，存在共性关系。

R4 水源灌溉，对于 INV，在 0～20cm 土层，与 pH 呈正相关关系，与 EC 呈显著正相关关系，与 OM、WSS、TN、TP 呈负相关关系；在 20～40cm 土层，仅与 OM 呈负相关关系。对于 CAT，在 0～20cm 土层，与 OM、TN 呈显著正相关关系，与 EC 呈负相关关系，与 pH 呈显著负相关关系；在 20～40cm 土层，与 OM 相关性减弱，呈正相关关系，与 NH_4^+ -N 呈负相关关系。对于 AMS，在 0～20cm 土层，与 pH、NO_3^- -N 呈正相关关系；20～40cm 土层，与 pH、WSS、NH_4^+ -N 呈正相关关系，与 EC、NO_3^- -N 呈负相关关系，与 TN 呈显著负相关关系，与 OM 呈极显著负相关关系。对于 UR，0～20cm 土层，与 EC、NH_4^+ -N、NO_3^- -N 呈正相关关系，与 TN 呈负相关关系，与 WSS 呈显著负相关关系；20～40cm 土层，酶活性与土壤环境质量均呈弱相关关系。此外，与再生水灌溉不同，R4 水源灌溉下 UR、INV、AMS 不存在共性关系。

综上，酶活性与土壤环境质量相关表现为 R3>R4>R2>R1，即生态塘水、河道水灌溉稻田酶活性与土壤环境质量相关性优于再生水灌溉；存在不同土层酶活性与土壤环境质量相关性相反情况，主要与生育期内稻田氮素、有机质等运移和转化有关；R1、R2、R3 水源灌溉 UR、INV、AMS 存在共性关系，对灌溉施肥管理响应一致。

9.3　物种多样性与丰度变化

9.3.1　物种多样性

为了研究三种不同的灌溉水源 R1（一级处理农村生活污水）、R2（二级处理农村生活污水）、CK（河道水）和三种水位调控（W1、W2、W3）处理下土壤样品的物种组成多样性，使用 uparse 软件对所有样品的 Effective Tags 进行聚类，以 97%的一致性（Identity）将序列聚类成为 OTUs（Operational Taxonomic Units），然后对 OTUs 的代表序列进行物种注释，对各土壤样品的 OTU 聚类和注释结果进行了综合统计，结果见表 9-3。

表 9-3　OTUs 数目及各分类水平的 Tags 数目分布统计表

土壤样品	Total tags	OTUs	界(k)	门(p)	纲(c)	目(o)	科(f)	属(g)	种(s)
W1R1_0_20cm	38762	1984	25953	25802	25682	24710	22110	18380	12590
W2R1_0_20cm	43172	2354	24672	24663	24369	22350	14668	9625	1185
W3R1_0_20cm	45134	2389	32359	32320	31922	30285	27833	23069	15374
W1R2_0_20cm	42024	2484	37031	37020	36488	34859	31726	28053	16455
W2R2_0_20cm	43095	2681	28480	28447	27749	25438	21316	15704	9234
W3R2_0_20cm	45679	2182	30943	30907	30648	29384	22819	16696	5050
W1CK_0_20cm	43457	1255	31268	31266	31165	30097	24290	21443	12445
W2CK_0_20cm	44729	1705	30873	30835	30727	30074	25068	20550	5962
W3CK_0_20cm	39990	1902	27263	27159	27033	26434	22690	19275	10960

续表

土壤样品	Total tags	OTUs	界(k)	门(p)	纲(c)	目(o)	科(f)	属(g)	种(s)
W1R1_20_40cm	42774	1775	28446	28445	27990	25395	15142	10391	3055
W2R1_20_40cm	50321	1784	42797	42797	40533	36519	17569	11340	1017
W3R1_20_40cm	45546	2652	27297	27253	26419	22618	17030	10118	1284
W1R2_20_40cm	44407	3076	30206	30175	29390	26012	20319	13102	3813
W2R2_20_40cm	40950	2302	28954	28948	28306	25854	22129	17658	10306
W3R2_20_40cm	42654	2075	33704	33698	32867	29250	19234	13159	2502
W1CK_20_40cm	43052	2429	33563	33544	33069	29539	24952	18603	9743
W2CK_20_40cm	44253	2407	31047	31026	30616	27491	23117	17226	8859
W3CK_20_40cm	43885	1978	30811	30806	30469	28099	19709	14496	5602

由表 9-3 可知，R1 水源灌溉下，0～20cm 和 20～40cm 土层内随着控制水位的升高，OTUs 数目均增多；R2 水源灌溉下，0～20cm 土层内 W2 水位调控下 OTUs 数目最多，而 20～40cm 土层内随着控制水位的升高，OTUs 数目逐渐减少；CK 水源灌溉后，0～20cm 和 20～40cm 土层内 OTUs 数目变化与控制水位的关系呈相反的趋势，即 0～20cm 土层内 OTUs 数目随水位升高而增多，20～40cm 土层内 OTUs 数目随水位升高则下降。因此 R2 水源灌溉条件下，OTUs 数目最多，0～20cm 土层内 CK 水源灌溉下 OUTs 数目最少，20～40cm 土层内 R1 水源灌溉下 OUTs 数目最少，可见农村生活再生水灌溉能显著增加表层（0～20cm）土壤中微生物多样性。

9.3.2 物种丰度

土壤样品在各分类水平上的序列数目见图 9-3。根据物种注释结果，统计每个样品在各分类水平（Phylum、Class、Order、Family、Genus）上的均一化之前的绝对丰度、均一化之后的绝对丰度、均一化之后的相对丰度。选取每个样品在各分类水平（Phylum、Class、Order、Family、Genus）上最大丰度排名前 10 的物种，生成物种相对丰度柱形累加图，以便直观查看各样品在不同分类水平上，相对丰度较高的物种及其比例，以门水平物种相对丰度柱形图为例展示（见图 9-4）。对 0～20cm 土层而言，微生物菌群占比最多的为变形菌门（Proteobacteria），其中 R1、R2 水源灌溉条件下 0～20cm 土壤中 Proteobacteria 平均相对丰度分别为 35.6%和 30.5%，其次分别为酸杆菌门（Acidobacteria）（13.8%）和厚壁菌门（Firmicutes）（23.5%）；而 CK 水源灌溉条件下 0～20cm 土层中 Acidobacteria 相对丰度（21.9%）低于 Proteobacteria（23.4%）和 Firmicutes（28.9%），说明 R1、R2 水源灌溉条件能显著提高表层土壤中 Proteobacteria 和 Acidobacteria 相对丰度，降低 Firmicutes 丰度。而 20～40cm 土壤中 Proteobacteria 相对丰度最高，其余微生物菌群相对较少，R1 水源灌溉条件下，Proteobacteria 和 Acidobacteria 相对丰度较高，分别为 26.1%和 18.4%，绿弯菌门（Chloroflexi）相对丰度为 16.4%；R2 水源灌溉条件下，Proteobacteria 和 Chloroflexi 相对丰度较高，分别为 31.6%和 16.5%，Acidobacteria 相对丰度为 10.3%；CK 水源灌溉条件下，Proteobacteria 和 Actinobacteria 相对丰度较高，分别为 24%和 17.3%，Chloroflexi 相对丰度为 15.5%，因此二级农村生活再生水（R2）灌溉能显著提高 20～40cm 土壤中 Chloroflexi 相对丰度，降低 Acidobacteria 相对丰度。

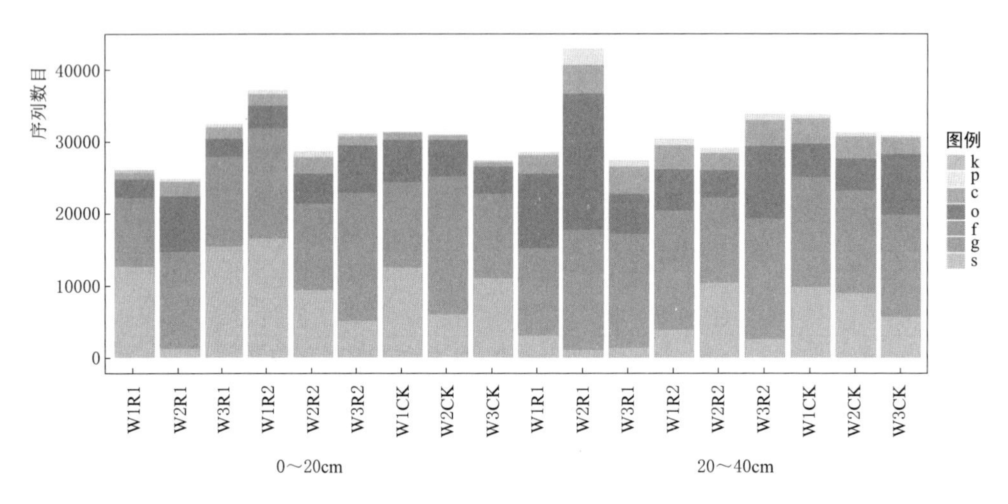

图 9-3　土壤样品在各分类水平上的序列数目（参见文后彩图）

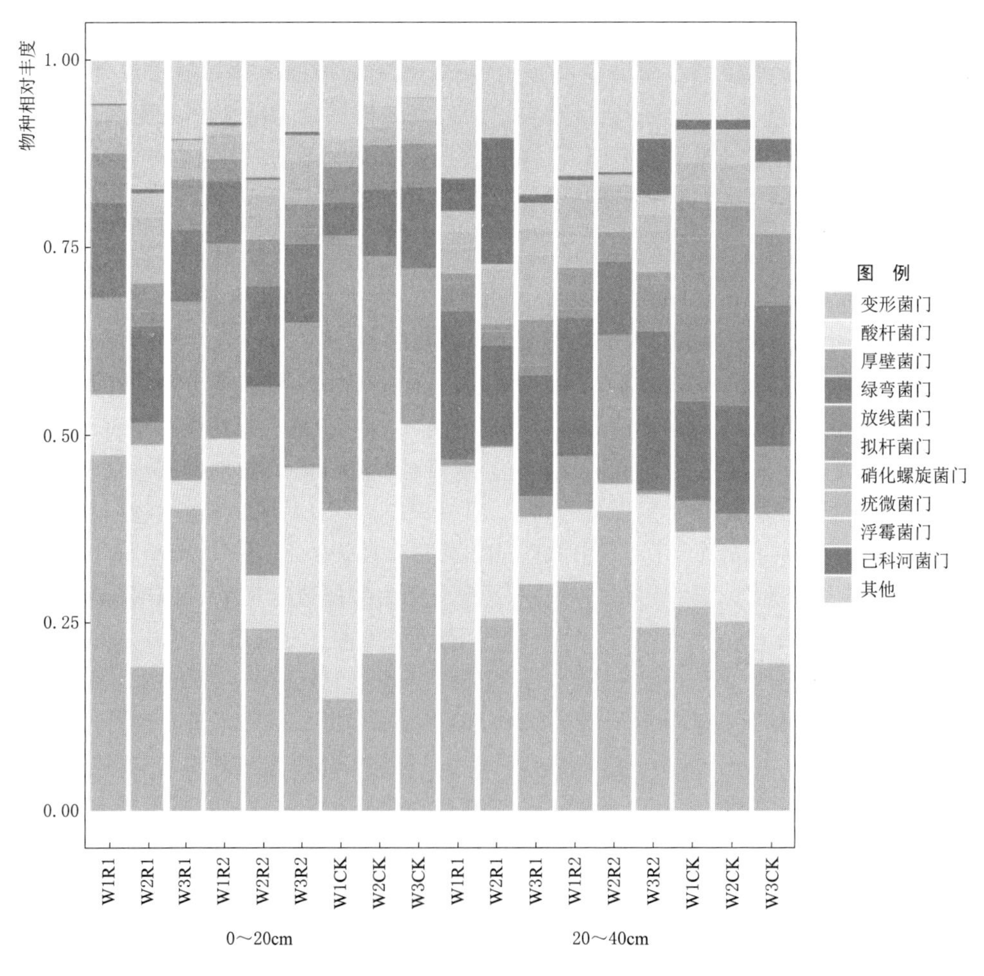

图 9-4　门水平上的物种相对丰度柱形图（参见文后彩图）

9.4　对土壤微生物多样性的影响

9.4.1　对土壤微生物 Alpha 多样性的影响

Alpha 多样性用于分析样品内的微生物群落多样性，通过单样本的多样性分析（Alpha 多样性）可以反映样品内的微生物群落的丰富度和多样性，包括用物种累积曲线、物种多样性曲线和一系列统计学分析指数来评估各样品中微生物群落的物种丰富度和多样性的差异。

通过四大多样性指数（Shannon，Simpson，Ace，Chao1），分析各处理间是否有多样性差，结果见表 9-4。Shannon 指数能反映群落多样性，其指数值越大说明群落多样性越高，0～20cm 土壤内 R1、R2、CK 水源灌溉下 Shannon 指数分别为 7.8、7.73、7.01，20～40cm 土壤内则分别为 8.81、8.75、8.44，因此农村生活再生水灌溉处理组中土壤的生物多样性更高，且一级农村生活再生水（R1）灌溉下生物多样性最高。Chao1 指数反映群落丰富度（Community richness），指数越大群落丰富度越高，0～20cm 土壤内 R1、R2、CK 水源灌溉下 Chao1 指数分别为 2940.1、3042.25、2139.14，20～40cm 土壤内则分别为 2492.37、2969.56、2707.93，因此二级农村生活再生水（R2）灌溉处理组中土壤的生物群落最丰富，且表层（0～20cm）土壤中 CK 水源灌溉下生物菌群最不丰富，20～40cm 土壤内一级农村生活再生水（R1）灌溉下生物菌群最不丰富。

表 9-4　Alpha 多样性指数统计结果表

土壤样品	Shannon	Simpson	Ace	Chao1
W1R1_0_20cm	7.37	0.96	2643.43	2701.05
W2R1_0_20cm	9.13	0.10	3058.09	3099.12
W3R1_0_20cm	6.91	0.92	3050.47	3020.14
W1R2_0_20cm	6.13	0.90	3180.98	3124.18
W2R2_0_20cm	8.77	0.99	3359.46	3344.51
W3R2_0_20cm	8.31	0.98	2657.35	2658.06
W1CK_0_20cm	6.10	0.89	1659.06	1716.71
W2CK_0_20cm	7.57	0.97	2214.51	2202.57
W3CK_0_20cm	7.36	0.96	2528.09	2498.14
W1R1_20_40cm	8.61	0.99	2201.58	2218.35
W2R1_20_40cm	8.25	0.99	2062.03	2009.17
W3R1_20_40cm	9.57	1.00	3239.16	3249.59
W1R2_20_40cm	9.61	0.99	3764.53	3707.51
W2R2_20_40cm	7.59	0.96	2913.25	2880.79

续表

土壤样品	Shannon	Simpson	Ace	Chao1
W3R2_20_40cm	9.07	1.00	2304.31	2320.38
W1CK_20_40cm	8.50	0.97	2770.90	2756.36
W2CK_20_40cm	8.46	0.97	2930.00	2883.92
W3CK_20_40cm	8.34	0.99	2477.25	2483.52

在 Alpha 多样性指数组间差异分析中，箱形图可以直观地反应组内物种多样性的中位数、离散程度、最大值、最小值、异常值。同时，通过 Wilcox 秩和检验和 Tukey 检验（只有 2 个分组时进行 Tukey 检验和 Wilcox 秩和检验，分组大于 2 时进行 Tukey 检验和 Wilcox 秩和检验）分析组间物种多样性差异是否显著。其组间差异分析结果如图 9-5 所示。0～20cm 土壤中 Chao1 指数差异性结果表现为 R1 和 R2 与 CK 水源灌溉间均呈显著性差异（$P<0.05$），R1 与 R2 间无显著性差异（$P>0.05$）；20～40cm 各处理土壤中 Chao1 指数均无显著性差异（$P>0.05$）。Shannon 多样性指数在 20～40cm 土壤内 R1 与 CK 水源灌溉间差异显著（$P<0.05$），其余各处理和 0～20cm 土层内各处理间差异均不显著（$P>0.05$）。

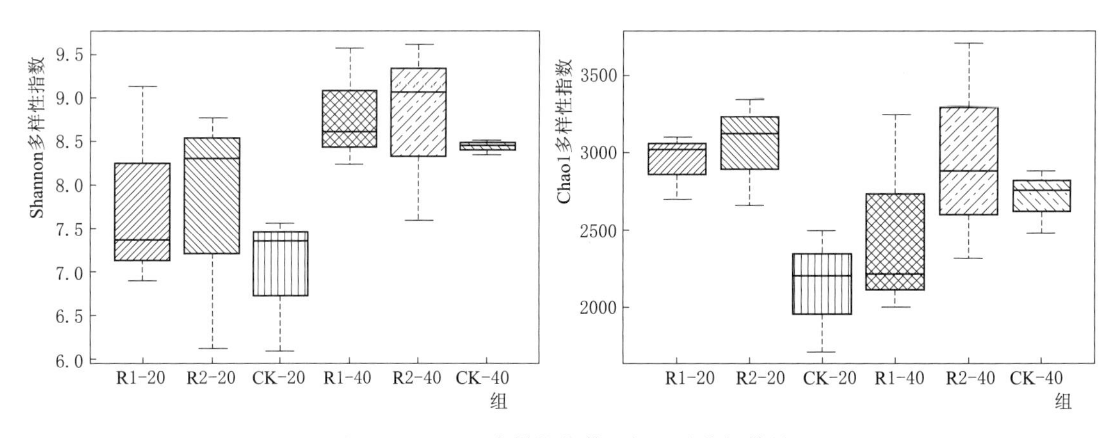

图 9-5　Alpha 多样性指数组间差异分析结果

9.4.2　对土壤微生物 Beta 多样性的影响

Beta 多样性是对不同样品的微生物群落构成进行比较分析，Beta 多样性研究中，选用 Weighted Unifrac 距离和 Unweighted Unifrac 两个指标来衡量两个样品间的相异系数，其值越小，表示这两个样品在物种多样性方面存在的差异越小。通过多变量统计学方法主成分分析（Principal Component Analysis，PCA）的方法，从中发现不同样品（组）间的差异，结果如图 9-6 所示。样本相似度越高，在图像中表现越聚集。横坐标表示第一主成分 PC1（18.91%），纵坐标表示第二主成分 PC2（12.37%），两个主成分累积贡献率为 31.28%。R1 水源灌溉条件下，三种水位调控下 0～20cm 和 20～40cm 土壤微生物多样性差异较大。R2 水源灌溉条件下，W1 和 W2 水位调控下 0～20cm 和 20～40cm 土壤微生物

多样性差异均较小，与 W3 差异均较大。CK 水源灌溉条件下，0～20cm 土层内三种水位调控下土壤微生物多样性差异较小，而 20～40cm 土层内 W1 和 W2 水位调控下差异较小，与 W3 差异较大。可见同一水源条件下中低水位调控对土壤微生物 Beta 多样性变化影响较小，较高的农田水位增加了微生物多样性的差异。

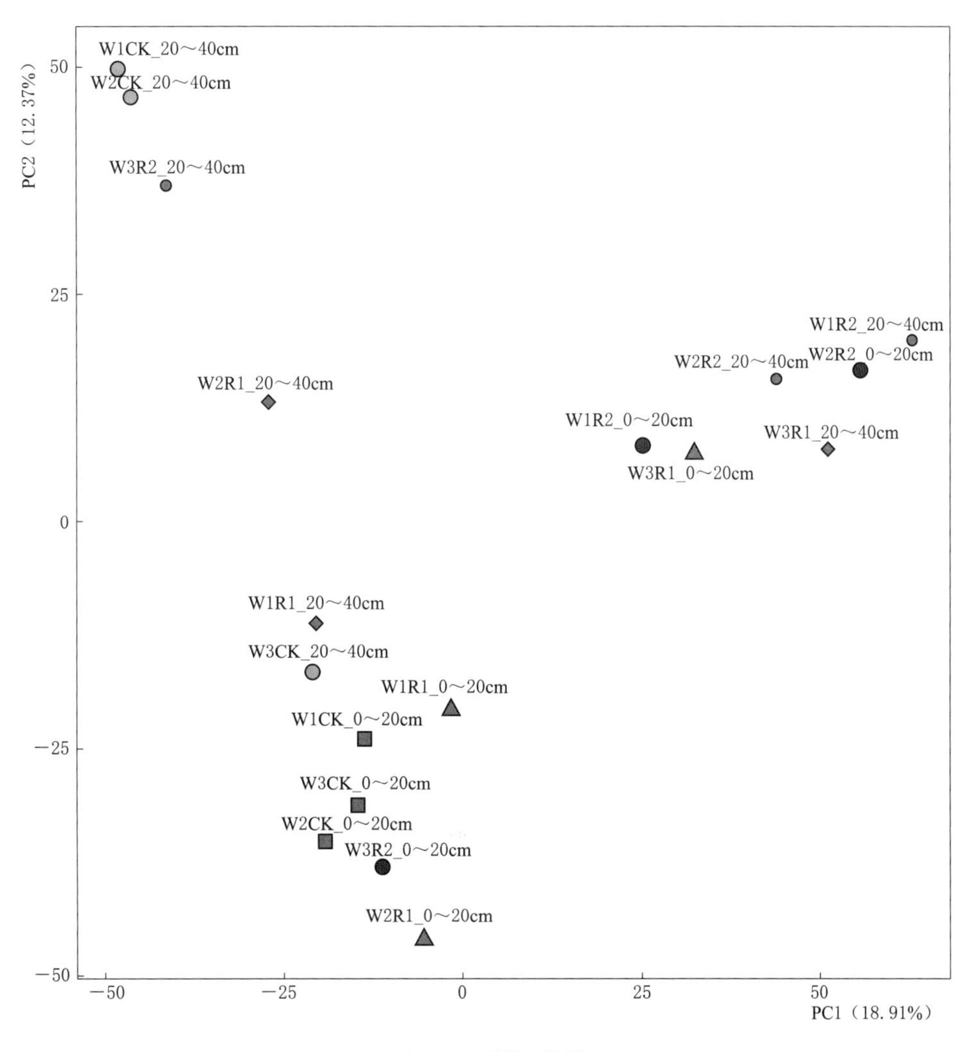

图 9-6　PCA 分析

9.4.3　T-test 组间物种差异分析

为了寻找各分类水平（门 Phylum、纲 Class、目 Order、科 Family、属 Genus、种 Species）下，组间的差异物种，做组间的 Tukey 检验，找出差异显著（$P\leqslant0.05$）的物种。取门水平下 T-test 组间物种进行差异分析，结果如图 9-7 所示。可见在 0～20cm 土层内，R2 与 CK 水源灌溉下差异显著的物种丰度高于 R1 与 CK 水源灌溉，且物种间差异较大。0～20cm 土层内，R2 与 CK 水源灌溉下差异显著的物种丰度高于 R1 与 R2 水源灌溉，且表层 0～20cm 土壤内物种丰度显著大于 20～40cm 土壤内物种丰度。

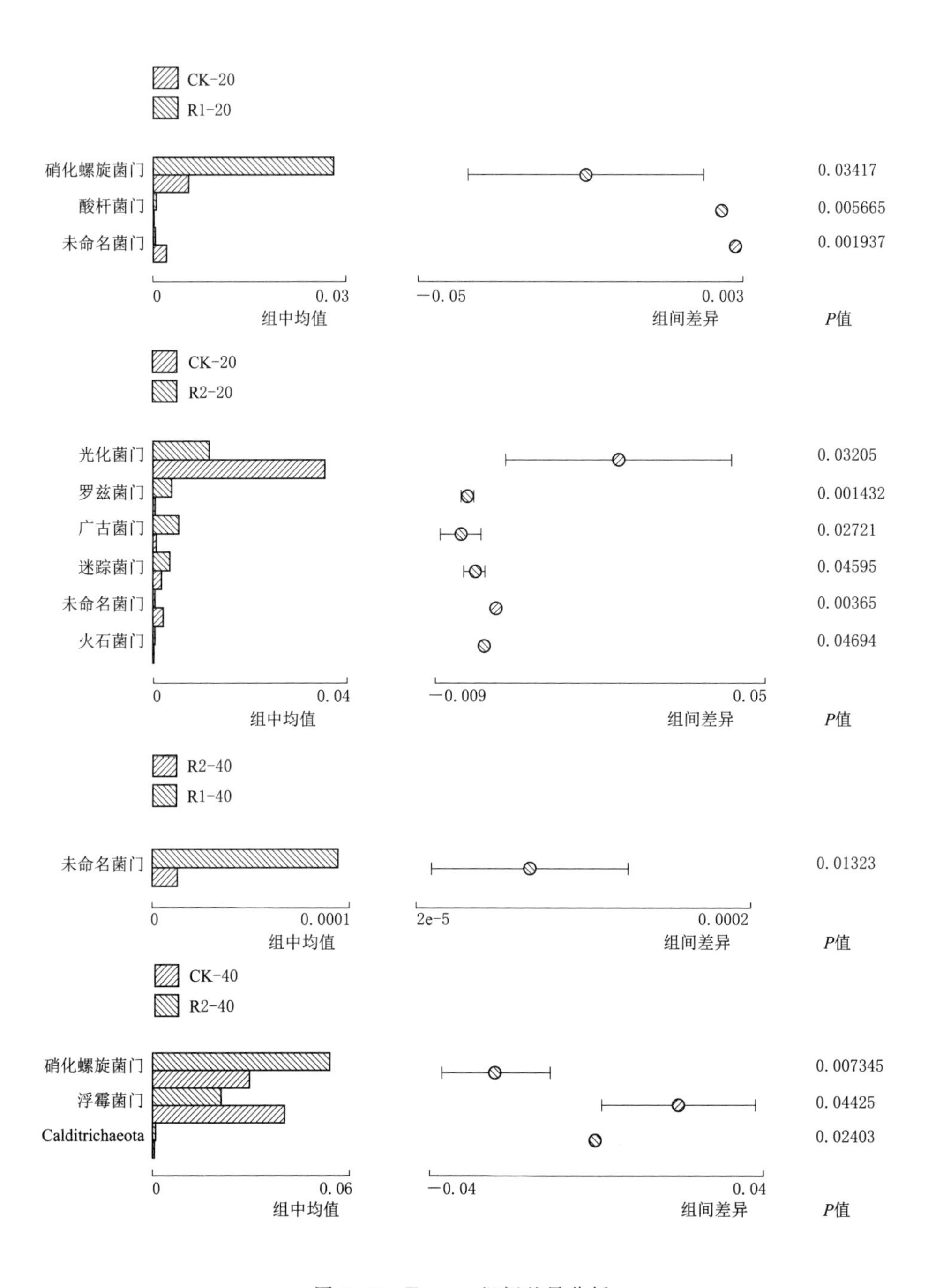

图 9-7　T-test 组间差异分析

说明：1. 左图为组间差异物种丰度展示，图中每个条形分别表示在分组间丰度差异显著的物种在每个组中的均值。右图为组间差异置信度展示，图中每个圈的最左端点表示均值差的 95%置信区间下限，圆圈的最右端点表示均值差 95%置信区间上限。圆圈的圆心代表的是均值的差。圆圈颜色所代表的组为均值高的组。展示结果的最右端是对应差异物种的组间显著性检验 P 值。

第10章　农村生活再生水灌溉安全分析与风险评价

10.1　概述

再生水灌溉引起的重金属污染是再生水回用研究和应用中的热点问题，重金属污染是一个复杂的行为过程，其中包括土壤中的各种物理、化学和生物反应，以及作物的参与。农村生活污水中常见的重金属有Cu、Cr、Pb、Cd和Zn，它们的浓度通常在5μg/L以下，其中Cr和Cd的生态风险最高（李宝贵等，2021；Chen et al.，2013a）。研究发现，再生水灌溉蔬菜中检出轻中度重金属污染（Almuktar et al.，2016）。刘梦娟等（2021）发现再生水水质是影响土壤中重金属积累的重要因素，土壤和植株器官中重金属的累积很大程度上取决于灌溉水中重金属量及种类。Lyu等（2021）研究表明再生水灌溉的土壤中重金属的积累不会对土壤和作物构成直接风险。此外，Jung等（2005）通过研究再生水灌溉对稻田中总大肠菌群（TC）、粪大肠菌群（FC）和大肠杆菌浓度的变化发现，再生水灌溉后显著增加，但在24h内下降了约45%，因此考虑到健康风险，应在灌溉后一两天进行耕作和施肥等农业活动。

随着城市化进程的加快和城乡生活水平的提高，新兴污染物（PPCPs）迅速增加，被认定为对人体和环境存在潜在风险的有机污染物质。农牧业、生活和医院废水作为PPCPs的主要来源，通过污水处理排放直接或间接污染土壤，最终进入地表水体或地下水体。当前，国内外已经将新兴污染物作为预防性监测指标之一。研究发现农村生活污水中乙酰氨基酚、布洛芬、双氯芬酸等PPCPs含量较高，可达50μg/L以上，咖啡因浓度范围为0.5～200μg/L，农药和表面活性剂的浓度为20～100μg/L（Chen et al.，2013b；Roberts et al.，2016）。Mahjoub等（2022）研究发现农村生活再生水灌溉地下水中咖啡因、卡马西平、氧氟沙星和酮洛芬数值相对较高。Anastasis等（2017）研究发现再生水灌溉农作物可能导致农业环境持续暴露于抗生素、抗生素抗性细菌（ARB）和抗生素抗性基因（ARGs），被作物吸收后在作物体内积累进入食物链，进而危害公共卫生。Wu等（2021）研究发现再生水灌溉的0～120cm土壤中甲氧苄啶和磺胺甲恶唑的含量分别增加了42%和61%。使用再生水灌溉12年后，甲氧苄啶和磺胺甲恶唑均呈现下降趋势。Cui等（2022）研究发现通过对肥料中N进行调节可能降低再生水中抗性基因（ARGs）的环境风险。

不同灌溉方式及不同水质特点对重金属与PPCPs在土壤-作物系统迁移累积影响具有差异性。与普通的清水灌溉相比，再生水水质特殊，含有多种污染物质，因此再生水灌溉需要做额外处理，才能达到利用再生水进行灌溉的可接受风险。Lyu等（2021）建议采用确认污染物风险的优先级并进行综合管理，以提高用于农业灌溉的再生水的安全性。故探究再生水灌溉条件下作物的安全性，评估再生水灌溉的污染风险指标十分必要。当前，农村生活污水的资源化利用还处于比较空白的阶段，农村生活再生水灌溉水质标准缺失，生态风险评价集中在重金属指标，缺少预防性监测指标，尤其是 PPCPs 的监测评价。基于此，本章分析不同再生水水源和灌排调控下重金属在土壤、作物系统中的迁移规律，评价再生水灌溉对农田重金属的生态风险，将 PPCPs 列为重点监测指标，初步探明 PPCPs 在土壤、作物系统的分布规律，对实现再生水灌溉健康可持续发展具有重要的理论和现实意义。

10.2 稻田土壤-作物重金属分布

10.2.1 稻田重金属分布及累积

水稻生育期前后土壤各土层重金属含量变化如图 10-1 所示。总体而言，2020 年和 2021 年灌溉后土壤中镉、铅含量略有升高，铬、铜、锌含量下降，可见再生水灌溉并未引起土壤中铬、铜、锌含量的升高，这可能与本研究中的再生水主要来源于农村生活污水有关。该地区农村生活污水中铬、铜、锌含量较低。

镉含量在土壤表层中含量高于深层，这是由于镉在土壤中迁移慢，容易在土壤上层积累，该结论与前人的研究结果一致。2020 年 3 种水源灌溉下，W1 水位调控下，0～20cm、20～40cm、40～60cm、60～80cm 土层镉含量分别为背景值的 2.1 倍、2.8 倍、1.4 倍、2.6 倍，且 R1 和 R2 镉含量最大值均在 20～40cm 土层，而 R4 最大值在 0～20cm 土层；

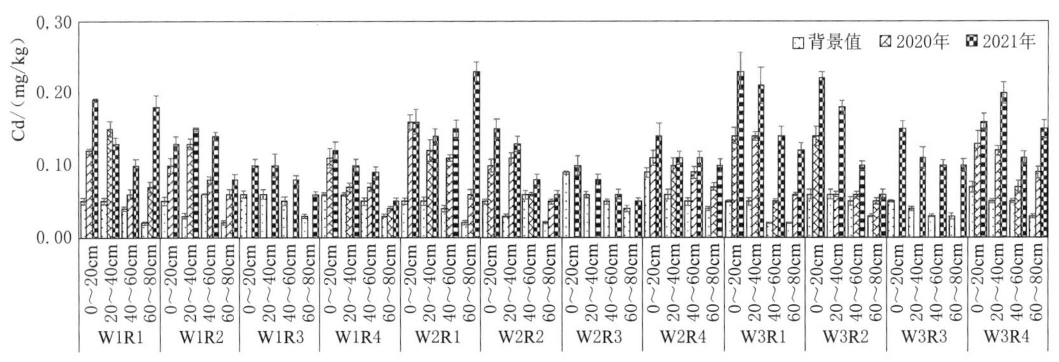

(a) 镉 (Cd) 含量变化

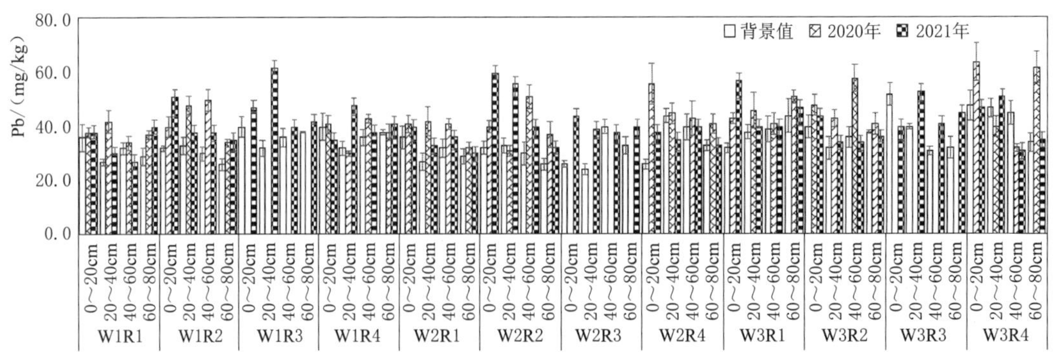

(b) 铅 (Pb) 含量变化

图 10-1（一） 水稻生育期前后土壤各土层重金属含量变化

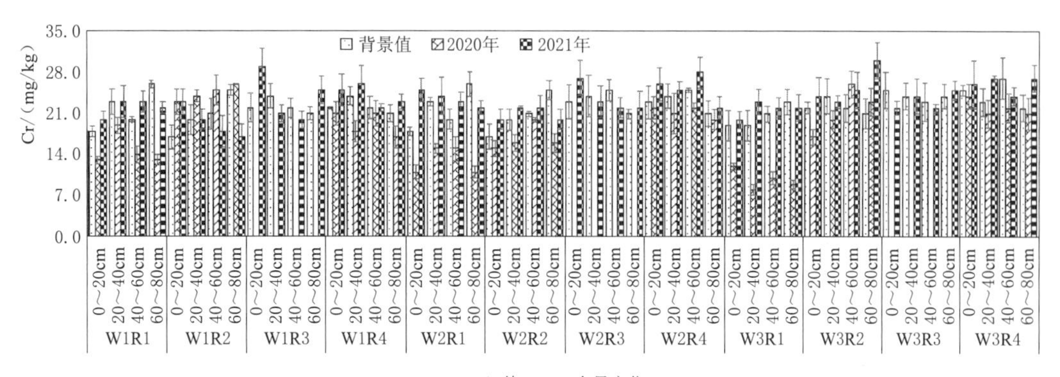

(c) 铬(Cr)含量变化

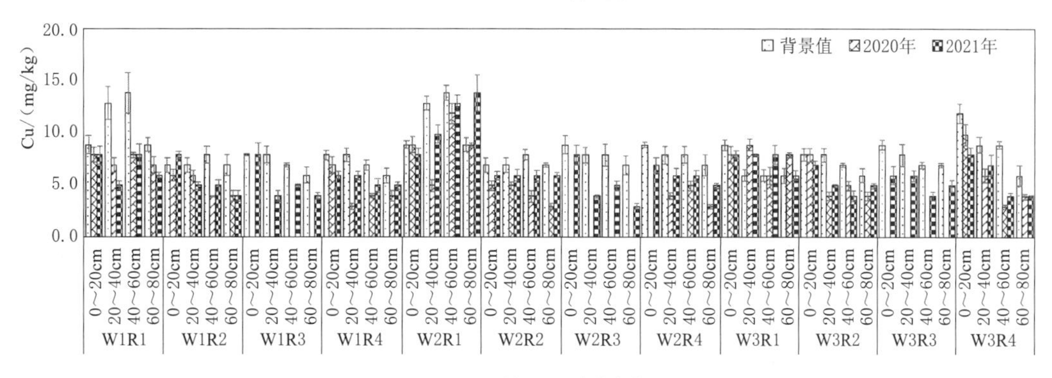

(d) 铜(Cu)含量变化

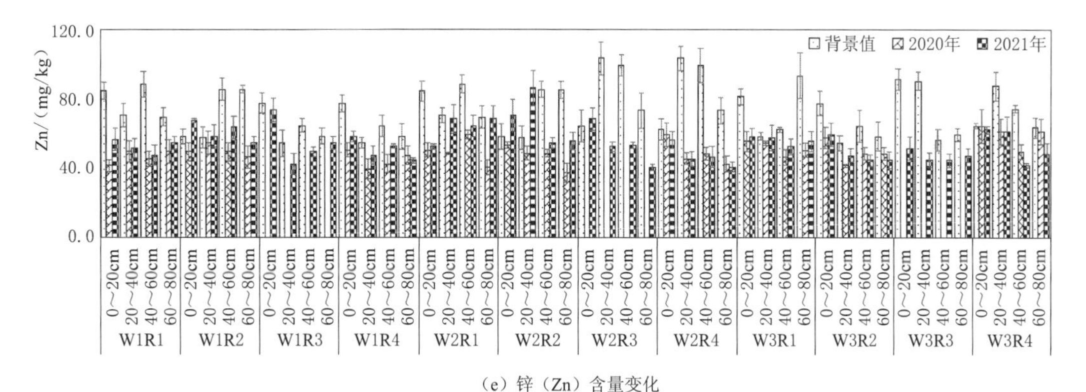

(e) 锌(Zn)含量变化

图 10-1(二) 水稻生育期前后土壤各土层重金属含量变化

2021 年 4 种水源灌溉后，该水位调控下各土层镉含量分别为背景值的 2.5 倍、2.7 倍、2.1 倍、4.2 倍。W2 水位调控下，2020 年各土层镉含量分别为背景值的 2.1 倍、2.6 倍、1.9 倍、2.4 倍，2021 年分别为背景值的 2.2 倍、2.6 倍、2.1 倍、4.6 倍。W3 水位调控下，2020 年和 2021 年各土层镉含量分别为背景值的 2.3 倍、2.1 倍、1.7 倍、2.6 倍和 3.4 倍、3.5 倍、3.6 倍、4.1 倍。因此随着水位升高和灌溉时间增加各土层镉含量差异性显著，呈明显增加趋势。对不同水源灌溉下镉含量变化而言，与背景值相比，2020 年生育期末 R1、R2 与 R4 相比均有显著升高，0～20cm 土层内 R1、R2、R4 水源灌溉后镉含量分别为灌溉前的 2.8 倍、2.1 倍、1.6 倍，20～40cm 土层分别为灌溉前的 2.7 倍、3 倍、

1.7倍，40～60cm和60～80cm分别为2.3倍、1.2倍、1.5倍和3.2倍、2.4倍、2倍。2021年R1水源灌溉下0～20cm、20～40cm、40～60cm、60～80cm土层镉含量分别为背景值的3.9倍、3.2倍、4.4倍、8.8倍，R2水源灌溉下分别为背景值的3.1倍、4.1倍、1.9倍、3倍，R3和R4水源灌溉下分别为背景值的1.9倍、1.9倍、2倍、2.2倍和1.9倍、2.5倍、2.1倍、3.1倍，2020年和2021年镉含量与背景值普遍具有显著性差异。因此R1水源灌溉下各土层镉含量增幅最大，R2其次，R3水源下增幅最小，可见一二级农村生活再生水灌溉下土壤中镉含量增加明显，生态塘水与河道水相比对镉有一定的拦截作用。

分析生育期灌溉前后土壤铅含量变化发现，2020年W1水位调控下，0～20cm、20～40cm、40～60cm、60～80cm土层铅含量分别为土壤背景值的1.1倍、1.3倍、1.3倍、1.2倍；2021年则分别为土壤背景值的1.2倍、1.4倍、1.1倍、1.2倍。W2水位调控下，2020年各土层铅含量分别为土壤背景值的1.5倍、1.2倍、1.4倍、1.3倍；2021年分别为土壤背景值的1.5倍、1.3倍、1.1倍、1.1倍。W3水位调控下，2020年各土层铅含量分别为土壤背景值的1.3倍、1.1倍、1.1倍、1.4倍；2021年分别为土壤背景值的1.2倍、1.1倍、1.0倍、1.1倍。不同水源灌溉条件下，2020年，R1水源灌溉下0～20cm、20～40cm、40～60cm、60～80cm土层铅含量分别为土壤背景值的1.2倍、1.4倍、1.1倍、1.2倍；2021年，分别为土壤背景值的1.3倍、1.1倍、1.0倍、1.2倍。2020年，R2水源灌溉下0～20cm、20～40cm、40～60cm、60～80cm土层铅含量分别为土壤背景值的1.2倍、1.2倍、1.7倍、1.3倍；2021年分别为土壤背景值的1.5倍、1.3倍、1.2倍、1.2倍。2021年，R3水源灌溉下0～20cm、20～40cm、40～60cm、60～80cm土层铅含量分别为土壤背景值的1.2倍、1.6倍、1.1倍、1.2倍。2020年，R4水源灌溉下0～20cm、20～40cm、40～60cm、60～80cm土层铅含量分别为土壤背景值的1.5倍、0.9倍、1.0倍、1.4倍；2021年，分别为土壤背景值的1.1倍、1.1倍、0.9倍、1.0倍，处理间差异明显。

对铬含量变化而言，2020年除W1R2和W3R2处理土壤铬含量升高外，其余处理土壤铬含量均下降；2021年与背景值相比总体有所升高。2020年，W1水位调控下0～20cm、20～40cm、40～60cm、60～80cm土层铬含量分别比背景值降低了－1%、7%、5%、22%，W2水位调控下分别降低了18%、22%、14%、33%，W3水位调控下分别降低了21%、28%、18%、19%，因此低水位调控下土壤中铬含量降低较小；R1水源灌溉条件下各土层铬含量分别比背景值降低了34.5%、36.7%、35.8%、56.2%，R2水源灌溉条件下分别降低－0.3%、5.6%、－10.8%、7.5%，R4水源灌溉条件下分别降低4.3%、15.4%、11.7%、9.5%。2021年，W1水位调控下0～20cm、20～40cm、40～60cm、60～80cm土层铬含量分别比背景值升高了23%、－1%、－2.1%、－4.7%，W2水位调控下分别升高了21.7%、3.6%、4.9%、－6.5%，W3水位调控下分别升高了1.6%、8.6%、0.7%、16.4%；R1水源灌溉条件下各土层铬含量分别比背景值升高了18%、8%、12%、－10%，R2水源灌溉条件下分别升高了21%、2%、1%、0%，R3水源灌溉条件下分别升高了12%、－10%、－10%、9%，R4水源灌溉条件下分别升高了10%、10%、0%、12%，随着灌溉时间增加，土壤铬含量变化显著。

2020年和2021年经过灌溉水源和水位处理后土壤中铜含量均未升高。W1水位调控

下，2020 年 0～20cm、20～40cm、40～60cm、60～80cm 土层铜含量分别比背景值降低 13%、41%、45%、33%；2021 年各土层铜含量分别降低 5.5%、41.3%、34.4%、31.5%。W2 水位调控下，2020 年各土层铜含量分别比背景值降低 43%、47%、34%、38%；2021 年则分别降低 14.7%、28.1%、23.7%、11.1%。W3 水位调控下，2020 年各土层铜含量分别比背景值降低 9%、11%、32%、11%；2021 年则分别降低 22.6%、12.8%、27%、19.6%。因此，中低水位下 2021 年土层铜含量与背景值相比降幅较大，高水位下降幅较小。R1 水源灌溉条件下，2020 年各土层铜含量比背景值降低 7.4%、19.2%、19%、−3.7%；2021 年分别降低 10%、20%、10%、−7%。R2 水源灌溉条件下，2020 年各土层铜含量比背景值降低 14.3%、31%、42.9%、44.4%；2021 年分别降低 0%、30%、40%、20%。R3 水源灌溉条件下，2021 年各土层铜含量比背景值降低 10%、40%、40%、40%。R4 水源灌溉条件下，2020 年各土层铜含量比背景值降低 43%、49%、49%、41%；2021 年分别降低 30%、20%、40%、30%，灌溉水源及水位变化对土壤铜含量的影响显著。

与铜含量变化类似，2020 年和 2021 年灌溉后所有处理土壤中锌含量均下降。W1 水位调控下 0～20cm、20～40cm、40～60cm、60～80cm 土层锌含量平均下降了 22.6%、17.8%、34.8%、26.4%，W2 水位调控下 0～20cm、20～40cm、40～60cm、60～80cm 土层锌含量平均下降了 11.5%、24.2%、41.4%、38.9%，W3 水位调控下 0～20cm、20～40cm、40～60cm、60～80cm 土层锌含量平均下降了 21.8%、21.8%、27.9%、24.4%。R1 水源灌溉条件下 0～20cm、20～40cm、40～60cm、60～80cm 土层锌含量平均下降了 37%、16%、33%、30%，R2 水源灌溉条件下平均下降了 6%、1%、34%、35%，R3 水源灌溉条件下平均下降了 14%、40%、30%、24%，R4 水源灌溉条件下平均下降了 13%、35%、39%、26%。由此可见，锌含量对灌溉水源及水位的变化响应较为明显。

土壤重金属双因素方差分析结果见表 10-1。从表 10-1 可以看出不同水位和灌溉水源对土壤中 0～20cm 土层镉含量达到极显著影响（$P<0.01$），对 20～40cm 土层镉含量达到显著影响（$P<0.05$），其余各处理下镉含量在不同灌溉水源和水位条件下均无显著性差异；不同水位和灌溉水源对土壤各土层铅含量均无显著性差异；灌溉水源对土壤 20～40cm 土层铬含量达到极显著影响（$P<0.01$），其余各处理均无显著性差异；灌溉水源对 40～60cm 土层稻田铜含量有极显著影响（$P<0.01$）；水位调控和灌溉水源对各土层稻田锌含量均无显著影响。

表 10-1　土壤重金属双因素方差分析结果

土层	镉		铅		铬		铜		锌	
	水位	水源	水位	水源	水位	水源	水位	水源	水位	水源
0～20cm	**	**	NS	NS	NS	NS	NS	NS	NS	NS
20～40cm	*	*	NS	NS	NS	**	NS	NS	NS	NS
40～60cm	NS	NS	NS	NS	NS	NS	NS	**	NS	NS
60～80cm	NS	NS	NS	NS	NS	NS	NS	NS	NS	NS

注　** 表示在 0.01 水平上差异显著，* 表示在 0.05 水平上差异显著，NS 表明无显著差异。

10.2.2　稻田重金属与土壤环境质量关系分析

分析不同灌溉水源条件下土壤中重金属含量与土壤理化因子的相关性发现（见表 10-2），R1 水源灌溉条件下，Cd 与 pH 呈极显著负相关（$P<0.01$），与 EC、NH_4^+-N 呈显著负相关（$P<0.05$），与土壤 OM、WSS、NO_3^--N、TN 呈显著正相关；Pb 与有机质、TN 呈极显著正相关，与 pH、EC 呈显著负相关，与 WSS 呈显著正相关；Cr 与 WSS、NO_3^--N 呈极显著负相关，与 pH 呈显著正相关；Cu 和 Zn 与 WSS 呈显著负相关，与 NH_4^+-N 呈显著性正相关。R2 水源灌溉条件下，Cd 与 NO_3^--N 呈显著正相关，与 EC 和 OM 呈显著负相关；Pb 与 pH 呈极显著负相关，与 WSS 呈极显著负相关，与 EC、OM、NH_4^+-N、TN 呈显著正相关；Cr 与 WSS 和 NO_3^--N 呈显著负相关；Cu 与 NH_4^+-N、TN 呈极显著性正相关，与 EC 和 OM 呈显著正相关，与 pH 呈显著负相关；Zn 与 OM 和 WSS 呈显著正相关，与 pH 呈显著负相关。R3 水源灌溉条件下，Cd 与 OM 呈极显著正相关，与 EC 呈极显著负相关，与 WSS 呈显著负相关，与 TN 呈显著正相关；Pb 与 pH 呈极显著正相关，与 WSS 呈显著正相关，与 OM、NO_3^--N、TN 呈显著负相关；Cr 与 pH 呈显著负相关，与 EC、OM、WSS、TN 呈显著正相关；Cu 与 pH 呈极显著负相关，与 OM 和 TN 呈极显著正相关，与 NH_4^+-N 呈显著正相关；Zn 与 pH 呈极显著负相关，与 OM、WSS、TN 呈显著正相关。R4 水源灌溉水源条件下，Cd 与 pH 呈极显著负相关，与 EC 和 NO_3^--N 呈极显著正相关，与 NH_4^+-N 呈显著正相关；Pb 与 EC、NH_4^+-N、NO_3^--N 呈显著正相关，与 OM、TN 呈显著性负相关；与 NO_3^--N 呈显著正相关，与 OM 和 TN 呈显著性负相关，与 WSS 呈显著负相关；Zn 与 pH 呈极显著负相关，与 EC 和 NH_4^+-N 呈极显著正相关，与 OM、NO_3^--N、TN 呈显著正相关。

表 10-2　不同灌溉水源条件下土壤中重金属含量与理化因子相关性分析

水源	重金属	pH	EC	OM	WSS	NH_4^+-N	NO_3^--N	TN
R1	Cd	−0.851**	−0.430*	0.642*	0.642*	−0.534*	0.353*	0.599*
	Pb	−0.589*	−0.618*	0.854**	0.564*	−0.215	−0.004	0.824**
	Cr	0.397*	−0.095	−0.055	−0.704**	0.198	−0.739**	0.018
	Cu	−0.171	−0.123	0.161	−0.456*	0.425*	0.046	0.266
	Zn	0.238	−0.163	−0.159	−0.662*	0.427*	0.053	−0.071
R2	Cd	0.166	−0.389*	−0.414*	−0.288	0.201	0.370*	0.106
	Pb	−0.737**	0.535*	0.593*	0.838**	0.309*	0.268	0.432*
	Cr	0.206	−0.018	−0.244	−0.458*	0.279	−0.325*	0.034
	Cu	−0.667*	0.693*	0.693*	0.197	0.839**	−0.132	0.740**
	Zn	−0.442*	0.168	0.363*	0.469*	−0.031	−0.184	0.193
R3	Cd	−0.242	−0.731**	0.713**	−0.692*	−0.286	−0.262	0.572*
	Pb	0.747**	0.002	−0.565*	0.345*	0.025	−0.378*	−0.610*
	Cr	−0.634*	0.338*	0.364*	0.683*	0.264	0.036	0.453*
	Cu	−0.762**	0.104	0.738**	0.282	0.514*	0.087	0.798**
	Zn	−0.745**	0.221	0.540*	0.521*	0.235	−0.118	0.555*

续表

水源	重金属	pH	EC	OM	WSS	NH_4^+-N	NO_3^--N	TN
R4	Cd	−0.741**	0.965**	0.089	−0.097	0.469*	0.864**	0.162
	Pb	−0.163	0.613*	−0.649*	−0.067	0.330*	0.500*	−0.634*
	Cr	−0.236	0.781**	−0.457*	0.159	0.152	0.590*	−0.346*
	Cu	−0.789**	0.524*	0.331*	−0.586*	0.673*	0.881**	0.326*
	Zn	−0.829**	0.735**	0.405*	−0.150	0.782**	0.673*	0.444*

注 ** 表示在 0.01 水平上差异显著，* 表示在 0.05 水平上差异显著。

因此，不同水源灌溉条件下，Cd 与土壤 EC 均呈显著相关，Pb 与 OM、TN 均呈显著相关，Cu 与 NH_4^+-N 均呈显著相关，Cr 与 Zn 并无共同显著相关因子。

10.2.3 水稻植株各部分器官重金属积累

水稻茎、叶、籽粒各器官重金属积累量见图 10-2。

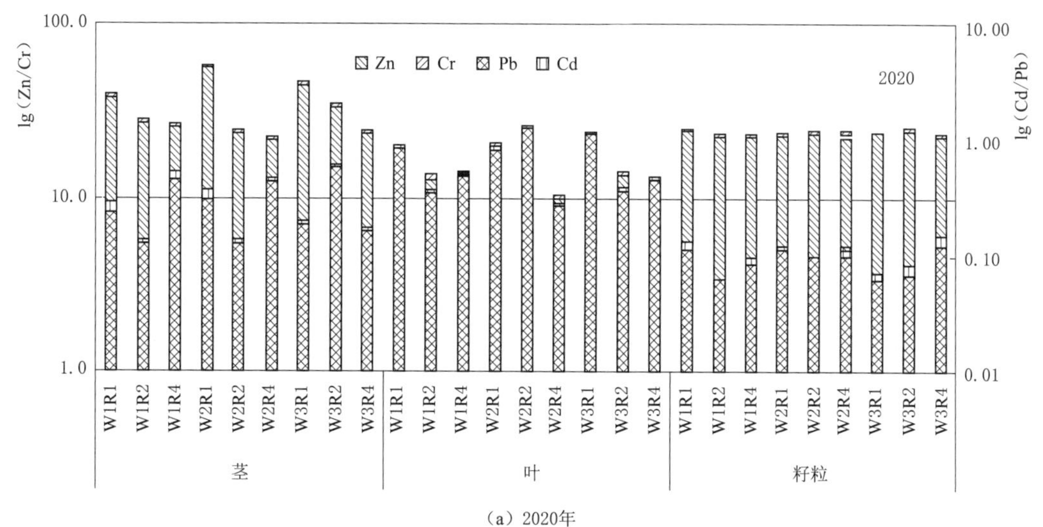

(a) 2020年

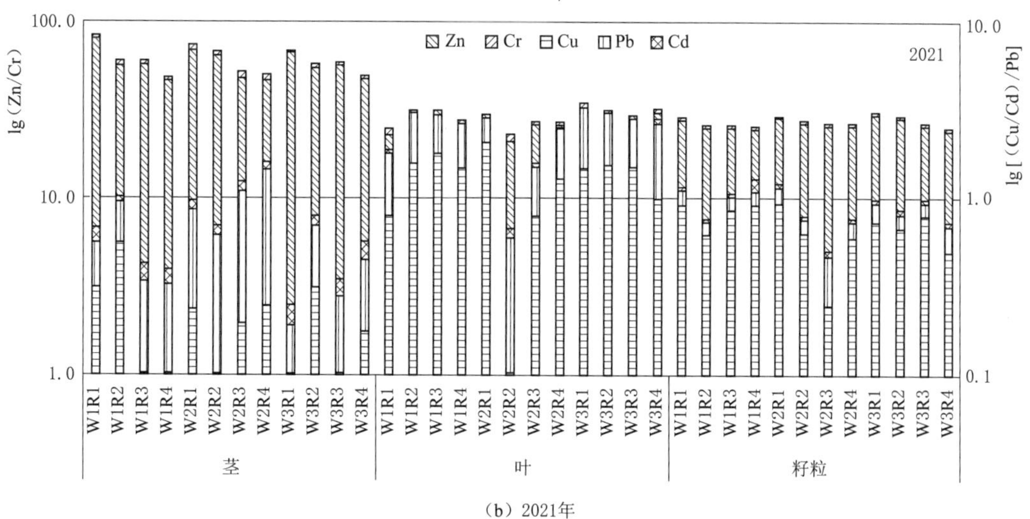

(b) 2021年

图 10-2 水稻植株各部分器官重金属积累量

对水稻茎部而言，2020年，R1、R2、R4水源灌溉，茎部Zn平均含量分别为46.6mg/kg、28.3mg/kg、23.8mg/kg，Pb平均含量分别为0.25mg/kg、0.28mg/kg、0.35mg/kg，Cd平均含量分别为0.041mg/kg、0.013mg/kg、0.035mg/kg，Cr平均含量分别为1.31mg/kg、1.19mg/kg、0.75mg/kg；可以看出，除了Pb，Zn、Cd、Cr含量随着灌溉水源从劣到优而降低，重金属总含量表现为R1>R2>R4，相比R4水源灌溉，R1、R2水源灌溉，水稻茎部重金属总含量分别增加了1.94倍、1.20倍。2021年，R1、R2、R3、R4水源灌溉，茎部Cu平均含量分别为0.19mg/kg、0.29mg/kg、0.06mg/kg、0.14mg/kg，Zn平均含量分别为71.6mg/kg、57.8mg/kg、53.7mg/kg、46.7mg/kg，Pb平均含量分别为0.35mg/kg、0.46mg/kg、0.50mg/kg、0.53mg/kg，Cd平均含量分别为0.096mg/kg、0.079mg/kg、0.10mg/kg、0.12mg/kg，Cr平均含量分别为3.92mg/kg、4.27mg/kg、3.41mg/kg、2.62mg/kg；重金属总含量表现为R1>R2>R3≈R4，相比R4水源灌溉，R1、R2、R3水源灌溉，水稻茎部重金属总含量分别增加了1.52倍、1.25倍、1.15倍，说明2021年，R3、R4水源灌溉水稻茎部重金属总量接近。2020年，W1、W2、W3水位调控，茎部Zn平均含量分别为30.5mg/kg、34.2mg/kg、34.0mg/kg，Pb平均含量分别为0.27mg/kg、0.29mg/kg、0.32mg/kg，Cd平均含量分别为0.046mg/kg、0.027mg/kg、0.014mg/kg，Cr平均含量分别为1.25mg/kg、1.03mg/kg、0.99mg/kg；重金属总含量表现为W1≈W2≈W3。2021年，W1、W2、W3水位调控，茎部Cu平均含量分别为0.22mg/kg、0.17mg/kg、0.13mg/kg，Zn平均含量分别为59.6mg/kg、56.5mg/kg、56.2mg/kg，Pb平均含量分别为0.31mg/kg、0.84mg/kg、0.28mg/kg，Cd平均含量分别为0.10mg/kg、0.12mg/kg、0.09mg/kg，Cr平均含量分别为3.4mg/kg、4.8mg/kg、2.4mg/kg；重金属总含量变化表现为W1≈W2>W3，相比W3水位调控，W1、W2水位调控，水稻茎部重金属总含量分别增加了1.07倍、1.06倍，可见，田间水位对茎部重金属含量影响不大，灌溉水源对茎部重金属含量影响较大。

对水稻叶部而言，2020年，R1、R2、R4水源灌溉，叶部Zn平均含量分别为16.3mg/kg、12.1mg/kg、10.6mg/kg，Pb平均含量分别为0.97mg/kg、0.68mg/kg、0.43mg/kg，Cd平均含量分别为0.020mg/kg、0.005mg/kg、0.011mg/kg，Cr平均含量分别为2.89mg/kg、0.96mg/kg、1.61mg/kg；可以看出，大多数处理Zn、Pb、Cd、Cr含量随着灌溉水源从劣到优而降低，重金属总含量表现为R1>R2>R4，相比R4水源灌溉，R1、R2水源灌溉，水稻叶部重金属总含量分别增加了1.60倍、1.09倍。2021年，R1、R2、R3、R4水源灌溉，叶部Cu平均含量分别为1.47mg/kg、1.07mg/kg、1.37mg/kg、1.28mg/kg，Zn平均含量分别为25.5mg/kg、25.1mg/kg、24.6mg/kg、25.9mg/kg，Pb平均含量分别为1.21mg/kg、1.16mg/kg、1.08mg/kg、1.34mg/kg，Cd平均含量分别为0.067mg/kg、0.069mg/kg、0.068mg/kg、0.075mg/kg，Cr平均含量分别为2.40mg/kg、2.34mg/kg、1.44mg/kg、1.54mg/kg；重金属总含量表现为R1>R4>R2≈R3，相比R3水源灌溉，R1、R2、R4水源灌溉，水稻叶部重金属总含量分别增加了1.07倍、1.04倍、1.06倍，R2、R3、R4水源灌溉水稻叶部重金属总量接近，同时可以看出，相比茎部，灌溉水源对叶部重金属含量影响减弱。2020年，W1、W2、W3水位调控，叶部Zn平均含量分别为13.0mg/kg、12.8mg/kg、13.2mg/kg，Pb

平均含量分别为 0.59mg/kg、0.81mg/kg、0.67mg/kg，Cd 平均含量分别为 0.013mg/kg、0.012mg/kg、0.011mg/kg，Cr 平均含量分别为 2.59mg/kg、1.40mg/kg、1.46mg/kg；重金属总含量表现为 W1＞W3≈W2，在 W1、W3 水位调控下叶部重金属总含量分别是 W2 的 1.08 倍、1.02 倍。2021 年，在 W1、W2、W3 水位调控下，叶部 Cu 平均含量分别为 1.43mg/kg、1.05mg/kg、1.40mg/kg，Zn 平均含量分别为 23.9mg/kg、23.4mg/kg、28.5mg/kg，Pb 平均含量分别为 1.19mg/kg、0.81mg/kg、1.58mg/kg，Cd 平均含量分别为 0.063mg/kg、0.062mg/kg、0.085mg/kg，Cr 平均含量分别为 2.04mg/kg、1.78mg/kg、1.97mg/kg；重金属总含量变化表现为 W3＞W1＞W2，相比 W2 水位调控，在 W1 水位调控下，水稻叶部重金属总含量分别增加了 1.05 倍、1.17 倍。

对水稻籽粒而言，2020 年，R1、R2、R4 水源灌溉，籽粒 Zn 平均含量分别为 23.9mg/kg、23.8mg/kg、23.1mg/kg，Pb 平均含量分别为 0.097mg/kg、0.076mg/kg、0.10mg/kg，Cd 平均含量分别为 0.010mg/kg、0.005mg/kg、0.012mg/kg，Cr 平均含量分别为 0.40mg/kg、0.57mg/kg、0.58mg/kg；重金属总含量表现为 R2≈R1＞R4，相比 R4 水源灌溉，R1、R2 水源灌溉，水稻籽粒重金属总含量均增加了 1.03 倍。2021 年，R1、R2、R3、R4 水源灌溉，籽粒 Cu 平均含量分别为 0.86mg/kg、0.64mg/kg、0.64mg/kg、0.67mg/kg，Zn 平均含量分别为 28.6mg/kg、26.9mg/kg、25.3mg/kg、24.9mg/kg，Pb 平均含量分别为 0.20mg/kg、0.13mg/kg、0.17mg/kg、0.17mg/kg，Cd 平均含量分别为 0.025mg/kg、0.019mg/kg、0.024mg/kg、0.079mg/kg，Cr 平均含量分别为 0.83mg/kg、0.75mg/kg、0.49mg/kg、0.40mg/kg；重金属总含量表现为 R1＞R2＞R3≈R4，相比 R4 水源灌溉，R1、R2、R3 水源灌溉，水稻籽粒重金属总含量分别增加了 1.16 倍、1.09 倍、1.12 倍，R3、R4 水源灌溉水稻籽粒重金属总量接近。2020 年，W1、W2、W3 水位调控，籽粒 Zn 平均含量分别为 23.4mg/kg、23.5mg/kg、23.8mg/kg，Pb 平均含量分别为 0.087mg/kg、0.105mg/kg、0.086mg/kg，Cd 平均含量分别为 0.010mg/kg、0.006mg/kg、0.011mg/kg，Cr 平均含量分别为 0.64mg/kg、0.46mg/kg、0.45mg/kg；重金属总含量表现为 W3≈W1≈W2，W1、W3 水位调控籽粒重金属总含量分别是 W2 的 1.00 倍、1.01 倍。2021 年，W1、W2、W3 水位调控，籽粒 Cu 平均含量分别为 0.83mg/kg、0.60mg/kg、0.68mg/kg，Zn 平均含量分别为 25.7mg/kg、26.5mg/kg、27.1mg/kg，Pb 平均含量分别为 0.16mg/kg、0.18mg/kg、0.17mg/kg，Cd 平均含量分别为 0.061mg/kg、0.026mg/kg、0.024mg/kg，Cr 平均含量分别为 0.70mg/kg、0.52mg/kg、0.63mg/kg；重金属总含量变化表现为 W3＞W2≈W1，相比 W1 水位调控，W2、W3 水位调控，水稻籽粒重金属总含量分别增加了 1.01 倍、1.04 倍。

植株各器官重金属双因子分析结果见表 10－3，可以看出不同灌溉水源对 2020 年作物茎、叶中 Zn 含量达到显著影响，其余各处理下 Zn 含量在不同灌溉水源和水位条件下均无显著性差异；不同灌溉水源对 2021 年茎中 Pb 含量达到极显著影响，对 2021 年穗中 Pb 含量达到显著影响，其余各处理下 Pb 含量在不同灌溉水源和水位条件下均无显著性差异；不同水位对 2021 年作物茎和叶器官 Cd 含量达到极显著影响，其余各处理均无显著性差异；不同水位条件对 2020 年和 2021 年叶中 Cr 含量有显著影响，不同灌溉水源条件对 2020 年叶中 Cr 含量有极显著影响；灌溉水源对 2021 年叶和穗中 Cu 含量有极显著影响，其余处理无显著影响。

表 10-3　　植株各器官重金属双因素分析结果

年份	器官	Zn		Pb		Cd		Cr		Cu	
		水位	水源	水位	水源	水位	水源	水位	水源	水位	水源
2020	茎	NS	*	NS	NS	NS	NS	NS	NS	—	—
	叶	NS	*	NS	NS	NS	NS	*	**	—	—
	穗	NS	NS	NS	NS	NS	NS	NS	NS	—	—
2021	茎	NS	NS	NS	**	**	NS	NS	NS	NS	NS
	叶	NS	NS	NS	NS	**	NS	*	NS	NS	**
	穗	NS	NS	NS	*	NS	NS	NS	NS	NS	**

注　** 表示在 0.01 水平上差异显著，* 表示在 0.05 水平上差异显著。NS 表示无显著差异。

总体而言，水稻各部分重金属含量表现为茎>籽粒>叶，重金属组成表现为 Zn>Cr>Pb>Cd，灌溉水源对水稻茎、叶、籽粒中重金属含量影响逐渐减弱，相对灌溉水源，水位对水稻植株各部分重金属含量累积影响较小。可见，农村生活再生水灌溉处理下籽粒重金属含量并未明显增加，符合《食品安全国家标准食品中污染物限量》（GB 2762—2017）中对稻谷中污染物的限量要求（见表 10-4）。

表 10-4　　稻谷中污染物限量要求

污染物类别	Cd	Cr	Pb	Hg	无机 As	Sn
限量/(mg/kg)	0.2	1.0	0.2	0.02	0.2	250

10.2.4　重金属生态风险分析与评价

重金属在土壤中不易随水淋失，也不能被微生物分解，容易在土壤中进行富集，通过食物链在人体内蓄积，严重危害人体健康。采用 Hakanson 提出的潜在生态风险指数评价法对研究区域内不同水源灌溉农田土壤进行重金属潜在生态风险分析。其计算公式为

$$RI=\sum E_i=\sum T_i\times P_i$$

式中：RI 为土壤多种重金属综合潜在生态风险指数；E_i 为土壤样品中各评价指标的单因子生态风险系数；P_i 为土壤评价指标中单因子污染指数，为单因子污染的实测值与相应背景值之比；T_i 为土壤各重金属的毒性系数。

各水源灌溉条件下不同土层重金属综合潜在风险指数见表 10-5。由表 10-5 可知，土壤中 Cd 的生态风险系数最高，Cu 和 Pb 次之，Cr 和 Zn 风险系数较低。参考重金属生态风险评级标准（见表 10-6）可知，再生水灌溉总体并未对土壤造成严重污染，除 R1 外，其余水源灌溉下土壤平均重金属综合潜在生态风险程度均为轻度，其中 R1 灌溉下 60～80cm 土层土壤风险指数最高，而 R2 灌溉下 20～40cm 土层土壤风险指数最高，可见一级农村生活再生水灌溉下重金属有穿透土壤进而污染地下水的风险。其中各水源灌溉下 Cd 生态风险最高，R1 平均为很强风险，R3 为中度风险，R2 和 R4 为较强风险。各水源灌溉相比，R3 灌溉下土壤重金属污染潜在生态风险最低，对土壤和地下水污染风险最小，R4 其次，R1 风险最大。

表 10-5　　各水源灌溉条件下不同土层重金属综合潜在风险指数

水源	土层 cm	Cd		Pb		Cr		Cu		Zn		*RI*
		P_i	E_i	P_i	E_i	P_i	E_i	P_i	E_i	P_i	E_i	
R1	0～20	3.87	116.00	1.30	6.49	1.18	2.36	0.89	4.44	0.67	0.67	129.96
	20～40	3.20	96.00	1.12	5.60	1.08	2.15	0.72	3.59	0.89	0.89	108.23
	40～60	3.90	117.00	1.00	5.00	1.11	2.23	0.85	4.26	0.69	0.69	129.18
	60～80	8.83	265.00	1.15	5.74	0.88	1.76	1.08	5.42	0.77	0.77	278.69
R2	0～20	3.13	93.75	1.49	7.45	1.20	2.39	0.95	4.77	1.02	1.02	109.38
	20～40	3.83	115.00	1.31	6.53	1.02	2.03	0.73	3.64	1.13	1.13	128.33
	40～60	1.88	56.47	1.17	5.83	1.02	2.03	0.65	3.26	0.69	0.69	68.28
	60～80	2.86	85.71	1.14	5.72	0.94	1.89	0.75	3.75	0.68	0.68	97.75
R3	0～20	1.75	52.50	1.11	5.55	1.11	2.23	0.85	4.23	0.83	0.83	65.34
	20～40	1.81	54.38	1.60	8.02	0.94	1.89	0.58	2.92	0.56	0.56	67.77
	40～60	1.85	55.38	1.11	5.56	0.91	1.83	0.64	3.18	0.67	0.67	66.62
	60～80	2.10	63.00	1.23	6.17	1.09	2.18	0.60	3.00	0.75	0.75	75.10
R4	0～20	1.91	57.27	1.05	5.26	1.10	2.20	0.72	3.62	0.87	0.87	69.22
	20～40	2.41	72.35	1.09	5.45	1.10	2.20	0.76	3.80	0.63	0.63	84.43
	40～60	2.07	62.00	0.90	4.50	1.00	2.00	0.63	3.13	0.59	0.59	72.22
	60～80	3.00	90.00	1.04	5.19	1.13	2.25	0.74	3.68	0.69	0.69	101.81

表 10-6　　重金属生态风险评级标准

等级	单因子生态风险		总潜在生态风险	
	E_i	生态风险程度	*RI*	生态风险程度
Ⅰ	<40	轻度	<150	轻度
Ⅱ	40～80	中度	150～300	中度
Ⅲ	80～160	较强	300～600	较强
Ⅳ	160～320	很强	≥600	很强
Ⅴ	≥320	极强		

本书中再生水灌溉试验仅进行两年，因此所得结果只是短期效应，长期进行再生水灌溉是否会造成重金属污染风险持续增加有待研究。

10.3　苗木、蔬菜试区土壤重金属分布

10.3.1　苗木试区重金属分布累积

不同水源灌溉条件下苗木试区土壤重金属含量变化如图 10-3 所示。不同土层重金属含量变化表现为 0～20cm>40～60cm>20～40cm≈60～80cm，重金属含量表现为 Zn>Pb>Cr>Cu>Cd。0～20cm 土层，土壤中 Cd、Cu 含量增加，Cd 含量增幅表现为

R1（0.100mg/kg）＞R4（0.068mg/kg）≈R2（0.060mg/kg）＞R3（0.04mg/kg），Cu 含量增幅表现为 R1（5mg/kg）＞R2（3mg/kg）＞R3（2mg/kg）＞R4（1mg/kg）；Cr、Pb、Zn 含量下降，相比背景值，R1、R2、R3、R4 水源灌溉，试区土壤 Cr 分别降低 17.1%、14.6%、4.9%、7.3%，Pb 含量分别降低 12.0%、16.0%、36.0%、32.0%，Zn 含量分别降低 54.2%、52.5%、54.3%、51.7%。20～40cm 土层，土壤中 Cd 含量增加，增幅表现为 R1（0.07mg/kg）＞R2（0.03mg/kg）≈R4（0.03mg/kg）＞R3（0.01mg/kg）；其余重金属含量均呈现下降趋势，相比背景值，R1、R2、R3、R4 水源灌溉，试区土壤 Pb 含量分别降低 0.0%、17.5%、12.5%、17.5%，Cr 含量分别降低 16.0%、20.0%、12.0%、8.0%，Cu 含量分别降低了 14.3%、14.3%、0.0%、0.0%，Zn 含量分别降低 46.8%、39.0%、38.7%、36.4%。40～60cm 土层，与 20～40cm 土层相似，土壤中 Cd 含量增加，增幅表现为 R1（0.04mg/kg）＞R2（0.03mg/kg）＞R3（0.02mg/kg）≈R4（0.02mg/kg）；其余重金属含量均呈现下降趋势，相比背景值，R1、R2、R3、R4 水源灌溉，试区土壤 Pb 含量分别降低 39.5%、5.3%、5.4%、13.2%，Cr 含量分别降低 59.6%、63.5%、56.9%、55.8%，Cu 含量分别降低了 25.0%、25.0%、14.3%、25.0%，Zn 含量分别降低 46.3%、26.8%、35.0%、41.5%。60～80cm 土层，土壤中 Cd 含量增加，增幅表现为 R1（0.07mg/kg）＞R2（0.05mg/kg）＞R4（0.05mg/kg）＞R3（0.04mg/kg）；其余重金属含量均呈现下降趋势，相比背景值，R1、R2、R3、R4 水源灌溉，试区土壤 Pb 含量分别降低 8.1%、8.1%、19.4%、27.0%，Cr 含量分别降低 24.0%、16.0%、16.7%、20.0%，Cu 含量分别降低了 0.0%、16.7%、16.7%、0.0%，Zn 含量分别降低 46.3%、31.3%、43.8%、47.5%。

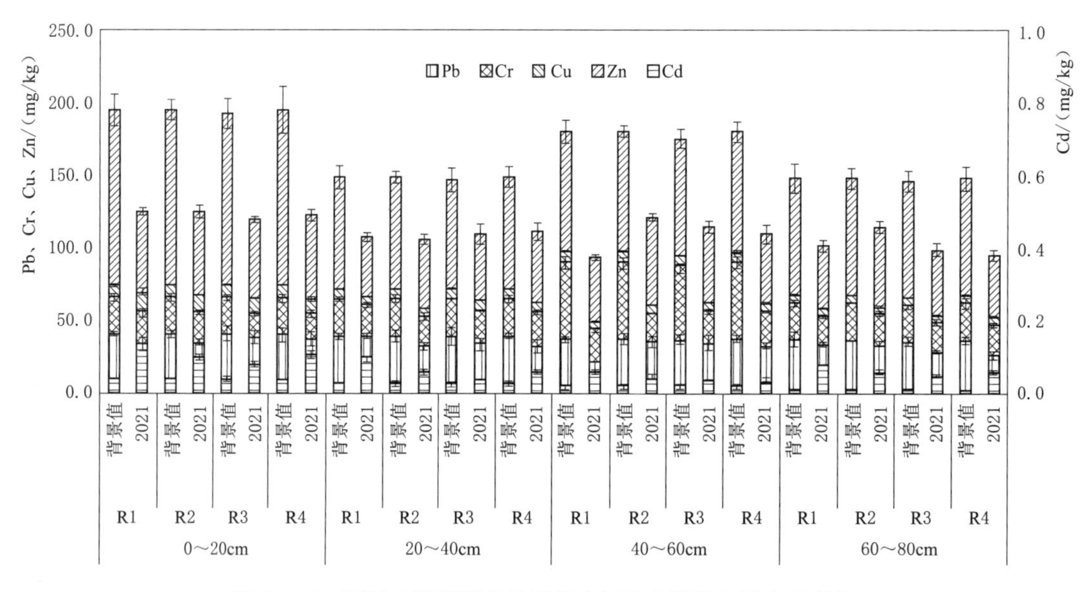

图 10-3　不同水源灌溉条件下苗木试区土壤重金属含量变化

综上，不同土层重金属含量变化表现为 0～20cm＞40～60cm＞20～40cm≈60～80cm，重金属含量表现为 Zn＞Pb＞Cr＞Cu＞Cd。0～20cm 土层，土壤中 Cd、Cu 含量增加，20～80cm 土层，Cd 含量增加，总体上 R3、R4 水源灌溉土壤重金属含量变化基本一致。

10.3.2　蔬菜试区重金属分布累积

不同水源灌溉条件下蔬菜试区土壤重金属含量变化如图10-4所示。不同土层重金属含量变化表现为0～20cm＞20～40cm＞40～60cm＞60～80cm，即重金属含量随着土层深度增加呈现降低趋势，重金属含量表现为Zn＞Pb＞Cr＞Cu＞Cd。0～20cm土层，土壤中Cd、Pb含量增加，Cd含量增幅表现为R1（0.1mg/kg）＞R2（0.08mg/kg）≈R3（0.05mg/kg）＞R4（0.04mg/kg），Pb含量增幅表现为R1（11mg/kg）＞R2（9mg/kg）＞R3（5mg/kg）＞R4（1mg/kg）；Cr、Cu、Zn含量下降，相比背景值，R1、R2、R3、R4水源灌溉，试区土壤Cr含量分别降低0.0%、8.3%、8.3%、4.2%，Cu含量分别降低33.3%、41.7%、41.7%、33.3%，Zn含量分别降低47.6%、52.4%、57.1%、61.9%。20～40cm土层，土壤中Cd含量增加，增幅表现为R1（0.03mg/kg）＞R2（0.02mg/kg）≈R4（0.02mg/kg）＞R3（0.01mg/kg）；其余重金属含量均呈现下降趋势，相比背景值，R1、R2、R3、R4水源灌溉，试区土壤Pb含量分别降低5.7%、2.9%、5.7%、8.6%，Cr含量分别降低13.3%、10.0%、20.0%、26.7%，Cu含量分别降低了50.0%、60.0%、40.0%、50.0%，Zn含量分别降低51.1%、39.8%、54.5%、60.2%。40～60cm土层，与0～20cm土层相似，土壤中Cd、Pb含量增加，Cd含量增幅表现为R1（0.03mg/kg)＞R2（0.01mg/kg)＞R3（0.0mg/kg)≈R4（0.0mg/kg)，Pb含量增幅表现为R1（9mg/kg)＞R2（9mg/kg)＞R3（1mg/kg)≈R4（1mg/kg)；其余重金属含量均呈现下降趋势，相比背景值，R1、R2、R3、R4水源灌溉，试区土壤Cr含量分别降低12.5%、31.3%、28.1%、31.3%，Cu含量分别降低了55.6%、55.6%、55.6%、66.7%，Zn含量分别降低40.0%、31.4%、40.0%、44.3%。60～80cm土层，土壤中Cd、Pb含量增加，Cd含量增幅表现为R1（0.02mg/kg）≈R2（0.02mg/kg）＞R3（0.01mg/kg)≈R4（0.01mg/kg)，Pb含量增幅表现为R1（12mg/kg)＞R2（8mg/kg)＞R4（7mg/kg)＞R3（6mg/kg)；其余重金属含量均呈现下降趋势，相比背景值，R1、R2、R3、R4水源灌溉，试区土壤Cr含量分别降低7.4%、0.0%、7.4%、11.1%，Cu含量分别

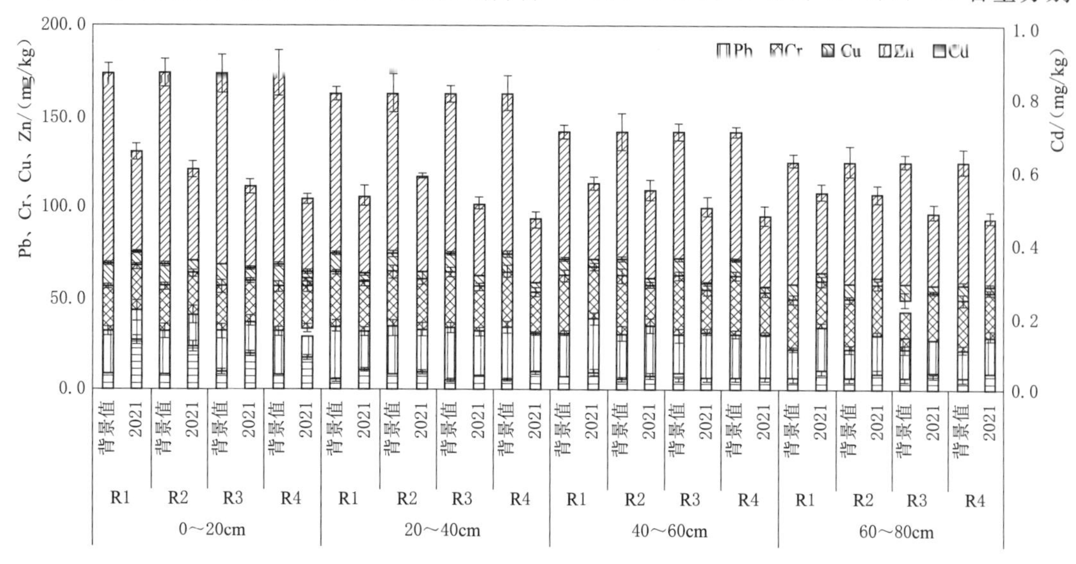

图10-4　不同水源灌溉条件下蔬菜试区土壤重金属含量变化

降低了 44.4%、55.6%、55.6%、55.6%，Zn 含量分别降低 34.3%、31.3%、40.3%、44.8%。综上，不同土层重金属含量随着土层深度增加呈现降低趋势，重金属含量表现为 Zn>Pb>Cr>Cu>Cd，0～20cm、40～60cm、60～80cm 土层，土壤中 Cd、Pb 含量增加，20～40cm 土层仅 Cd 含量增加，总体上 R3、R4 水源灌溉土壤重金属含量变化基本一致。

10.4　稻田大肠杆菌积累量

水稻生育期始末不同土层中大肠杆菌累积量变化见表 10-7。由表 10-7 可知，水稻种植前 R4 水源灌溉的土壤本底大肠杆菌含量较高。对表层土壤（0～20cm 土层）而言，再生水灌溉后土壤中大肠杆菌数量显著升高，且明显高于 R4 水源灌溉，其中 W1 水位调控下水稻收获后 R1 和 R2 处理下 0～20cm 土层大肠杆菌含量分别为 R4 的 3.9 倍和 1.5 倍；中高水位（W2 和 W3）下增加明显，这是由于随着水位升高灌溉水量增大，由此带入稻田大肠杆菌总量增加，其中 R1 在 W2 水位调控下累积量最大，R2 在 W3 水位调控下累积量最大。20～40cm 土层，R1 水源灌溉下大肠杆菌量增加明显，W1 和 W2 水位调控下 R2 水源灌溉稻田大肠杆菌总量有小幅增加，R4 水源灌溉大肠杆菌总量减少，W3 水位调控下 R2 水源灌溉大肠杆菌总量减少，R4 相反，其中水稻收获后 W1 水位调控下 20～40cm 土层 R1 水源灌溉处理的大肠杆菌含量分别为 R2 和 R4 的 50 倍，W2 水位调控下 20～40cm 土层 R1 灌溉处理的大肠杆菌含量分别为 R2 和 R4 的 47.8 倍和 305.6 倍，W3 水位调控下 20～40cm 土层 R1 灌溉处理的大肠杆菌含量分别为 R2 和 R4 的 39.1 倍和 24 倍。综上，再生水灌溉后，大肠杆菌总量均有增加，大肠杆菌总量增幅表现为 R1>R2>R4，W3>W2≈W1，因此，为了减少稻田土壤大肠杆菌累积，建议农村生活再生水回用采用稻田中低水位。

表 10-7　　不同灌溉水源和水位调控稻田大肠杆菌累积量变化

土　层	起始	大肠杆菌积累量/(MPN/g)								
		W1R1	W1R2	W1R4	W2R1	W2R2	W2R4	W3R1	W3R2	W3R4
0～20cm	开始	<3.0	9.2	23	<3.0	9.2	<3.0	<3.0	23	<3.0
	结束	93	36	24	1100	38	<3.0	35	1100	460
20～40cm	开始	<3.0	<3.0	43	<3.0	<3.0	<3.0	<3.0	43	<3.0
	结束	460	9.2	9.2	1100	23	3.6	360	9.2	15

10.5　水稻土壤-作物新兴污染物累积

10.5.1　稻田 PPCPs 累积

PPCPs 作为一种新兴污染物日益受到人们的关注。PPCPs 种类繁杂，包括各类抗生素、人工合成麝香、止痛药、降压药、避孕药、催眠药、减肥药、发胶、染发剂和杀菌剂等。PPCPs 组分具有较强的生物活性、旋光性和极性，大都以痕量浓度存在于环境中。兽类医药、农用医药、人类服用医药以及化妆品的使用是其导入环境的主要方式。本节对 23

种新兴污染物进行检测，在稻田土壤中检测到 16 种，不同灌溉水源和水位条件下稻田 PPCPs 含量变化见图 10-5。可以看出，在稻田新型污染物中含量较高的有 ATE（0.10～0.40μg/kg）、MET（0.02～0.55μg/kg）、OFL（0.003～0.68μg/kg）、MAL（0.13～0.59μg/kg）、OXY（0.001～0.23μg/kg）、MIN（0.01～0.43μg/kg）6 种，随着土层深度增加，PPCPs 含量呈现降低趋势，同时各土层 PPCPs 含量年际变化表现为递增趋势。

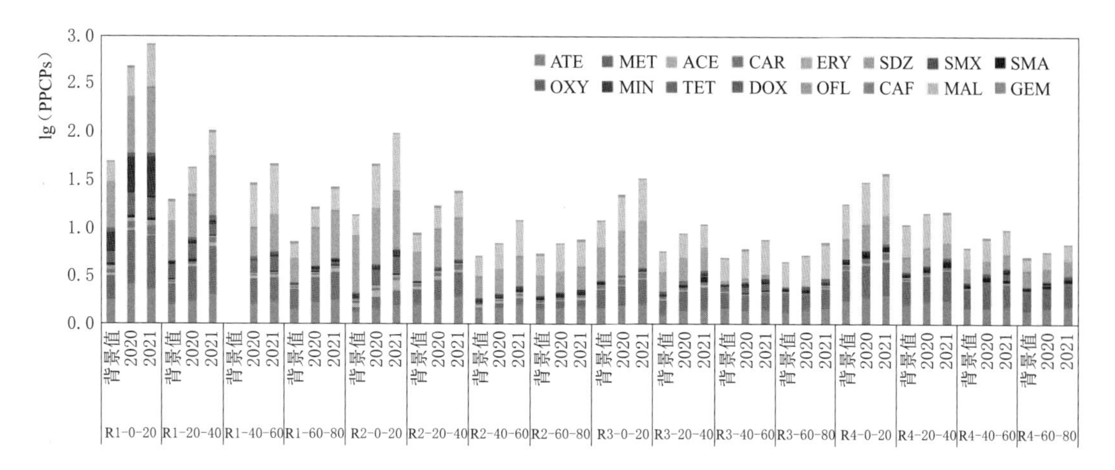

（a）不同灌溉水源

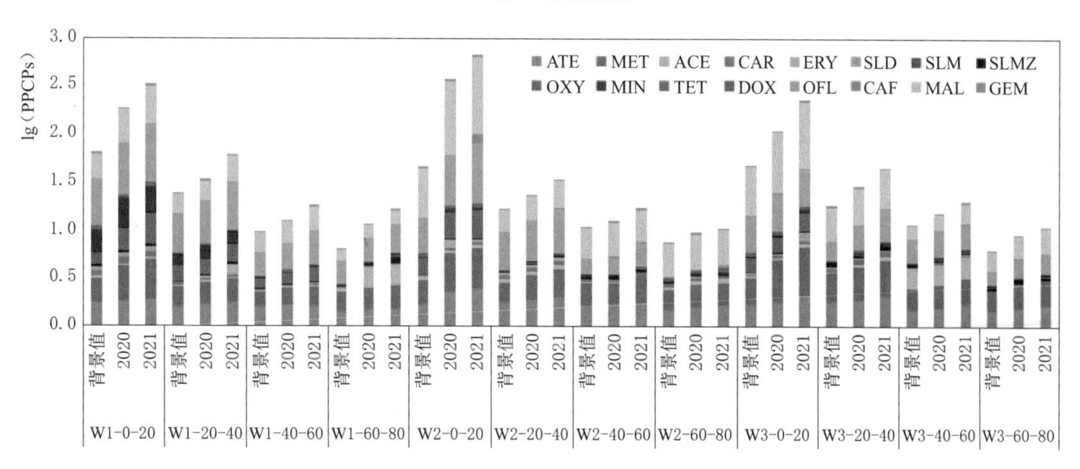

（b）不同水位调控

图 10-5 不同灌溉水源和水位调控条件下稻田 PPCPs 含量变化（参见文后彩图）

说明：1. ATE（Atenolol）为阿替洛尔，MET（Metoprolol）为美特洛尔，ACE（Acetaminophen）为对乙酰氨基酚，CAR（Carbamazepine）为卡马西平，ERY（Erythromycin）为红霉素，SLD（Sulfadiazine）为磺胺嘧啶，SLM（Sulfamethoxazole）为磺胺甲噁唑，SLMZ（Sulfamethazine）磺胺二甲嘧啶，OXY（Oxytetracycline）为土霉素，MIN（Minocycline）为米诺环素，TET（Tetracycline）为四环素，DOX（Doxycycline）为多西环素，OFL（Ofloxacin）氧氟沙星，CAF（Caffeine）为咖啡因，MAL（Malathion）为马拉硫磷，GEM（Gemfibrozil）为吉非罗齐；2. R1-0～20、R1-20～40、R1-40～60、R1-60～80 分别为 R1 水源 0～20cm、20～40cm、40～60cm、60～80cm 土层；W1-0～20、W1-20～40、W1-40～60、W1-60～80 分别为 W1 水位 0～20cm、20～40cm、40～60cm、60～80cm 土层。

对于 R1 灌溉水源，相对本底值，2020 年、2021 年，0～20cm 土层 PPCPs 含量分别增加了 1.58 倍、1.73 倍，20～40cm 土层 PPCPs 含量分别增加了 1.27 倍、1.58 倍，40～60cm 土层 PPCPs 含量分别增加了 1.50 倍、1.71 倍，60～80cm 土层 PPCPs 含量分别增加了 1.44 倍、1.70 倍；对于 R2 灌溉水源，相对背景值，2020 年、2021 年，0～20cm 土层 PPCPs 含量分别增加了 1.48 倍、1.76 倍，20～40cm 土层 PPCPs 含量分别增加了 1.30 倍、1.48 倍，40～60cm 土层 PPCPs 含量分别增加了 1.20 倍、1.58 倍，60～80cm 土层 PPCPs 含量分别增加了 1.15 倍、1.21 倍；对于 R3 灌溉水源，相对背景值，2020 年、2021 年，0～20cm 土层 PPCPs 含量分别增加了 1.24 倍、1.41 倍，20～40cm 土层 PPCPs 含量分别增加了 1.25 倍、1.38 倍，40～60cm 土层 PPCPs 含量分别增加了 1.14 倍、1.18 倍，60～80cm 土层 PPCPs 含量分别增加了 1.11 倍、1.32 倍；对于 R4 灌溉水源，相对背景值，2020 年、2021 年，0～20cm 土层 PPCPs 含量分别增加了 1.19 倍、1.26 倍，20～40cm 土层 PPCPs 含量分别增加了 1.12 倍、1.13 倍，40～60cm 土层 PPCPs 含量分别增加了 1.13 倍、1.24 倍，60～80cm 土层 PPCPs 含量分别增加了 1.09 倍、1.21 倍。

对于 W1 水位调控，相对背景值，2020 年、2021 年，0～20cm 土层 PPCPs 含量分别增加了 1.26 倍、1.39 倍，20～40cm 土层 PPCPs 含量分别增加了 1.10 倍、1.29 倍，40～60cm 土层 PPCPs 含量分别增加了 1.13 倍、1.29 倍，60～80cm 土层 PPCPs 含量分别增加了 1.33 倍、1.52 倍；对于 W2 水位调控，相对背景值，2020 年、2021 年，0～20cm 土层 PPCPs 含量分别增加了 1.55 倍、1.71 倍，20～40cm 土层 PPCPs 含量分别增加了 1.13 倍、1.26 倍，40～60cm 土层 PPCPs 含量分别增加了 1.06 倍、1.19 倍，60～80cm 土层 PPCPs 含量分别增加了 1.12 倍、1.17 倍；对于 W3 水位调控，相对背景值，2020 年、2021 年，0～20cm 土层 PPCPs 含量分别增加了 1.22 倍、1.41 倍，20～40cm 土层 PPCPs 含量分别增加了 1.16 倍、1.32 倍，40～60cm 土层 PPCPs 含量分别增加了 1.12 倍、1.22 倍，60～80cm 土层 PPCPs 含量分别增加了 1.21 倍、1.31 倍。PPCPs 含量增幅表现为 R1＞R2＞R3≈R4。

综上，不同灌溉水源稻田 PPCPs 增速差异较大，PPCPs 含量增幅表现为 R1＞R2＞R3≈R4；不同水位调控稻田 PPCPs 增速相近，0～20cm 土层稻田 PPCPs 增速表现为 W2＞W3＞W1，20～60cm 土层稻田 PPCPs 增速表现为 W1≈W2≈W3，60～80cm 土层稻田 PPCPs 增速表现为 W3＞W1＞W2，表明随着稻田控制水位升高，60～80cm 土层稻田 PPCPs 增速加快。

10.5.2　稻谷 PPCPs 累积

由 10.5.1 小节分析可知，不同水位调控对稻田 PPCPs 含量影响较小，因此仅对不同灌溉水源下水稻稻谷 PPCPs 含量变化进行分析。不同灌溉水源下水稻稻谷 PPCPs 含量变化见图 10－6。对于水稻籽粒，含量较高的新兴污染物主要包括 ATE、OFL、MAL、OXY、MET、MIN 6 种，对于不同灌溉水源，水稻籽粒 PPCPs 含量变化表现为 R2（6.33μg/kg）＞R1（6.82μg/kg）＞R3（5.00μg/kg）≈R4（4.79μg/kg）。相对 R4 水源灌溉，R1、R2、R3 的 PPCPs 含量分别增加了 32.3%、42.4%、4.4%。对于水稻稻壳，含量较高的新兴污染物主要包括 ATE、OFL、ACE（籽粒未检出）、MAL、OXY、MET、MIN、TET（籽粒未检出）8 种。对于不同灌溉水源，水稻稻壳 PPCPs 含量变化

表现为R1（11.48μg/kg）>R2（11.30μg/kg）>R4（9.92μg/kg）≈R3（9.31μg/kg）。相比R3水源灌溉，R1、R2、R3的PPCPs含量分别增加了23.3%、21.4%、6.4%。籽粒PPCPs平均含量为5.73μg/kg，稻壳PPCPs平均含量为10.50μg/kg，是籽粒含量的1.83倍。

综上，总体上水稻籽粒和稻壳中的PPCPs含量处于极低水平，而且稻壳PPCPs含量远高于籽粒含量，R1、R2水源灌溉对水稻籽粒和稻壳PPCPs含量均有累积效果。

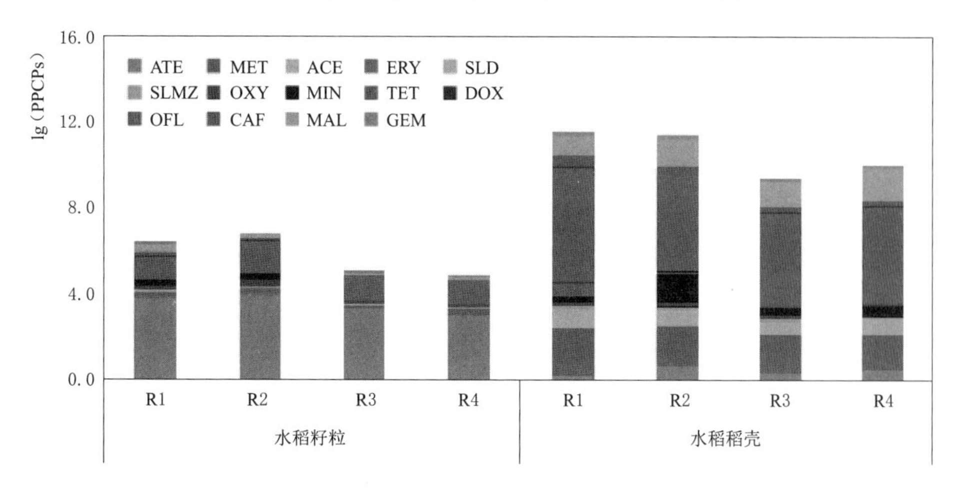

说明：1. ATE（Atenolol）为阿替洛尔，MET（Metoprolol）为美特洛尔，ACE（Acetaminophen）为对乙酰氨基酚，ERY（Erythromycin）为红霉素，SLD（Sulfadiazine）为磺胺嘧啶，SLMZ（Sulfamethazine）磺胺二甲嘧啶，OXY（Oxytetracycline）为土霉素，MIN（Minocycline）为米诺环素，TET（Tetracycline）为四环素，DOX（Doxycycline）为多西环素，OFL（Ofloxacin）氧氟沙星，CAF（Caffeine）为咖啡因，MAL（Malathion）为马拉硫磷，GEM（Gemfibrozil）为吉非罗齐。

图10-6 不同灌溉水源下水稻稻谷PPCPs含量变化（参见文后彩图）

第4篇　作 物 生 长

第 11 章　农村生活再生水灌溉对水稻生长与品质的影响

11.1　概述

农村生活污水中含有大量盐分、悬浮颗粒、有机物等，用于灌溉时不仅会污染环境，还会影响作物生理、生长、产量、品质等（Wu et al.，2022；Kwun et al.，2001；Becerra－castro et al.，2015）。再生水中的盐分和养分对土壤质量和作物生长的负面影响很小且可控。李厚昌（2019）研究发现，随着生活污水输入量的增加，短期内可促进水稻分蘖数和干物质量的增加，水稻植株各器官氮、磷、钾的累积量也逐渐增加，当尾水中氮素输入当量为 300kg/hm^2 时，其生物量、各器官氮、磷、钾含量和产量最大。但当尾水中氮素输入当量超过 300kg/hm^2 时，有效分蘖数反而呈现下降趋势。范东芳（2019）研究发现，农村污水灌溉后作物株高、径粗、鲜重和干重均显著高于清水灌溉处理（$P<0.05$），叶片叶绿素 a、叶绿素 b 和总叶绿素含量显著增加（$P<0.05$）。刘洪禄等（2010）研究发现，污水处理厂二级出水灌溉后，玉米和冬小麦产量增加不明显，对籽粒中的粗蛋白、粗淀粉、可溶性总糖和维生素 C 等品质指标无显著影响。Lyu 等（2021）研究发现再生水灌溉引起的土壤微生物种群、多样性和活动的变化增加了作物产量并保护作物免受污染物的侵害。王脊妮（2018）研究发现，处理后的污水用于灌溉对蔬菜的品质总体上有提升的作用。随着污水浓度的增加，蔬菜中的总糖、硝酸盐均呈增加趋势；处理后的污水灌溉与未处理的污水灌溉相比，蔬菜维生素 C 含量、可溶性蛋白的含量更高。Hashem 等（2022）对番茄品质参数的研究表明，再生水灌溉下品质参数（维生素 C、总酸度、可溶性总糖含量）均高于清水灌溉（蛋白质除外）。严爱兰等（2015）研究发现，与清水灌溉相比，经过一级处理的农村生活污水灌溉后青菜硝酸盐含量增加了 6%。许翠平等（2010）研究表明，生活污水尾水灌溉下蔬菜产量平均增加 23.3%，品质指标不存在显著性差异，硝酸盐含量没有增加，但亚硝酸盐含量增加 51.6%。国内外学者关于经济作物的研究表明，再生水灌溉下经济作物增产效益显著，平均增加 7.4%～60.7%，且再生水灌溉对果实含水率、粗蛋白、氨基酸含量、可溶性总糖、维生素 C、粗灰分、硝酸盐、亚硝酸盐等品质或营养指标无显著影响（吴文勇等，2010；Pollice et al.，2004）。

以上研究表明再生水灌溉对水稻和蔬菜的生长有一定促进作用，与清水灌溉相比对作物品质方面的影响差异性不大，但存在硝酸盐和亚硝酸盐含量超标的风险；而再生水与田间水位调控相结合对作物生长和品质指标方面的影响研究较为缺乏。基于此，本章研究了不同灌溉水源和水位条件下水稻和蔬菜作物生长特性、产量与品质指标变化，通过结构方程模型（SEM）剖析土壤环境质量、水氮利用效率与产量指标之间的因果关系，明确农村生活再生水灌溉稻田水氮利用-土壤环境质量-产量的影响机制，为确定农村生活再生水灌溉田间安全高效调控机制评价因子提供参考。

11.2 水稻生长特性变化

11.2.1 株高

不同灌溉水源和水位调控条件下水稻各生育阶段株高变化见图11-1、表11-1和表11-2。各处理水稻株高均在返青期较小，且无明显差异，分蘖期进入快速生长阶段，之后缓慢增长，到达峰值后缓慢降低至趋于稳定，此时各处理间株高差异性显著。

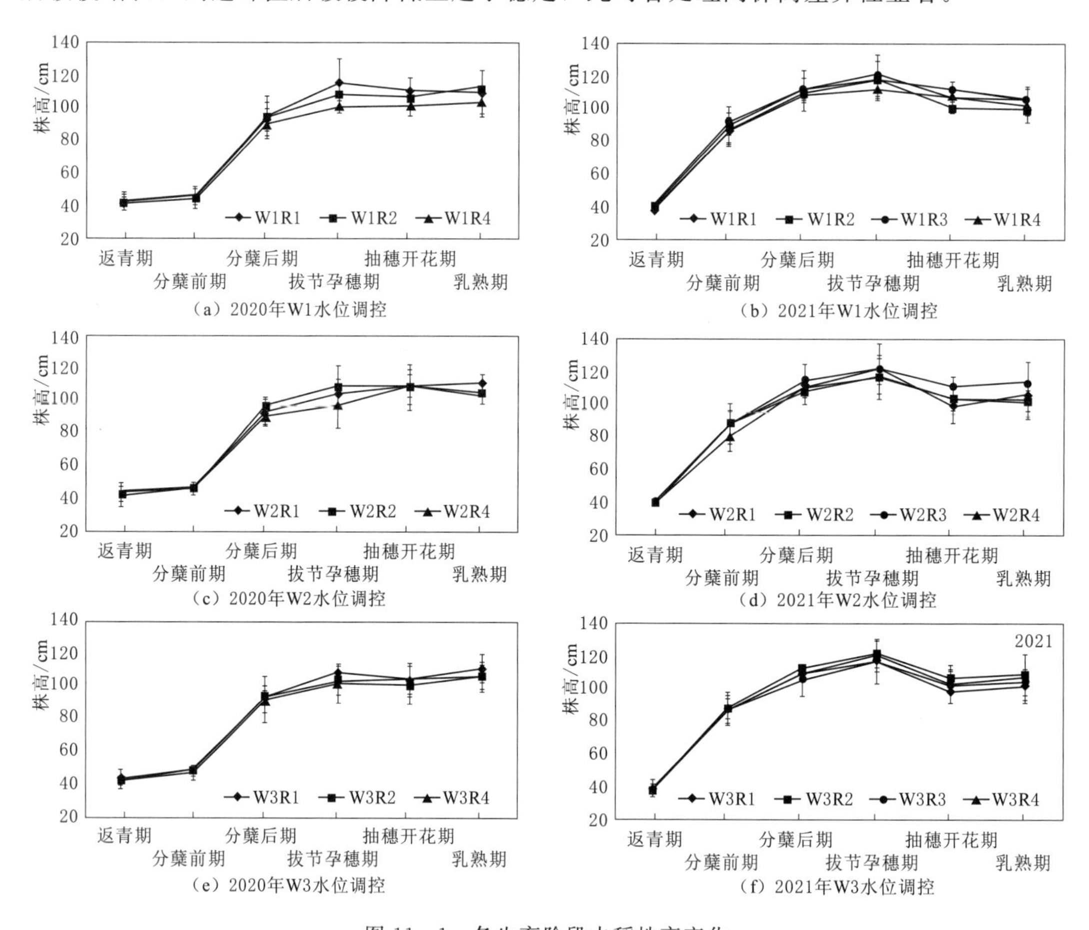

图11-1 各生育阶段水稻株高变化

W1水位调控，2020年，不同灌溉水源株高峰值表现为R1＞R2＞R4。相比R4，R1、R2水源灌溉株高峰值提高了11.4%、8.3%，可见R1、R2水源灌溉之间株高差异小于R1、R4灌溉之间。乳熟期除R1外，其余水源灌溉株高均略有上升，这可能是由于R1水源污染物浓度较高，土壤透气性差，抑制了水稻后期生长；2021年，各处理株高在拔节孕穗期达到最大值，抽穗开花期和乳熟期略有下降，不同灌溉水源株高峰值表现为R1＞R3＞R2＞R4，相比R4，R1、R2、R3株高峰值分别提高了7.3%、4.7%、5.2%，可见W1

表 11-1　　2020 年各生育阶段水稻株高

处理	株　高/cm					
	返青期	分蘖前期	分蘖后期	拔节孕穗期	抽穗开花期	乳熟期
W1R1	43.1bc	46.5c	95.4b	115.87a	110.67a	110b
W1R2	42.5cd	44.2d	95.17b	108.43b	106.57b	112.97a
W1R4	41.4d	46.5c	90.7d	101.07e	101.93c	104d
W2R1	42.3cd	47.1bc	93.97bc	104.57c	109.97a	111.33ab
W2R2	44.2ab	47.5abc	98.17a	109.4b	109.4a	105.87cd
W2R4	45.1a	48.2ab	91.17d	97.83f	109.27a	104.37cd
W3R1	42.5cd	47.5abc	92.27cd	108.77b	104.47b	111.43ab
W3R2	43.6bc	48.5ab	94.57b	103.73cd	101.1c	106.37c
W3R4	44.2ab	48.8a	92.23cd	101.47de	104.9b	106.03c

表 11-2　　2021 年各生育阶段水稻株高

处理	株　高/cm					
	返青期	分蘖前期	分蘖后期	拔节孕穗期	抽穗开花期	乳熟期
W1R1	37.4c	88.2bc	113.3ab	122.7a	108.8bc	106.5bcd
W1R2	41.2a	92.7a	113abc	119.7abc	101.7ef	101f
W1R3	40.5a	91ab	111bcde	120.3abc	113.4a	107.1bc
W1R4	39.3abc	87c	109.7bcde	114.3e	109.2bc	103.4def
W2R1	40.7a	88.1bc	114.7a	121.7a	99.3fg	105.7bcde
W2R2	39.9ab	87.9c	108.3e	117.7bcde	103.2de	102.7ef
W2R3	38.3bc	88.3bc	110.7bcde	122.3a	111ab	113.2a
W2R4	39.3abc	80.3d	110.7bcde	116.3de	103.3de	101.3f
W3R1	38.4bc	88.3bc	108.7de	116.7cde	97.9g	101.3f
W3R2	38.1bc	87.8c	112.3abcd	121ab	106.2cd	108.3b
W3R3	39.4abc	87.8c	105.3f	117cde	102.8e	107bc
W3R4	39.9ab	86.8c	109.5cde	120abcd	101.3ef	104.1cdef

水位调控下 R1、R3 水源灌溉对株高增加有利。

W2 水位调控，2020 年，不同灌溉水源株高峰值表现为 R1>R2>R4。株高变化与 W1 水位调控一致，相比 R4，R1、R2 水源灌溉株高峰值提高了 1.9%、0.1%，可见，不同灌溉水源对株高峰值影响较小，处理间株高偶有显著性差异；2021 年，株高变化与 W1 水位调控一致，不同灌溉水源株高峰值表现为 R3>R1>R2>R4，相比 R4，R1、R2、R3 株高峰值分别提高了 4.6%、1.2%、5.6%，可见 W2 水位调控下，R1、R3 水源灌溉对株高增加有利。

W3 水位调控，2020 年，R1、R2、R4 株高峰值出现在乳熟期，不同灌溉水源株高峰值表现为 R1>R2≈R4。相比 R4，R1、R2 水源灌溉株高峰值分别提高了 5.1%、0.3%，可见 R1 水源灌溉对株高增加有利；2021 年，不同水源灌溉株高峰值均出现在拔节孕穗期，不同灌溉水源株高峰值表现为 R2＞R4＞R3＞R1，相比 R1，R2、R3、R4 株高峰值分别提高了 3.7%、0.3%、2.8%，可见，W3 水位调控下各水源对株高峰值影响较小。

2020 年，对于 R1 水源，不同水位株高峰值表现为 W1＞W3≈W2，相比 W2，W1、W3 株高峰值分别提高了 4.1%、0.1%；对于 R2 水源，不同水位株高峰值表现为 W1＞W2＞W3，相比 W3，W1、W2 株高峰值分别提高了 6.2%、2.8%；对于 R4 水源，不同水位株高峰值表现为 W2＞W3＞W1，相比 W1，W2、W3 株高峰值分别提高了 5.1%、2.0%；2021 年，对于 R1 水源，不同水位株高峰值 W1≈W2＞W3，相比 W3，W1、W2 株高峰值分别提高了 5.1%、4.1%；对于 R2 水源，不同水位株高峰值表现为 W3＞W1＞W2，相比 W2，W1、W3 株高峰值分别提高了 1.7%、2.8%；对于 R3 水源，不同水位株高峰值表现为 W2＞W1＞W3，相比 W3，W1、W2 株高峰值分别提高了 2.8%、4.5%；对于 R4 水源，不同水位株高峰值表现为 W3＞W2＞W1，相比 W1，W2、W3 株高峰值分别提高了 1.7%、5.0%；可见，水位调控对株高峰值影响较小，灌溉水源对株高峰值影响略大。

11.2.2 叶面积

不同灌溉水源和水位条件下水稻各生育阶段叶面积变化如图 11-2 所示。总体而言，叶片叶面积在返青期最小，从分蘖期至拔节孕穗期进入快速增加阶段，抽穗开花期达到最大值，乳熟期时叶面积由于叶片生长衰退而减小，黄熟期时进一步减小。

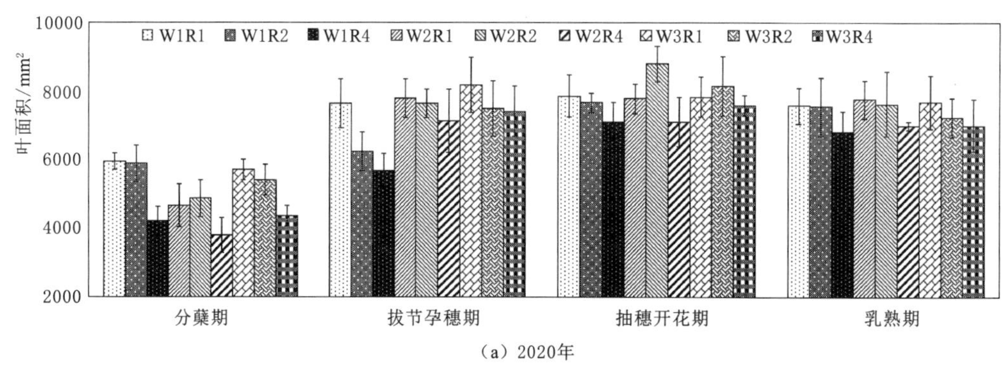

(a) 2020年

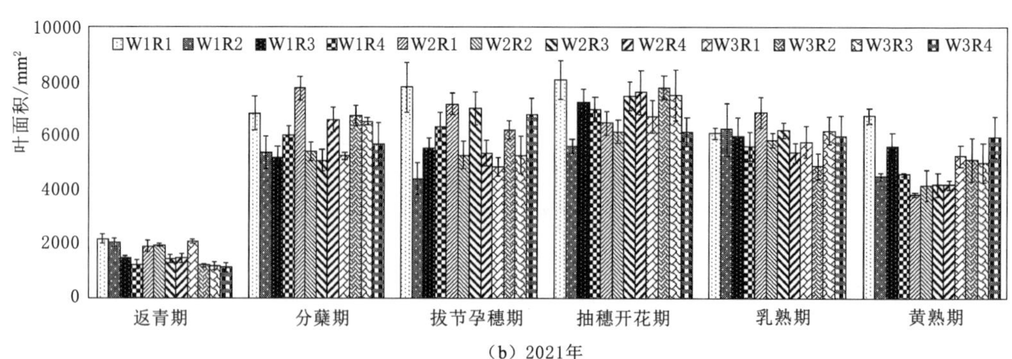

(b) 2021年

图 11-2　各生育阶段水稻叶面积变化

W1 水位调控，R1 水源灌溉各生育阶段水稻叶面积均高于其余水源灌溉处理。分蘖期，2020 年，R1、R2 水源灌溉，水稻叶面积比 R4 分别高 41.1%、39.6%，R1、R2 两处理间无显著差异，R1、R2 与 R4 均有显著差异；2021 年，叶面积大小表现为 R1＞R4＞R2＞R3，相比 R3，R1、R2、R4 水源灌溉叶面积分别增加了 30.9%、3.5%、15.4%，表明分蘖期灌溉水源对叶面积影响较大。拔节孕穗期，2020 年，叶面积大小表现为 R1＞R2＞R4，相比 R4，R1、R2 水源灌溉叶面积分别增加了 34.9%、10.1%，各水源灌溉处理间具有显著差异；2021 年，叶面积大小表现为 R1＞R4＞R3＞R2，相比 R2，R1、R3、R4 叶面积分别增加了 43.2%、25.3%、43.0%，4 种水源灌溉处理之间均有显著差异，表明拔节孕穗期，灌溉水源对叶面积影响较大，2020 年 R1 和 R2 水源灌溉条件下水稻叶片叶面积比 R4 分别高 31.0%和 6.9%。抽穗开花期，2020 年，叶面积大小表现为 R1＞R2＞R4，相比 R4，R1、R2 水源灌溉叶面积分别增加了 10.5%、7.7%；2021 年，叶面积大小表现为 R1＞R3＞R4＞R2，相比 R2，R1、R3、R4 叶面积分别增加了 43.1%、28.8%、23.9%，表明抽穗开花期灌溉水源对叶面积影响较大。乳熟期，2020 年，叶面积大小表现为 R1＞R2＞R4，相比 R4，R1、R2 水源灌溉叶面积分别增加了 11.3%、11.1%；2021 年，叶面积大小表现为 R2＞R3＞R1＞R4，相比 R4，R1、R2、R3 叶面积分别增加了 8.7%、10.2%、7.0%，表明乳熟期灌溉水源对叶面积影响比前三个生育期减弱。

W2 水位调控，分蘖期，2020 年，叶面积大小表现为 R1＞R2＞R4，相比 R4，R1、R2 水源灌溉叶面积分别增加了 31.1%、24.0%，各处理间差异显著；2021 年，叶面积大小表现为 R2≈R1＞R4≈R3，相比 R3、R4，R1、R2 叶面积均约增加 30%，R3、R4 与 R1、R2 差异显著。拔节孕穗期，2020 年，叶面积大小表现为 R1＞R2＞R4，相比 R4，R1、R2 水源灌溉叶面积分别增加了 9.2%、7.2%，各处理间具有显著差异，2021 年，叶面积大小表现为 R1＞R4＞R2＞R3，相比 R3，R1、R2、R4 叶面积分别增加了 51.1%、6.1%、2.9%，其中 R1 增幅最大。抽穗开花期，2020 年，叶面积大小表现为 R1＞R2＞R4，相比 R4，R1、R2 水源灌溉叶面积分别增加了 9.5%、24.0%，2021 年，叶面积大小表现为 R4＞R3＞R1＞R2，相比 R2，R1、R3、R4 叶面积分别增加了 5.1%、21.3%、23.5%，不同处理之间具有显著差异。乳熟期，2020 年，叶面积大小表现为 R2＞R1＞R4，相比 R4，R1、R2 水源灌溉叶面积分别增加了 11.1%、9.0%，R4 处理与 R1、R2 具有显著差异，2021 年，叶面积大小表现为 R1＞R3＞R2＞R4，相比 R4，R1、R2、R3 叶面积分别增加了 27.5%、8.3%、15.5%，各处理亦表现出明显差异。

W3 水位调控，分蘖期，2020 年，叶面积大小表现为 R1＞R2＞R4，相比 R4，R1、R2 水源灌溉叶面积分别增加了 22.6%、28.2%，各处理间具有显著性差异；2021 年，叶面积大小表现为 R2＞R3＞R4＞R1，相比 R1，R2、R3、R4 叶面积分别增加了 28.0%、24.5%、8.0%。拔节孕穗期，2020 年，叶面积大小表现为 R1＞R2＞R4，相比 R4，R1、R2 水源灌溉叶面积分别增加了 10.3%、1.0%，R1 与 R2、R4 差异显著；2021 年，叶面积大小表现为 R2＞R4＞R3＞R1，相比 R3，R1、R2、R4 叶面积分别增加了 27.5%、8.6%、39.4%，各处理间差异显著。抽穗开花期，2020 年，叶面积大小表现为 R2＞R1＞R4，相比 R4，R1、R2 水源灌溉叶面积分别增加了 3.3%、7.6%；2021 年，叶面积大小表现为 R2＞R3＞R1＞R4，相比 R4，R1、R2、R3 叶面积分别增加了 9.2%、26.5%、22.2%，各处理在 2020 年、2021 年均表现为显著差异。乳熟期，2020 年，叶面积大小表现为 R1＞R2＞R4，相比 R4，R1、R2 水源灌溉叶面积分别增加了 9.6%、3.2%；2021 年，叶面积大小表现为 R3>R4>R1>R2，相比 R2，R1、R3、R4 叶面积分别增加了 18.2%、26.8%、18.5%，处理间具有显著差异。

分蘖期，2020 年，叶面积均值表现为 W1＞W3＞W2，相比 W2，W1、W3 水位调控叶面积分别增加了 20.5%、16.4%；2021 年，叶面积均值表现为 W2＞W3＞W1，相比 W1，W2、W3 水位调控叶面积分别增加了 6.0%、3.4%，表明分蘖期中低水位有利于叶面积增加。拔节孕穗期，2020 年，叶面积均值表现为 W3＞W2＞W1，相比 W2，W1、W3 水位调控叶面积分别增加了 18.2%、2.7%；2021 年，叶面积均值表现为 W2>W1>W3，相比 W3，W1、W2 水位调控叶面积分别增加了 4.0%、7.4%，表明拔节孕穗期中水位调控有利于叶面积增加。抽穗开花期，2020 年，叶面积均值表现为 W2＞W3＞W1，相比 W1，在 W2、W3 水位条件下叶面积分别增加了 4.4%、4.1%；2021 年，叶面积均值表现为 W3>W1>W2，相比 W2，W1、W3 水位调控叶面积分别增加了 0.7%、1.6%，表明抽穗开花期水位调控对叶面积影响不大。乳熟期，2020 年，叶面积均值表现为 W2>W1>W3，相比 W3，W1、W2 调控叶面积分别增加了 0.1%、2.1%；2021 年，叶面积均值表现为 W2>W1>W3，相比 W3，W1、W2 水位调控叶面积分别增加了 4.7%、6.3%，表明乳熟期中低水位调控有利于叶面积增加。

以上分析可见，分蘖期中低水位调控有利于叶面积增加，拔节孕穗期中水位调控有利于叶面积增加，抽穗开花期水位调控对叶面积影响不显著，乳熟期中低水位调控有利于叶面积增加；对于中低水位调控 R1、R2、R3 水源灌溉对叶面积增加均有利，对于高水位调控，R2、R3 水源灌溉对叶面积增加均有利，同时随着生育阶段推进，分蘖期、拔节期孕穗期、抽穗开花期灌溉水源对叶面积影响强烈，乳熟期后灌溉水源对叶面积影响减弱。

11.2.3　地上部分干物质

不同灌溉水源和水位调控条件下水稻各生育阶段地上部分干物质积累量变化见图 11-3。可以看出，茎和叶干物质积累量均呈先增加后减小的趋势，分蘖期时最小，抽穗开花期达到最大，乳熟期略有减小，穗部随着生育期推进呈现增加趋势，在乳熟期达到最大值。

对于茎部，分蘖期，2020 年，不同水位调控干物质量表现为 W1＞W3＞W2，相比 W2，W1、W3 水位调控干物质量分别增加了 7.5%、4.9%，对于不同灌溉水源干物质量表现为 R1>R4>R2，相比 R2，R1、R4 水源灌溉干物质量分别增加了 18.1%、15.6%；2021 年，在不同水位调控干物质量表现为 W1＞W2≈W3，相比 W3，W1、W2 水位调控干物质量分别增加了 18.3%、4.4%，对于不同灌溉水源干物质量表现为 R1≈R2>R4≈R3，相比 R3，R1、R2、R4 水源灌溉干物质量分别增加了 7.2%、2.0%、0.3%。拔节孕穗期，2020 年，不同水位调控干物质量表现为 W3>W2>W1，相比 W1，W2、W3 水位调控干物质量分别增加了 3.4%、11.4%，对于不同灌溉水源干物质量表现为 R4＞R2＞R1，相比 R1，R2、R4 水源灌溉干物质量分别增加了 16.7%、20.7%；2021 年，不同水位调控干物质量表现为 W3>W2>W1，相比 W1，W2、W3 水位调控干物质量分别增

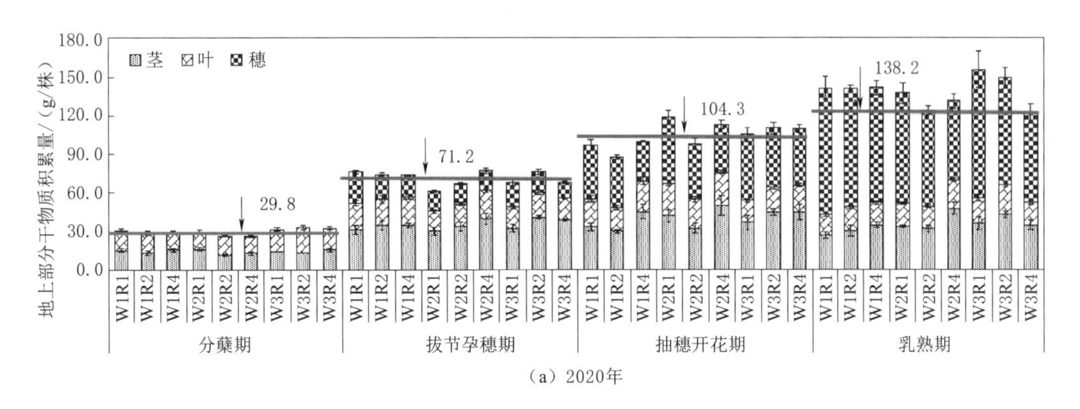

(a) 2020年

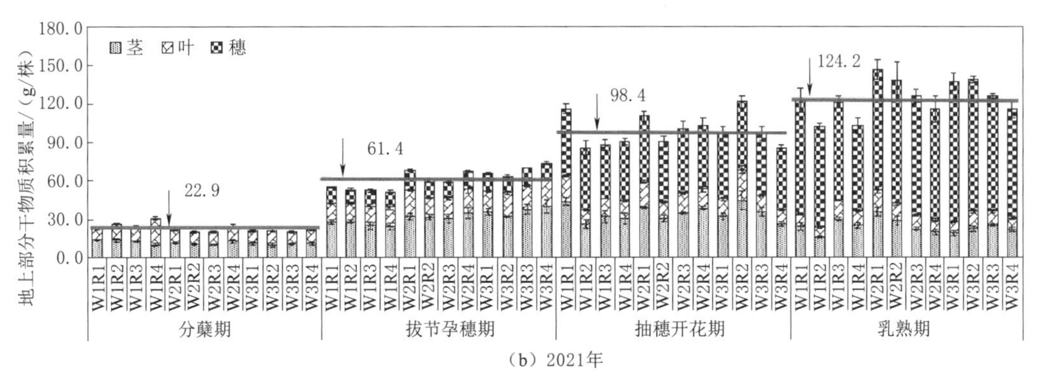

(b) 2021年

图 11-3　各生育阶段地上部分干物质积累量变化

加了 21.8%、31.2%，对于不同灌溉水源干物质量表现为 R4>R1>R3>R2，相比 R2，R1、R3、R4 水源灌溉干物质量分别增加了 3.9%、1.5%、7.7%。抽穗开花期，2020 年，不同水位调控干物质量表现为 W3>W2>W1，相比 W1，W2、W3 水位调控干物质量分别增加了 14.0%、15.8%，对于不同灌溉水源干物质量表现为 R4>R1>R2，相比 R2，R1、R4 水源灌溉干物质量分别增加了 4.3%、30.0%；2021 年，在不同水位调控干物质量表现为 W2>W3>W1，相比 W1，W2、W3 水位调控干物质量分别增加了 8.2%、5.1%，对于不同灌溉水源干物质量表现为 R1>R3>R2>R4，相比 R4，R1、R3、R4 水源灌溉干物质量分别增加了 20.2%、5.9%、7.8%。乳熟期，2020 年，不同水位调控干物质量表现为 W3>W2>W1，相比 W1，W2、W3 水位调控干物质量分别增加了 22.8%、24.3%，对于不同灌溉水源干物质量表现为 R4>R2>R1，相比 R1，R2、R4 水源灌溉干物质量分别增加了 8.6%、21.0%；2021 年，同水位调控干物质量表现为 W2>W1>W3，相比 W3，W1、W2 水位调控干物质量分别增加了 7.2%、20.1%，对于不同灌溉水源干物质量表现为 R1>R3>R2>R4，相比 R4，R1、R2、R3 水源灌溉干物质量分别增加了 18.4%、0.1%、1.6%。综上，分蘖期低水位调控 R1、R2 水源灌溉有利于茎干物质增加，拔节孕穗期高水位调控 R4 水源灌溉有利于茎干物质积累，抽穗开花期中高水位调控 R1 水源灌溉有利于茎干物质累积，乳熟期中高水位调控 R3、R4 水源灌溉有利于茎干物质累积。

对于叶部，分蘖期，2020 年，不同水位调控干物质量表现为 W3>W1>W2，相比

W2，W1、W3水位调控干物质量分别增加了8.1%、32.0%，对于不同灌溉水源干物质量表现为R2>R1>R4，相比R4，R1、R2水源灌溉干物质量分别增加了5.4%、13.8%；2021年，不同水位调控干物质量表现为W1>W2>W3，相比W3，W1、W2水位调控干物质量分别增加了28.7%、4.4%，对于不同灌溉水源干物质量表现为R4>R2>R3>R1，相比R1，R2、R3、R4水源灌溉干物质量分别增加了12.1%、5.0%、46.7%。拔节孕穗期，2020年，在不同水位条件下干物质量表现为W1>W2>W3，相比W3，W1、W2水位调控干物质量分别增加了15.6%、3.2%，对于不同灌溉水源干物质量表现为R4>R2>R1，相比R1，R2、R4水源灌溉干物质量分别增加了8.1%、14.9%；2021年，不同水位调控干物质量表现为W3>W2>W1，相比W1，W2、W3水位调控干物质量分别增加了19.3%、26.7%，对于不同灌溉水源干物质量表现为R1>R3>R4>R2，相比R2，R1、R3、R4水源灌溉干物质量分别增加了41.2%、4.7%、40.3%。抽穗开花期，2020年，不同水位调控干物质量表现为W2>W1>W3，相比W3，W1、W2水位调控干物质量分别增加了9.4%、28.0%，对于不同灌溉水源干物质量表现为R4>R1>R2，相比R2，R1、R4水源灌溉干物质量分别增加了6.9%、18.5%；2021年，不同水位调控干物质量表现为W2>W3>W1，相比W1，W2、W3水位调控干物质量分别增加了6.1%、3.6%，对于不同灌溉水源干物质量表现为R1>R2>R3>R4，相比R4，R1、R2、R3水源灌溉干物质量分别增加了35.5%、25.1%、4.8%。乳熟期，2020年，不同水位调控干物质量表现为W3>W2>W1，相比W1，W2、W3水位调控干物质量分别增加了10.9%、15.3%，对于不同灌溉水源干物质量表现为R2>R4>R1，相比R1，R2、R4水源灌溉干物质量分别增加了11.0%、6.9%；2021年，同水位调控干物质量表现为W2>W1>W3，相比W3，W1、W2水位调控干物质量分别增加了3.1%、19.7%，对于不同灌溉水源干物质量表现为R3>R1>R2>R4，相比R4，R1、R2、R3水源灌溉干物质量分别增加了19.9%、16.2%、22.2%。综上，分蘖期中低水位调控R2水源灌溉有利于叶部干物质增加，拔节孕穗期高水位调控R4水源灌溉有利于叶部干物质积累，抽穗开花期中水位调控R1水源灌溉有利于叶部干物质累积，乳熟期中水位调控R2水源灌溉有利于叶部干物质累积。

对于穗部，拔节孕穗期，2020年，不同水位调控干物质量表现为W1>W3≈W2，相比W2，W1、W3水位调控干物质量分别增加了29.6%、1.5%，对于不同灌溉水源干物质量表现为R1>R2>R3，相比R3，R1、R2水源灌溉干物质量分别增加了30.3%、14.2%；2021年，不同水位调控干物质量表现为W2>W3>W1，相比W1，W2、W3水位调控干物质量分别增加了15.9%、9.6%，对于不同灌溉水源干物质量表现为R1>R3>R4≈R2，相比R2，R1、R3、R4水源灌溉干物质量分别增加了13.7%、4.7%、4.0%。抽穗开花期，2020年，不同水位调控干物质量表现为W3>W2>W1，相比W1，W2、W3水位调控干物质量分别增加了17.0%、25.8%，对于不同灌溉水源干物质量表现为R1>R2>R4，相比R4，R1、R2水源灌溉干物质量分别增加了29.1%、14.8%；2021年，不同水位调控干物质量表现为W3>W2>W1，相比W1，W2、W3水位调控干物质量分别增加了6.1%、6.4%，对于不同灌溉水源干物质量表现为R1>R2>R4≈R3，相比R3，R1、R2、R4水源灌溉干物质量分别增加了10.2%、5.8%、2.2%。乳熟期，

2020年，不同水位调控干物质量表现为W1>W3>W2，相比W2，W1、W3水位调控干物质量分别增加了25.8%、13.6%，对于不同灌溉水源干物质量表现为R1>R2>R4，相比R4，R1、R2水源灌溉干物质量分别增加了29.2%、13.5%；2021年，不同水位调控干物质量表现为W3>W2>W1，相比W1，W2、W3水位调控干物质量分别增加了19.2%、24.8%，对于不同灌溉水源干物质量表现为R1>R2>R3>R4，相比R4，R1、R2、R3水源灌溉干物质量分别增加了22.9%、16.9%、9.4%。综上，拔节孕穗期中低水位调控R1水源灌溉有利于穗部干物质积累，抽穗开花期中高水位调控R1、R2水源灌溉有利于穗部干物质累积，乳熟期低水位调控R1、R2水源灌溉有利于穗部干物质累积。

11.3 水稻产量与品质变化

11.3.1 产量及相关因子分析

不同灌溉水源和水位调控下水稻产量及其相关构成因子变化见表11-3。

表11-3 不同灌溉水源和水位调控下水稻产量及其相关构成因子变化

年度	处理	有效穗数	穗长/cm	5穗实粒数	5穗秕粒数	千粒重/g	理论产量/(kg/hm²)	实际产量湿重/(kg/hm²)	实际产量干重/(kg/hm²)
2020	W1R1	40	21.93	2193	301	24.05	10618e	10320d	9288
	W2R1	42	22.64	2072	179	24.96	10953d	11260b	10134
	W3R1	45	22.82	2053	225	23.04	10634e	12227a	11004
	W1R2	44	22.15	2084	242	25.37	11713c	12387a	11148
	W2R2	44	20.38	1941	333	25.55	11100d	11030c	9927
	W3R2	55	21.91	1609	224	26.39	11700c	9893e	8903
	W1R4	60	21.19	1699	161	26.50	13650a	10220d	9198
	W2R4	57	20.13	1777	138	26.52	13520a	9703f	8733
	W3R4	59	21.11	1608	115	28.03	13208b	9653f	8688
2021	W1R1	46	21.97	2005	142	25.19	11676a	11146d	10021
	W2R1	45	21.38	1904	210	24.56	10773c	11984b	10054
	W3R1	49	21.36	1862	136	25.36	11607a	11356c	9920
	W1R2	42	21.31	2125	53	24.46	11068b	11359c	9813
	W2R2	49	22.02	1772	92	24.5	10683c	11093d	9564
	W3R2	43	21.33	1891	71	23.66	9588f	12199a	10968
	W1R3	38	21.10	1712	288	23.28	7631h	11316c	10174
	W2R3	39	20.89	1970	101	23.35	8984g	11372c	10224
	W3R3	47	20.69	1939	147	23.1	10705c	9943f	9340
	W1R4	51	20.87	1748	211	23.43	10439d	9743g	9152
	W2R4	49	20.61	1645	176	24.39	10038e	9870fg	9271
	W3R4	45	20.71	1655	218	25.47	9578f	10400e	9790

11.3.1.1　有效穗数

2020 年，不同水位调控有效穗数表现为 W3>W1≈W2，相比 W2 调控，W1、W3 调控有效穗数分别增加了 0.7%、11.2%；不同灌溉水源有效穗数表现为 R4>R2>R1，相比 R1 水源，R2、R4 水源灌溉有效穗数分别增加了 12.6%、38.6%。

2021 年，不同水位调控有效穗数相近，表现为 W3>W2>W1，相比 W1 调控，W2、W3 调控有效穗数分别增加了 2.8%、4.0%。不同灌溉水源有效穗数表现为 R4>R1>R2>R3，相比 R3 水源，R1、R2、R4 水源灌溉有效穗数分别增加了 12.9%、8.1%、16.9%。可见，中高水位调控下 R1、R2、R4 水源灌溉均有利于有效穗数的增加。

11.3.1.2　穗长

2020 年，不同水位调控穗长表现为 W3>W1≈W2，相比 W2 调控，W1、W3 调控穗长分别增加了 3.3%、4.4%。不同灌溉水源穗长表现为 R1>R2>R4，相比 R4 水源，R1、R2 水源灌溉穗长分别增加了 7.9%、3.2%。

2021 年，不同水位调控穗长相近，表现为 W1>W2>W3，相比 W3 调控，W1、W2 调控穗长分别增加了 1.4%、0.9%。不同灌溉水源穗长表现为 R1≈R2>R3≈R4，相比 R4 水源，R1、R2、R3 水源灌溉穗长分别增加了 4.1%、4.0%、0.8%。可见，中高水位调控下 R1、R2、R4 水源灌溉均有利于有效穗数的增加。此外，水位调控对穗长影响不明显，R1、R2 水源灌溉有利于穗长增加。

11.3.1.3　实粒数

2020 年，不同水位调控实粒数表现为 W1>W2>W3，相比 W3 调控，W1、W2 调控实粒数分别增加了 13.4%、9.9%。不同灌溉水源实粒数表现为 R1>R2>R4，相比 R4 水源，R1、R2 水源灌溉实粒数分别增加了 24.3%、10.8%。

2021 年，不同水位调控实粒数相近，表现为 W1>W3>W2，相比 W2 调控，W1、W3 调控实粒数分别增加了 4.1%、0.7%。不同灌溉水源实粒数表现为 R2≈R1>R3>R4，相比 R4 水源，R1、R2、R3 水源灌溉实粒数分别增加了 14.3%、14.7%、11.4%。可见，中低水位调控下 R1、R2、R3 水源灌溉均有利于实粒数增加。

11.3.1.4　秕粒数

2020 年，不同水位调控秕粒数表现为 W1>W2>W3，相比 W3 调控，W1、W2 调控秕粒数分别增加了 24.8%、15.2%。不同灌溉水源秕粒数表现为 R2>R1>R4，相比 R4 水源，R1、R2 水源灌溉秕粒数分别增加了 70.3%、93.0%。

2021 年，不同水位调控秕粒数表现为 W1≈W2>W3，不同灌溉水源秕粒数表现为 R4>R3>R1>R2，相比 R2 水源，R1、R2、R3 水源灌溉秕粒数分别增加了 125.9%、148.1%、180.1%。可见，灌溉水源对秕粒数影响不明显，高水位调控有利于秕粒数降低。

11.3.1.5　千粒重

2020 年，不同水位调控千粒重接近，表现为 W3>W2>W1，相比 W1 调控，W2、W3 调控千粒重分别增加了 1.6%、2.0%。不同灌溉水源千粒重表现为 R4>R2>R1，相比 R1 水源，R2、R4 水源灌溉千粒重分别增加了 7.3%、12.5%。

2021 年，不同水位调控千粒重相近，表现为 W1>W2>W1，相比 W1 调控，W2、

W3 调控千粒重分别增加了 0.5%、0.1%。不同灌溉水源千粒重表现为 R1>R4>R2>R3，相比 R3 水源，R1、R2、R4 水源灌溉千粒重分别增加了 7.7%、4.1%、5.1%。同时可以看出，适宜地增加田间蓄水深度有助于提高千粒重，但过高的水位抑制了 R1 水源灌溉下水稻千粒重，R2 和 R4 则无抑制作用，这可能是由于 R1 水源污染物浓度较高，过高水位影响了根系呼吸和土壤透气性，而 R2 水源污染物浓度相对较低，对根系的抑制作用不明显。2021 年不同水源对千粒重影响效果不同，可能是由于再生水灌溉对千粒重增加的影响有滞后性，随着灌溉年限的增加出现累积效应。综上，高水位调控 R3、R4 水源水源灌溉有利于千粒重增加，中低水位 R1、R2 水源灌溉有利于千粒重增加。

11.3.1.6　产量

对于产量（实际产量湿重），2020 年和 2021 年不同处理对应产量不同，差异较为显著。2020 年，不同水位调控产量表现为 W1>W2>W3，相比 W3 调控，W1、W2 调控产量分别增加了 3.6%、0.7%。不同灌溉水源产量表现为 R1≈R2>R4，相比 R4 水源，R1、R2 水源灌溉产量分别增加了 14.3%、12.6%。2021 年，不同水位调控产量接近，表现为 W2>W3≈W1，相比 W1 调控，W2、W3 调控产量分别增加了 1.7%、0.8%，不同灌溉水源产量表现为 R2>R1>R3>R4，相比 R4 水源，R1、R2、R3 水源灌溉产量分别增加了 14.9%、15.5%、8.7%。可见，3 种水位调控对产量影响不明显，R1、R2 水源灌溉对产量增加明显。

11.3.2　稻谷品质

不同灌溉水源和水位调控下稻谷品质指标变化见表 11-4。

表 11-4　　稻谷品质指标变化

处理	直链淀粉含量/%		蛋白质含量/(mg/kg)		亚硝酸盐含量/(mg/kg)		硝酸盐含量/(mg/kg)	
	2020 年	2021 年	2020 年	2021 年	2020 年	2021 年	2020 年	2021 年
W1R1	9.95	13.50	6.13	6.70	1.10	0.33	3.30	3.15
W1R2	9.48	13.27	6.79	7.27	0.00	0.00	0.00	4.17
W1R3	—	13.23	—	6.76	—	0.00	—	3.10
W1R4	9.61	13.27	7.08	6.78	0.00	0.00	0.00	2.80
W2R1	9.90	13.23	6.35	6.91	0.86	0.00	2.60	3.77
W2R2	9.67	13.40	5.27	7.03	0.00	0.00	0.00	3.30
W2R3	—	13.27	—	6.66	—	0.00	—	2.80
W2R4	9.96	13.33	6.84	6.86	0.00	0.00	0.00	2.93
W3R1	9.52	13.33	6.94	6.70	0.00	0.00	0.00	4.70
W3R2	9.74	13.23	7.51	7.68	0.00	0.00	0.00	3.50
W3R3	—	13.37	—	6.61	—	0.00	—	3.00
W3R4	10.10	13.50	6.74	7.07	0.00	0.00	0.00	1.30

11.3.2.1　直链淀粉

2020 年，不同水位调控直链淀粉含量表现为 W2（9.84%）>W3（9.72%）≈W1（9.68%），相比 W1，W2、W3 水位调控稻谷直链淀粉含量分别增加了 16.9%、

3.8%。不同水源灌溉表现为R4（9.89%）≈R1（9.79%）>R2（9.63%），相比R2，R1、R4水源灌溉稻谷直链淀粉含量分别增加了1.7%、2.7%。2021年，不同水位调控直链淀粉含量表现为W3（13.33%）≈W1（13.32%）≈W2（13.31%），不同水源灌溉表现为R4（13.36%）≈R1（13.35%）≈R2（13.30%）≈R3（13.29%），表明2021年水位调控、灌溉水源对直链淀粉含量影响不明显。综上，中高水位调控下各灌溉水源均有利于直链淀粉含量增加。

11.3.2.2　蛋白质

2020年，不同水位调控蛋白质含量表现为W1（6.67mg/kg）>W3（6.35mg/kg）>W2（6.15mg/kg），相比W2，W1、W3水位调控稻谷蛋白质含量分别增加了8.3%、3.1%。不同水源灌溉表现为R4（6.89mg/kg）>R2（6.52mg/kg）≈R1（6.47mg/kg），相比R1，R2、R4水源灌溉稻谷蛋白质含量分别增加了0.8%、6.4%。2021年，不同水位调控蛋白质含量表现为W1（6.88mg/kg）≈W2（6.87mg/kg）≈W3（6.81mg/kg），相对W3，W1、W2水位调控稻谷蛋白质含量分别增加了1.0%、0.8%。不同水源灌溉表现为R2（7.33mg/kg）>R4（6.90mg/kg）>R1（6.77mg/kg）≈R3（6.68mg/kg），相比R3，R1、R2、R4水源灌溉稻谷蛋白质含量分别增加了1.4%、9.7%、3.4%。综上，中低水位调控下R2、R4水源灌溉有利于稻谷蛋白质含量增加。

11.3.2.3　亚硝酸盐

2020年，仅R1水源灌溉中低水位调控（W1、W2）处理分别检测出1.1mg/kg、0.86mg/kg亚硝酸盐。2021年，仅在R1水源灌溉低水位调控（W1）处理检测出0.33mg/kg，其余处理均未检测出亚硝酸盐。2020年仅R1水源灌溉中低水位调控（W1、W2）处理分别检测出3.3mg/kg、2.6mg/kg亚硝酸盐。2021年，各处理稻谷均检测出硝酸盐，不同水位调控下硝酸盐含量表现为W3（3.45mg/kg）>W1（3.31mg/kg）>W2（3.20mg/kg），相比W2，W1、W3水位调控下稻谷硝酸盐含量分别增加了3.3%、7.3%。不同水源灌溉表现为R1（3.87mg/kg）>R2（3.66mg/kg）>R3（2.97mg/kg）≈R4（2.34mg/kg）。相比R4，R1、R2、R3水源灌溉稻谷硝酸盐含量分别增加了65.3%、56.0%、26.6%。可以看出，随着田间控制水位升高，稻谷中硝酸盐含量有升高趋势，R1、R2、R3水源灌溉稻谷中硝酸盐含量显著增加。

综上，随着水位的升高，蛋白质含量减少，直链淀粉含量增加；R1水源灌溉稻谷硝酸盐和亚硝酸盐含量最高，硝酸盐含量随着田间水位升高呈现增加趋势；R2、R3、R4水源灌溉稻谷中不含亚硝酸盐。

11.4　蔬菜产量与品质变化

对经济作物（空心菜）进行4种水源灌溉后，品质指标和产量变化见表11-5。可以看出，其中R4水源灌溉下植株水分含量最高，R2水源灌溉条件下植株水分含量最低，但不同水源灌溉条件下差异不大。R1、R2、R3水源灌溉下空心菜硝酸盐含量显著低于R4。R4水源灌溉下空心菜维生素C含量和产量最高，R1水源灌溉相对最低，但是各水源灌溉之间差异不显著。

表 11-5　　空心菜品质指标及产量变化

处理	水分含量/(g/100g)	硝酸盐含量/(mg/kg)	维生素C含量/(mg/100g)	产量/(kg/hm^2)
M2R1	92.7	446.5	9.48	6972
M2R2	92.1	181.6	9.55	7096
M2R3	92.5	356.4	9.50	7024
M2R4	93.3	1183.0	9.57	7188

11.5　土壤环境质量-水氮利用-产量影响路径

为明晰农村生活再生水灌溉稻田土壤环境质量指标对产量的影响机制，采用结构方程模型剖析土壤环境质量、水氮利用效率与产量指标之间的因果关系。建立结构方程模型及路径分析结果见图 11-4，模型参数拟合结果见表 11-6。可以看出，除 RMSEA 外，模型其他拟合参数（p、χ^2/df、GFI 等）均在标准范围内，说明模型与样本数据间可以适配，且模型适配良好。可以看出，IWA（灌溉水量）、RWUE（降雨利用率）和 NO_3^--N 对 NUE（氮素利用效率）产生显著的正向影响关系；IWA 对 RWUE 产生显著的负向影响关系，对 NH_4^+-N 产生显著的正向影响关系；pH 对 NH_4^+-N 产生显著的负向影响关系；NUE 对 EC 产生显著的正向影响关系；IWA 和 pH 会对 EC 产生显著的负向影响关系；NUE、RWUE、NO_3^--N 和 EC 对 Yield（产量）产生显著的正向影响关系。中介效

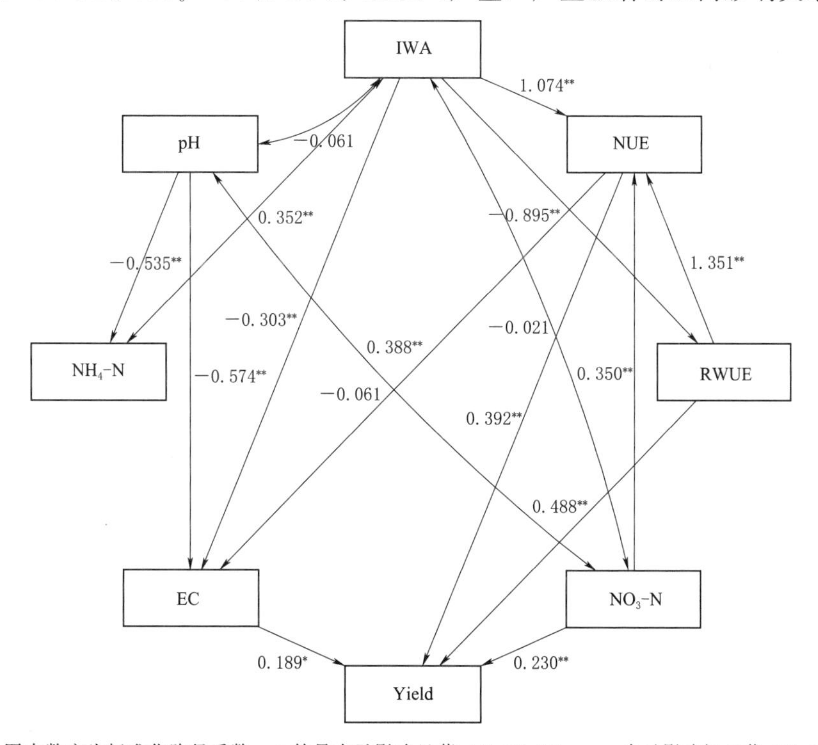

说明：图中数字为标准化路径系数，* 符号表示影响显著（$P<0.05$），** 表示影响极显著（$P<0.01$）。

图 11-4　农村生活污水灌溉稻田环境质量对水氮利用与产量影响的路径分析

应分析结果见表11－7。可以看出，IWA＝＞RWUE＝＞Yield呈现完全中介效应，即IWA对Yield的影响机制，首先通过IWA影响中介变量RWUE，中介变量RWUE进而影响Yield；IWA＝＞EC＝＞Yield呈现部分中介效应，即IWA对Yield的影响机制，一部分通过IWA对Yield直接影响，一部分通过中介变量EC影响，影响效应为27.9%；NUE＝＞EC＝＞Yield呈现部分中介效应，即NUE对Yield的影响机制，一部分通过NUE对Yield直接影响，一部分通过中介变量EC影响，影响效应为25.0%；pH＝＞EC＝＞Yield呈现遮掩效应（Suppression effect），遮掩效应会增加自变量与因变量之间的总效应，即控制遮掩变量EC后，pH对Yield作用将加强。

表11－6　　　　模型参数拟合结果

指标	χ^2	df	p	χ^2/df	GFI	RMSEA	RMR	CFI	NFI	NNFI
标准	—	—	＞0.05	＜3	＞0.9	＜0.10	＜0.05	＞0.9	＞0.9	＞0.9
拟合值	18.625	12	0.098	1.552	0.982	0.126	0.002	0.965	0.914	0.918

表11－7　　　　中介效应分析结果

X＝＞M＝＞Y	c	a	b	$a\times b$	95%置信区间	c'	检验结果	效应/%
IWA＝＞RWUE＝＞Yield	-0.184^{**}	-0.869^{**}	0.309^{**}	−0.269	−1.148～−0.552	0.084	完全中介	100
IWA＝＞EC＝＞Yield	-0.184^{**}	−0.252	0.204^{**}	−0.051	−0.320～−0.026	-0.133^{**}	部分中介	27.9
pH＝＞EC＝＞Yield	−0.149	-1.535^{**}	0.337^{**}	−0.518	−0.813～−0.152	0.368^{*}	遮掩效应	61.9
NUE＝＞EC＝＞Yield	0.605^{**}	0.914^{**}	0.166^{**}	0.151	0.036～0.331	0.454^{**}	部分中介	25.0

注　c表示X与Y的回归系数（当模型中没有中间变量M时），即总效应；a代表X对M的回归系数，b代表M对Y的回归系数，$a\times b$是a和b的乘积，即中间效应；c'表示X与Y的回归系数（当模型中存在中间变量M时），即直接效应；符号表示中介效应显著（$P<0.05$），**符号表示中介效应极显著（$P<0.01$）。

第 5 篇　技术模式与工程建设

第12章　农村生活再生水灌溉田间安全高效调控机制

12.1　概述

农村生活再生水灌溉条件下的水肥管理调控原理与常规灌溉类似，主要是借助灌溉施肥技术参数，如灌溉上限、下限、蓄雨（污）上限、耐淹与耐旱历时、施肥量、施肥次数与时机等，改变水肥在土壤中的分布特性，进而影响作物的吸收利用过程（Zhuang et al.，2019）。再生水灌溉调控除了要提高水肥的利用效率以外，还需实现防止污染物（重金属、大肠杆菌、新兴污染物等）与盐分累积，降低污染风险、保证再生水灌溉安全性的目标（Gottschall et al.，2012；Ugulu et al.，2021）。因此，再生水灌溉调控应综合考虑养分、盐分和污染物等的运移转化过程及作物生长和品质的响应（Alkhamisi et al.，2017；Bastida et al.，2019）。

以往研究中，考虑最多的灌溉调控技术指标是田面水层深度、土壤含水率（Li et al.，2021b；Xiao et al.，2022）。通过改变田面水层深度、土壤含水率调控灌溉水量变化，进而改变不同土层深度的养分、盐分含量，减少土壤盐分累积和淋失风险，同时也可影响土壤中微生物的活性，改善土壤肥力状况。可以看出，目前有关再生水灌溉调控的研究大都仅考虑了盐分累积的影响，对养分和污染物指标及其相互作用的影响均未涉及，存在调控目标单一、描述技术参数影响的定量化程度不够、对水肥盐和污染物指标转化过程及作物响应特征等因素考虑不足等问题，影响了调控的效果，限制了再生水灌溉综合效益的发挥（栗岩峰等，2015）。为此，应将再生水灌溉调控技术参数的调控范围从水肥运移的物理过程，扩展到包含多种生化反应的土壤、水环境行为特征变化，建立再生水灌溉安全高效技术指标评价体系，进而得出更为科学合理的再生水灌溉安全高效调控技术参数组合。

基于此，本章建立了基于节水（节约灌溉用水）、减氮（减少氮素流失）、高效（水氮高效利用）、安全（土壤、地下水、作物品质安全）的再生水灌溉评价技术指标体系，应用熵权法确定权重，建立了TOPSIS评价模型，选取土壤-作物安全［土壤重金属综合潜在生态风险指数（RI）和新兴污染物（PPCPs）、籽粒重金属和PPCPs含量］、水氮高效利用与微生物多样性［灌溉水利用效率（WUE_I）、降雨利用效率（RUE）、氮素利用效率（NUE）和生物多样性（Shannon指数）］、经济效益（增产效益）共计19个指标作为评价因子，对不同灌溉水源与水位调控方案进行优选，初步确定了农村生活再生水安全高效灌溉调控准则。

12.2　农村生活再生水灌溉安全高效评价体系

12.2.1　建立稻田田间安全高效调控评价指标体系

农村生活再生水灌溉稻田田间安全高效利用的评价指标体系主要涉及水土环境安全、水肥资源高效利用、经济效益与作物品质三个方面。

水土环境安全方面主要考虑稻田根区土壤环境质量、稻田根区土壤生物环境、稻田田间水环境。其中土壤环境质量包括稻田土壤有机质（OM）含量、大肠杆菌累积量、重金属综合潜在生态风险指数（RI）和稻田新兴污染物（PPCPs）；稻田根区土壤生物环境包括蔗糖酶活性（INV）、脲酶活性（UR）和生物群落多样性（Shannon）指数；稻田田间水环境包括稻田地表排水氮素流失（N loss in Surfacewater）和稻田地下渗漏氮素流失（N loss in Leakage）。

水肥资源高效利用方面包括水资源高效利用和氮素高效利用。其中水资源高效利用包括灌溉利用效率（WUE_I）和降雨利用效率（WUE_P），氮素高效利用包括肥料氮利用效率（FNUE of Fertilizer）和再生水氮利用效率（RWNUE of Reclaimed water）。

经济效益与作物品质方面主要考虑籽粒产量、籽粒品质和籽粒安全。籽粒产量包括地面部分干物质量（DMA）和实际产量（Yield）；籽粒品质包括蛋白质（Protein）和直链淀粉含量（Amylose）；籽粒安全包括重金属总含量（Total amount of HM）和新兴污染物总含量（Total amount of PPCPs）。

综上，农村生活再生水灌溉稻田田间安全高效利用的评价指标体系见图12-1。

12.2.2　评价因子

12.2.2.1　水土环境安全评价因子

稻田土壤有机质含量：为各处理根区灌溉后土壤有机质含量，g/kg。

大肠杆菌累积量：为水稻收获后，各处理根区土壤大肠杆菌累积含量，MPN/g。

重金属综合潜在生态风险指数：为各处理根区灌溉后土壤重金属综合潜在生态风险指数。

新兴污染物总含量：为各处理根区灌溉后土壤16种新兴污染物总量，μg/kg。

蔗糖酶活性：为各处理根区灌溉后土壤蔗糖酶活性，U/g。

脲酶活性：为各处理根区灌溉后土壤脲酶酶活性，U/g。

生物群落多样性指数：为各处理根区灌溉后土壤生物群落多样性Shannon指数。

稻田地表排水氮素流失：为各处理地表水排出的氮素量（NH_4^+-N 和 NO_3^--N），kg/hm^2。

稻田地下渗漏氮素流失：为各处理渗漏水排出的氮素量（NH_4^+-N 和 NO_3^--N），kg/hm^2。

12.2.2.2　水肥资源高效利用评价因子

农村生活再生水灌溉水利用效率：为各处理灌溉水分利用效率，kg/m^3。

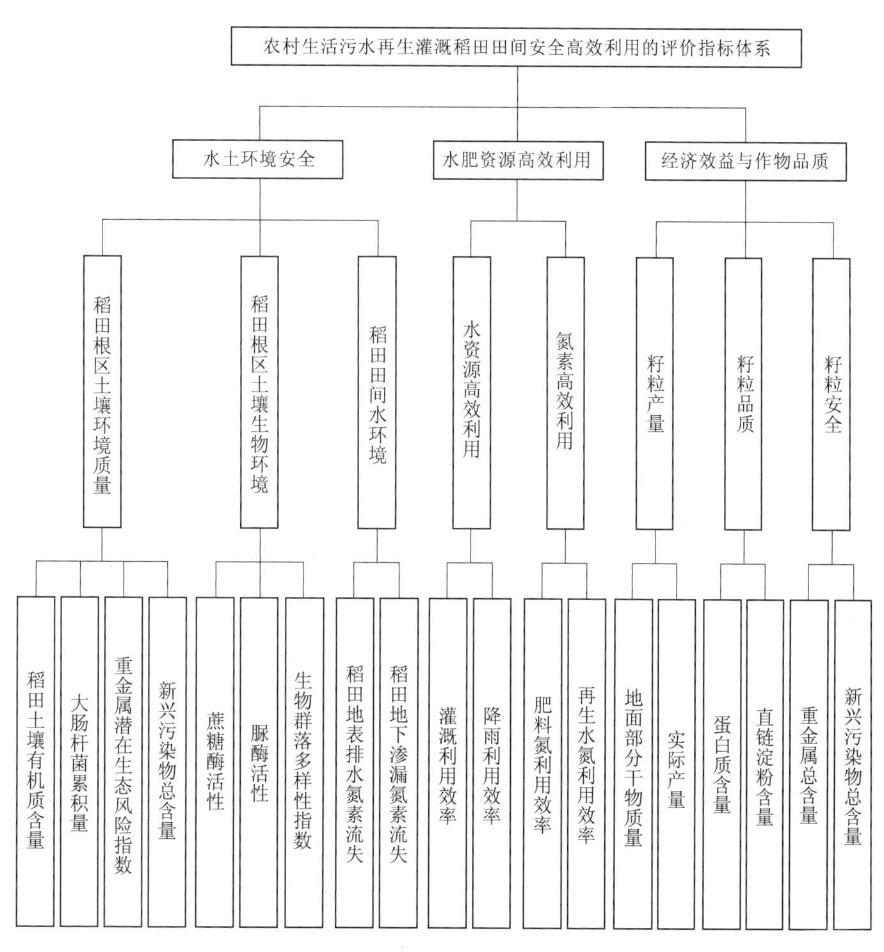

图 12-1　农村生活再生水灌溉稻田田间安全高效利用的评价指标体系

降雨利用效率：为各处理降雨利用效率，kg/m^3。

肥料氮利用效率：为各处理来自肥料氮素的利用效率，%。

再生水氮利用效率：为各处理来自再生水氮素的利用效率，%。

12.2.2.3　经济效益与作物品质评价因子

地面部分干物质量：为各处理在收获前每株水稻地面部分干物质量（包括茎、叶、穗），g/株。

实际产量：为各处理收获后实际产量，kg/hm^2。

蛋白质含量：为各处理收获后籽粒中蛋白质含量，mg/kg。

直链淀粉含量：为各处理收获后籽粒中直链淀粉含量，%。

重金属总含量：为各处理收获后籽粒中典型重金属总含量，mg/kg。

新兴污染物总含量：为各处理收获后籽粒中典型新兴污染物总含量，μg/kg。

按照上述规定，不同水源灌溉和水位调控下稻田田间安全高效评价体系指标值见表 12-1。

表 12－1　　**不同水源灌溉和水位调控下稻田田间安全高效评价体系指标值**

处理	土壤环境质量				土壤生物环境			稻田水环境		水资源高效利用		氮素高效利用		籽粒产量		籽粒品质		籽粒安全	
	有机质含量/(g/mg)	大肠杆菌	重金属综合潜在生态风险指数	新兴污染物总量/(μg/kg)	蔗糖酶活性/(U/g)	脲酶活性/(U/g)	Shan－non指数	地表排水氮素流失/(kg/hm^2)	渗漏水氮素流失/(kg/hm^2)	灌溉水利用效率/(kg/m^3)	降雨利用效率/(kg/m^3)	肥料氮利用率/%	再生水氮利用率/%	干物质积累量/(g/株)	产量/(kg/hm^2)	蛋白质含量/(mg/kg)	直链淀粉含量/(mg/kg)	重金属含量/(mg/kg)	新兴污染物总含量/(μg/kg)
W1R1	7.3	460	108	1.88	141.8	187.8	8.61	0.80	1.71	2.73	2.43	55.3	55.9	122.5	10021	6.70	13.50	26.8	6.33
W1R2	15.2	10	128	1.57	159.0	181.6	9.61	0.62	0.52	2.76	2.39	45.8	20.1	101.6	10054	7.27	13.27	26.5	6.82
W1R3	16.0	6	68	1.40	146.1	190.8	9.32	0.45	0.41	2.51	3.04	57.0	15.6	121.1	9920	6.76	13.23	26.3	5.00
W1R4	10.6	10	84	1.46	131.5	181.1	8.50	1.96	0.41	2.33	3.01	62.1	0.0	102.6	9813	6.78	13.27	30.1	4.79
W2R1	13.2	1100	108	1.76	139.2	170.3	8.25	0.85	0.38	2.37	3.03	55.3	55.9	146.3	9564	6.91	13.23	28.0	6.33
W2R2	14.4	23	128	1.44	128.5	160.1	7.59	0.92	0.83	2.22	2.38	45.8	20.1	137.7	10968	7.03	13.40	26.4	6.82
W2R3	14.5	12	68	1.19	159.0	156.0	8.35	0.77	0.49	2.21	2.40	57.0	15.6	125.9	10174	6.66	13.27	26.9	5.00
W2R4	7.2	4	84	1.33	135.8	191.9	8.46	2.88	0.56	1.96	2.31	62.1	0.0	115.6	10224	6.86	13.33	31.5	4.79
W3R1	21.7	360	108	1.82	161.1	193.9	9.57	0.45	0.86	2.01	2.43	55.3	55.9	137.1	9340	6.70	13.33	30.5	6.33
W3R2	16.6	10	128	1.50	145.2	163.7	9.07	1.60	1.68	2.29	2.99	45.8	20.1	138.5	9152	7.68	13.23	27.0	6.82
W3R3	19.3	6	68	1.33	156.4	195.4	9.65	1.55	0.60	1.91	2.22	57.0	15.6	126.0	9271	6.61	13.37	25.4	5.00
W3R4	11.7	15	84	1.39	161.6	172.4	8.34	1.71	0.39	1.88	2.62	62.1	0.0	115.2	9790	7.07	13.50	26.8	4.79

12.3 多目标模型建模

12.3.1 熵权 TOPSIS 模型

熵权 TOPSIS 模型，也称 TOPSIS 法、优劣解距离法，是 C. L. Hwang 和 K. Yoon 于 1981 年首次提出，TOPSIS 法根据有限个评价对象与理想化目标的接近程度进行排序的方法，是在现有的对象中进行相对优劣的评价。TOPSIS 法是一种逼近于理想解的排序法，该方法只要求各效用函数具有单调递增（或递减）性就行。TOPSIS 法是多目标决策分析中一种常用的有效方法。其基本原理，是通过检测评价对象与最优解、最劣解的距离来进行排序，若评价对象最靠近最优解同时又最远离最劣解，则为最好；否则为最差。其中最优解的各指标值都达到各评价指标的最优值。最劣解的各指标值都达到各评价指标的最差值。TOPSIS 法其中“理想解”和“负理想解”是 TOPSIS 法的两个基本概念。所谓理想解是一设想的最优的解（方案），它的各个属性值都达到各备选方案中的最好的值；而负理想解是一设想的最劣解（方案），它的各个属性值都达到各备选方案中的最劣值。方案排序的规则是把各备选方案与理想解和负理想解做比较，若其中有一个方案最接近理想解，而同时又远离负理想解，则该方案是备选方案中最好的方案。设有 n 个待评价的监测点，每个监测点有 m 个评价指标，则有评价指标数据矩阵 $\boldsymbol{A}$：

$$\boldsymbol{A}=\begin{bmatrix} X_{11} & \cdots & X_{1m} \\ \vdots & & \vdots \\ X_{n1} & \cdots & X_{nm} \end{bmatrix} \quad (i=1,2,\cdots,n;\quad j=1,2,\cdots,m) \tag{12-1}$$

由 $\boldsymbol{A}$ 可以构成规范化的矩阵 $\boldsymbol{Z}'$，其元素为 Z'_{ij}：

$$Z'_{ij}=(X_{ij}-X_{j\min})/(X_{i\max}-X_{j\min}) \quad (i=1,2,\cdots,n) \tag{12-2}$$

构造规范化的加权矩阵 $\boldsymbol{Z}$，其元素为 Z_{ij}：

$$Z_{ij}=W_j Z'_{ij} \quad (i=1,2,\cdots,n;\quad j=1,2,\cdots,m) \tag{12-3}$$

下面利用变异系数法来求各个评价指标的权重 W_j。

计算第 j 个评价指标特征值的均方差 D：

$$D=\sqrt{\frac{1}{n}\sum_{j=1}^{n}(X_j-\overline{X_j})^2} \tag{12-4}$$

计算第 j 个评价指标特征值的均值 $\overline{X_j}$：

$$\overline{X_j}=\frac{1}{n}\sum_{i=1}^{n}X_{ij} \tag{12-5}$$

计算第 j 个评价指标的变异系数 δ_j：

$$\delta_j=\frac{D}{\overline{X_j}} \tag{12-6}$$

计算第 j 个评价指标的权重：

$$W_j=\frac{\delta_j}{\sum_{i=1}^{n}\delta_i} \tag{12-7}$$

确定理想和负理想解：

$$Z^* = \{(\max_i Z_{ij} \mid j \in J), (\min_i Z_{ij} \mid j \in J')\} = \{Z_1^*, Z_2^*, \cdots, Z_m^*\} \tag{12-8}$$

$$Z^- = \{(\max_i Z_{ij} \mid j \in J), (\min_i Z_{ij} \mid j \in J')\} = \{Z_1^-, Z_2^-, \cdots, Z_m^-\} \tag{12-9}$$

计算每个监测点到理想解的距离 S_i^* 和到负理想解的距离 S_i^-：

$$S_i^* = \sqrt{\sum_{i=1}^{m} (Z_{ij} - Z_j^*)^2} \quad (i = 1, 2, \cdots, n) \tag{12-10}$$

$$S_i^- = \sqrt{\sum_{i=1}^{m} (Z_{ij} - Z_j^-)^2} \quad (i = 1, 2, \cdots, n) \tag{12-11}$$

计算每个监测点接近于理想解的相对贴近度 C_i^*：

$$C_i^* = \frac{S_i^-}{S_i^* + S_i^-},\ 0 \leqslant C_i^* \leqslant 1 \quad (i = 1, 2, \cdots, n) \tag{12-12}$$

若监测点与理想解重合，则相应的 $C_i^* = 1$；若监测点与负理想解重合，则相应的 $C_i^* = 0$。

由熵权的定义可以得到熵权的性质如下：

（1）评价对象的熵与熵权成反比，即熵越大，熵权越小。

（2）$0 \leqslant \omega_j \leqslant 1$，且 $\sum_{j=1}^{m} W_j = 1$。

（3）各评价对象在第 i 项指标上的值完全相同时，熵值为 1；熵值为 0 时，表示该项指标未向决策者提供任何有用的信息，可以考虑取消该指标；若各个评价对象在指标 i 上的值相差较大，则熵值较小，熵权较大，意味着该指标向决策者提供了有用的信息，同时也说明了各个对象在该指标上有明显的差异，应重点进行考察。

（4）从信息角度来考察，熵权表明了某项指标在决策或评估问题中提供有用信息量的多少，即指标的重要程度，但它并不是某项指标实际意义上绝对的重要性系数，而是在给定被评价对象集后，且各项评价指标值都确定的情况下，各指标的相对重要性系数。

12.3.2 模型求解

熵权 TOPSIS 模型的基本思路：通过构建评价指标值的加权标准化决策矩阵来确定决策的理想解和负理想解，然后计算被评价方案与理想解和负理想解之间的欧氏距离，从而确定被评价方案与理想方案的相对贴近程度，最后选择最贴近理想解的方案作为最优决策。其建模和求解步骤如下：

步骤一：建立初始矩阵$[Y] = (y_{ij})_{n \times m}$。

步骤二：构造标准化决策矩阵$[R] = (r_{ij})_{n \times m}$。

其中，对于越大越优的收益型指标：$r_{ij} = \dfrac{y_{ij} - \min y_{ij}}{\max y_{ij} - \min y_{ij}}$；

对于越小越优的成本型指标：$r_{ij} = \dfrac{\max y_{ij} - y_{ij}}{\max y_{ij} - \min y_{ij}}$。

步骤三：根据熵权的定义计算各项指标的权重 ω_j。

步骤四：构造加权的标准化决策矩阵$[Z]=(z_{ij})_{n\times m}$。

其中，$z_{ij}=\omega_j\times r_{ij},(i\in n,j\in m)$。

步骤五：确定理想解 x^+ 和负理想解 x^-。

其中，$x^+=(x_1^+,x_2^+,\cdots,x_m^+);x^-=(x_1^-,x_2^-,\cdots,x_m^-)$。

对于越大越优的收益型指标：$x_j^+=\max\limits_j z_{ij}$；$x_j^-=\min\limits_j z_{ij}$。

对于越小越优的成本型指标：$x_j^+=\min\limits_j z_{ij}$；$x_j^-=\max\limits_j z_{ij}$。

步骤六：计算各个方案分别与理想解和负理想解的欧氏距离。

其中，$d_i^+=\sqrt{\sum\limits_{j=1}^{m}(z_{ij}-x_j^+)^2}$；$d_i^-=\sqrt{\sum\limits_{j=1}^{m}(z_{ij}-x_j^-)^2}$。

步骤七：计算各个方案与理想解的相对贴近度。

步骤八：将 S_i 从大到小排列，S_i 最大者为最优，其中，$S_i=\dfrac{d_i^-}{(d_i^++d_i^-)}$。

12.4　农村生活再生水灌溉稻田田间调控方案优选

步骤一：为了综合评价不同水源灌溉和水位调控下 12 种农村生活再生水灌溉稻田田间调控方案的优劣，选取涉及稻田土壤环境质量、土壤生物环境、稻田水环境、水资源高效利用、氮素高效利用、籽粒产量、籽粒品质和籽粒安全评价体系 19 个指标作为评价因子建立初始矩阵［Y］（见表 12－2）。

步骤二：根据 OM、INV、UR、Shannon、WUE_P、FNUE、RWNUE、DMA、Yield、Protain、Amylose 指标越大越优，E. coli、RI、PPCPs in soil、N loss in SW、N loss in LK、WUE_I、HM、PPCPs in grain 越小越优的原则，构造标准化矩阵［R］。

步骤三：根据熵和熵权的定义计算各个指标的权重。

熵：E＝(e1，e2，e3，e4，e5，e6，e7，e8，e9，e10，e11，e12，e13，e14，e15，e16，e17，e18，e19)＝(0.9026，0.9298，0.8233，0.8890，0.8755，0.8818，0.9012，0.9182，0.8982，0.8805，0.8379，0.8462，0.7931，0.8764，0.8665，0.8054，0.7711，0.9023，0.8050)

熵权：W＝(w1，w2，w3，w4，w5，w6，w7，w8，w9，w10，w11，w12，w13，w14，w15，w16，w17，w18，w19)＝(0.0375，0.0270，0.0681，0.0428，0.0480，0.0455，0.0381，0.0315，0.0392，0.0461，0.0624，0.0592，0.0797，0.0476，0.0514，0.0750，0.0882，0.0376，0.0751)

步骤四：构造加权标准化决策矩阵［Z］＝$(z_{ij})_{n\times m}$（见表 12－2）。

步骤五：确定理想解 x^+ 和负理想解 x^-。

x^+＝(0.0375，0.0000，0.0000，0.0000，0.0480，0.0455，0.0381，0.0000，0.0000，0.0000，0.0592，0.0592，0.0797，0.0476，0.0514，0.0750，0.0882，0.0000，0.0000)

x^-＝(0.0000，0.0270，0.0681，0.0428，0.0000，0.0000，0.0000，0.0315，0.0392，0.0461，0.0000，0.0000，0.0000，0.0000，0.0000，0.0000，0.0000，0.0376，0.0751)

表 12-2　农村生活再生水灌溉田间调控方案评价初始矩阵、标准化矩阵和加权标准化矩阵

$$
[Y]=\begin{bmatrix}
7.30 & 460.0 & 108.00 & 1.88 & 141.80 & 187.80 & 8.61 & 0.80 & 1.71 & 2.73 & 2.43 & 55.30 & 55.90 & 122.50 & 10021.00 & 6.70 & 13.50 & 26.80 & 6.33 \\
15.20 & 10.00 & 128.00 & 1.57 & 159.00 & 181.60 & 9.61 & 0.62 & 0.52 & 2.76 & 2.39 & 45.80 & 20.10 & 101.60 & 10054.00 & 7.27 & 13.27 & 26.50 & 6.82 \\
16.00 & 6.00 & 68.00 & 1.40 & 146.10 & 190.80 & 9.32 & 0.45 & 0.41 & 2.51 & 3.04 & 57.00 & 15.60 & 121.10 & 9920.00 & 6.76 & 13.23 & 26.30 & 5.00 \\
10.60 & 10.00 & 84.00 & 1.46 & 131.50 & 181.10 & 8.50 & 1.96 & 0.41 & 2.36 & 3.01 & 62.10 & 0.00 & 102.60 & 9813.00 & 6.78 & 13.27 & 30.10 & 4.79 \\
13.20 & 1100.0 & 108.00 & 1.76 & 139.20 & 170.30 & 8.25 & 0.85 & 0.38 & 2.37 & 3.03 & 55.30 & 55.90 & 146.30 & 9564.00 & 6.91 & 13.23 & 28.00 & 6.33 \\
14.40 & 23.00 & 128.00 & 1.44 & 128.50 & 160.10 & 7.59 & 0.92 & 0.83 & 2.22 & 2.38 & 45.80 & 20.10 & 137.70 & 10968.00 & 7.03 & 13.40 & 26.40 & 6.82 \\
14.50 & 12.00 & 68.00 & 1.19 & 159.00 & 156.00 & 8.35 & 0.77 & 0.49 & 2.21 & 2.40 & 57.00 & 15.60 & 125.90 & 10174.00 & 6.66 & 13.27 & 26.90 & 5.00 \\
7.20 & 4.00 & 84.00 & 1.33 & 135.80 & 191.90 & 8.46 & 2.88 & 0.56 & 1.96 & 2.31 & 62.10 & 0.00 & 115.60 & 10224.00 & 6.86 & 13.33 & 31.50 & 4.79 \\
21.70 & 360.0 & 108.00 & 1.82 & 161.10 & 193.90 & 9.57 & 0.45 & 0.86 & 2.01 & 2.43 & 55.30 & 55.90 & 137.10 & 9340.00 & 6.70 & 13.33 & 30.50 & 6.33 \\
16.60 & 10.0 & 128.00 & 1.50 & 145.20 & 163.70 & 9.07 & 1.60 & 1.68 & 2.29 & 2.99 & 45.80 & 20.10 & 138.50 & 9152.00 & 7.68 & 13.23 & 27.00 & 6.82 \\
19.30 & 6.0 & 68.00 & 1.33 & 156.40 & 195.40 & 9.65 & 1.55 & 0.60 & 1.91 & 2.22 & 57.00 & 15.60 & 126.00 & 9271.00 & 6.61 & 13.37 & 25.40 & 5.00 \\
11.70 & 15.0 & 84.00 & 1.39 & 161.60 & 172.40 & 8.34 & 1.71 & 0.39 & 1.88 & 2.62 & 62.10 & 0.00 & 115.20 & 9790.00 & 7.07 & 13.50 & 26.80 & 4.79
\end{bmatrix}
$$

$$
[Z]=\begin{bmatrix}
0.552 & 0.584 & 0.333 & 0.000 & 0.402 & 0.807 & 0.495 & 0.856 & 0.000 & 0.034 & 0.256 & 0.583 & 1.000 & 0.468 & 0.479 & 0.084 & 1.000 & 0.770 & 0.241 \\
0.607 & 0.995 & 0.000 & 0.449 & 0.921 & 0.650 & 0.981 & 0.930 & 0.895 & 0.000 & 0.207 & 0.000 & 0.360 & 0.000 & 0.497 & 0.617 & 0.148 & 0.820 & 0.000 \\
0.234 & 0.998 & 1.000 & 0.696 & 0.532 & 0.883 & 0.840 & 1.000 & 0.977 & 0.284 & 1.000 & 0.687 & 0.279 & 0.436 & 0.423 & 0.140 & 0.000 & 0.852 & 0.897 \\
0.414 & 0.995 & 0.733 & 0.609 & 0.091 & 0.637 & 0.442 & 0.379 & 0.977 & 0.455 & 0.963 & 1.000 & 0.000 & 0.022 & 0.364 & 0.159 & 0.148 & 0.230 & 1.000 \\
0.497 & 0.000 & 0.333 & 0.174 & 0.323 & 0.363 & 0.320 & 0.835 & 1.000 & 0.443 & 0.988 & 0.583 & 1.000 & 1.000 & 0.227 & 0.280 & 0.000 & 0.574 & 0.241 \\
0.503 & 0.983 & 0.000 & 0.638 & 0.000 & 0.104 & 0.000 & 0.807 & 0.662 & 0.614 & 0.195 & 0.000 & 0.360 & 0.808 & 1.000 & 0.393 & 0.630 & 0.836 & 0.000 \\
0.000 & 0.993 & 1.000 & 1.000 & 0.921 & 0.000 & 0.369 & 0.868 & 0.917 & 0.625 & 0.220 & 0.687 & 0.279 & 0.544 & 0.563 & 0.047 & 0.148 & 0.754 & 0.897 \\
1.000 & 1.000 & 0.733 & 0.797 & 0.221 & 0.911 & 0.422 & 0.000 & 0.865 & 0.909 & 0.110 & 1.000 & 0.000 & 0.313 & 0.590 & 0.234 & 0.370 & 0.000 & 1.000 \\
0.648 & 0.675 & 0.333 & 0.087 & 0.985 & 0.962 & 0.961 & 1.000 & 0.639 & 0.852 & 0.256 & 0.583 & 1.000 & 0.794 & 0.104 & 0.084 & 0.370 & 0.164 & 0.241 \\
0.834 & 0.995 & 0.000 & 0.551 & 0.505 & 0.195 & 0.718 & 0.527 & 0.023 & 0.534 & 0.939 & 0.000 & 0.360 & 0.826 & 0.000 & 1.000 & 0.000 & 0.738 & 0.000 \\
0.310 & 0.998 & 1.000 & 0.797 & 0.843 & 1.000 & 1.000 & 0.547 & 0.835 & 0.966 & 0.000 & 0.687 & 0.279 & 0.546 & 0.066 & 0.000 & 0.519 & 1.000 & 0.897 \\
1.000 & 0.990 & 0.733 & 0.710 & 1.000 & 0.416 & 0.364 & 0.481 & 0.992 & 1.000 & 0.488 & 1.000 & 0.000 & 0.304 & 0.351 & 0.430 & 1.000 & 0.770 & 1.000
\end{bmatrix}
$$

步骤六：分别计算 12 种田间调控方案与理想解和负理想解的欧氏距离以及理想解的相对贴近度，具体计算结果见表 12-3。

表 12-3　农村生活再生水灌溉田间调控方案的理想解和负理想解的欧氏距离和理想解的相对贴近度

处理编号	d_i^+	d_i^-	S_i	处理编号	d_i^+	d_i^-	S_i
W1R1	0.1133	0.1734	0.6048	W2R3	0.1923	0.0814	0.2975
W1R2	0.1495	0.1473	0.4963	W2R4	0.1785	0.1115	0.3845
W1R3	0.1817	0.1067	0.3700	W3R1	0.1309	0.1567	0.5449
W1R4	0.1843	0.1062	0.3655	W3R2	0.1470	0.1624	0.5249
W2R1	0.1407	0.1518	0.5189	W3R3	0.1841	0.1030	0.3587
W2R2	0.1481	0.1431	0.4915	W3R4	0.1646	0.1370	0.4544

步骤七：将 S_i 从大到小排列，S_i 最大者为最优，排序结果见表 12-4。

表 12-4　农村生活再生水灌溉田间调控方案理想解的相对贴近度排序

序号（按照 S_i 由大到小排列）	处理编号	S_i	序号（按照 S_i 由大到小排列）	处理编号	S_i
1	W1R1	0.6048	7	W3R4	0.4544
2	W3R1	0.5449	8	W2R4	0.3845
3	W3R2	0.5249	9	W1R3	0.3700
4	W2R1	0.5189	10	W1R4	0.3655
5	W1R2	0.4963	11	W3R3	0.3587
6	W2R2	0.4915	12	W2R3	0.2975

可见，农村生活再生水灌溉田间调控方案中，处理 W1R1（农村生活污水一级处理水低水位调控）方案最有利于水土环境安全、水肥资源高效利用、经济效益与作物品质三个方面综合效益的发挥。不同水源灌溉，综合效益排序表现为 R1>R2>R4>R3；不同田间水位调控，综合效益表现为 W3>W2>W1，说明在 R1、R2 水源灌溉中高水位调控有利于农村生活再生水灌溉调控综合效益的发挥。由以上结论可得出农村生活再生水灌溉调控指标及其水量阈值（见表 12-5）。因此，在农村生活再生水灌溉调控过程中，污水来水量充足情况下，优先选用 R2 水源，采用中高水位调控；在来水量不足情况下，优先选用 R2 水源，R3 水源作物补充水源，采用中低水位调控。

表 12-5　农村生活再生水灌溉调控指标及其水量阈值

水位调控	上下限	返青期	分蘖前期	分蘖后期	拔节孕穗期	抽穗开花期	乳熟期	灌溉水量阈值/(m^3/hm^2)
W2	灌污下限/mm	0	10	10	10	10	10	4246～5091
	灌污上限/mm	30	50	晒田	50	50	50	
	蓄污（雨）上限/mm	50	70		100	100	100	
W3	灌污下限/mm	0	40	40	40	40	10	4925～6885
	灌污上限/mm	30	60	晒田	60	60	60	
	蓄污（雨）上限/mm	50	100		150	150	100	

第 13 章　农村生活再生水安全高效灌溉技术方案

13.1　概述

再生水灌溉已成为世界范围内缓解水资源供需矛盾的有效手段，在第 5 章～第 12 章，围绕农村生活再生水灌溉的高效性和安全性问题，开展了机理研究，建立了农村生活再生水灌溉田间安全高效调控机制，亟须深入开展农村生活再生水安全高效灌溉技术模式研究，形成适用于我国南方丰水地区的农村生活污水灌溉回用技术方案。基于此，总结提炼出农村生活再生水安全高效灌溉技术要点，形成了农村生活再生水安全高效灌溉技术方案。该技术方案包括了农村生活再生水灌溉回用过程中的三个关键环节，分别是水源选择、田间灌溉回用技术与灌溉工程建设。

水源选择环节的主要作用是通过连续监测，诊断农村生活污水水量和水质，甄别符合灌溉水质要求的水源，分析可灌溉水量及面积，为后续处理及回用提供重要基础信息。田间灌溉回用技术环节集成了田间灌排控制标准、施肥技术、农艺管理措施，其技术核心是在灌溉、排水过程中发挥作物的耐淹特性，最大限度消耗农村生活再生水，避免污水外排，暴雨过程在格田拦蓄降雨，减少新鲜水取用量，提高再生水、降雨利用率；其施肥模式与常规施肥不同，可以适当降低施肥量，提高再生水氮素有效性及其利用效率。灌溉工程建设环节主要通过输水工程（管道灌溉工程）、缓存工程（生态塘、蓄水池工程）、田间工程（田埂、排水闸门布设等）搭建农村生活再生水灌溉回用路径，同时解决农业灌溉用水间歇性和农村生活污水产生连续性之间矛盾。

农村生活再生水安全高效灌溉技术方案以科技支撑提升农村生活污水再生回用能力和水平为目标，在保障安全的前提下，通过监测技术、灌溉回用技术、工程建设等措施的集约集成应用，形成集水源甄别、安全灌溉回用、科学蓄存与输送为一体的技术方案，为提升南方地区农村水环境质量、改善农村人居环境、促进水资源可持续发展提供可复制可推广的解决方案。

13.2　水源选择

13.2.1　水量

对于已建成污水收集管网并安装水量计量设施的，可根据计量结果确定污水排放量及其四季（日内）变化；对于未安装水量计量设施的，可参照相似条件的村庄确定污水排放量。其他情况下，采用下述公式确定污水排放量：

$$Q=\frac{MNk}{1000} \tag{13-1}$$

式中：Q 为污水排放量，m^3/d；M 为人均用水量，L/(p·d)，通常取值为150L/(p·d)；N 为污水处理设施覆盖常住人口数，人；k 为污水排放系数，为实际人均排放量和人均用水量的比值，通常取值范围为0.6～0.9，如雨污分流不彻底导致排放量大于用水量，则 $k>1$，考虑到农村污水收集率较低，因此取值为0.6～0.9。

13.2.2 水质

13.2.2.1 采样点位与频次

1. 污水管网（污水）

污水进入管网汇总后，在污水处理站前端设置1个采样点，通常为提升泵房处。为便于下游污染物超标时对源头进行追溯，在污水管网关键节点可增设1～2个采样点。灌溉回用期间每周采样一次。非灌溉期作为生态景观补水时，每两周采样一次。

2. 初沉/厌氧处理出水（一级处理水）

根据农村生活污水处理设施的实际工艺及运行情况可在处理流程的不同位置取水进行检测，以“初沉-厌氧-好氧-沉淀”为例，厌氧段可将农村生活污水中的大分子有机物部分水解，提高可生化性，但氮磷去除效果不明显。厌氧段出水经消毒处理后若达到《农田灌溉水质标准》（GB 5084—2021），则可进行灌溉回用，此处设置1个采样点。灌溉期若从此点取水作为回用水，需每周采样一次。非灌溉期此处不会进行生态补水，所以无需采样。

3. 好氧段出水（二级处理水）

好氧段能够有效地削减常规污染物如有机物、氮、磷、表面活性剂以及重金属、新污染物等。在非灌溉期，好氧段出水经消毒后通常直接排入河道等景观水体进行补水，需要定期监测水质是否满足《城市污水再生利用　景观环境用水水质》（GB 18921—2019）。在灌溉期，好氧段出水经消毒处理后若达到《农田灌溉水质标准》（GB 5084—2021），则可进行灌溉回用，此处设置1个采样点。灌溉期若从此点取水，需每周采样一次。非灌溉期如从此处取水进行生态景观补水，需每两周采样1次。

4. 缓存单元出水

生态塘作为污水缓存单元能够通过水生植物吸收和微生物降解对生化处理后的污水中氮磷、重金属、新污染物等进行去除。生态塘出水符合《城市污水再生利用　景观环境用水水质》（GB 18921—2019）或《农田灌溉水质标准》（GB 5084—2021），可以直接排入河道进行景观补水或灌溉回用，此处设置1个采样点。灌溉期若从此点取水，需每周采样1次。非灌溉期如从此处取水进行生态景观补水，需每两周采样1次。

5. 其他采样点

为评估直接排放、生态景观补水、农田灌溉回用等对水环境的影响，可视情况设置河道、地下水等其他1～2个采样点。

13.2.2.2 水质监测指标

1. 常规污染物和重金属

灌溉回用应满足《农田灌溉水质标准》（GB 5084—2021），作为生态景观补水需满足《城市污水再生利用　景观环境用水水质》（GB 18921—2019）。综合考虑污染物对水生生物和植物的毒性，需对表 13-1 中所列的重点水质指标进行日常监测，包括常规污染物和重金属等。参考标准：《农田灌溉水质标准》(GB 5084—2021)、《农村生活污水处理设施水污染物排放标准》(DB 33/973—2015)、《城镇污水处理厂污染物排放标准》(GB 18918—2002)、《地表水环境质量标准》(GB 3838—2002)、《城市污水再生利用　景观环境用水水质》(GB 18921—2019) 等。

表 13-1　　重点检测的水质指标

序号	水质指标	标　准　名　称	标准编号
1	pH	水质　pH 值的测定　电极法	HJ 1147
2	悬浮物	水质　悬浮物的测定　重量法	GB 11901
3	COD_{Cr}	水质　化学需氧量的测定　重铬酸盐法	HJ 828
4	氨氮	水质　氨氮的测定　纳氏试剂分光光度法	HJ 535
5	总氮	水质　总氮的测定　碱性过硫酸钾消解紫外分光光度法	HJ 636
6	总磷	水质　总磷的测定　钼酸铵分光光度法	GB 11893
7	阴离子表面活性剂	水质　阴离子表面活性剂的测定　亚甲蓝分光光度法	GB 7494
8	全盐量	水质　全盐量的测定　重量法	HJ/T 51
9	总铬	水质　65 种元素的测定　电感耦合等离子体质谱法	HJ 700
10	总镍	水质　65 种元素的测定　电感耦合等离子体质谱法	
11	总锌	水质　65 种元素的测定　电感耦合等离子体质谱法	
12	总镉	水质　65 种元素的测定　电感耦合等离子体质谱法	
13	总铅	水质　65 种元素的测定　电感耦合等离子体质谱法	

2. *新污染物*

虽然新污染物尚未纳入我国污水排放标准，但由于其已知的对水生生物的内分泌干扰效应、传播抗生素抗性，以及对植物生长的抑制作用，需要对表 13-2 中所列的指标等进行预防性监测。建议从国内外文献报道的污水中常见药品、抗生素、农药及抗生素抗性基因中选取高风险新污染物，根据实际水质和回用途径，包括作物种类和景观水体水质等级等，每半年监测一次。

表 13-2　　预防性检测的水质指标

药品	吉非罗齐、布洛芬、萘普生、阿替洛尔、美特洛尔、对乙酰氨基酚、卡马西平
抗生素	克拉霉素、红霉素、罗红霉素、甲氧苄啶、磺胺嘧啶、磺胺甲噁唑、磺胺二甲嘧啶、土霉素、氧氟沙星、青霉素、米诺环素、四环素、头孢菌素
农药	马拉硫磷、乐果、三氯卡班
抗生素抗性基因	磺胺类、四环素类、大环内酯类抗生素抗性基因等

13.2.3　污水处理能力及可灌溉面积

13.2.3.1　污水处理能力

根据《浙江省农村供水工程建设导则（试行）》，一般农村居民用水量为 90～200L/(人·d)，结合典型地区的调查，农村居民平均日用水量可按 150L/(人·d)。农村

居民的排水量宜根据实地调查结果确定，在没有调查数据的地区，总排水量可按总用水量的60%～90%估算，参照《农村生活污水处理设施建设和改造技术规程》（DB33/T 1199—2020），农村居民生活综合排水量按用水量的80%选取，即农村居民生活综合排水系数按0.8计。

每百人需要的污水处理能力计算公式为

$$Q=0.1\alpha q \tag{13-2}$$

式中：Q 为每百人需要的污水处理能力，m^3/d；q 为农村居民人均用水量，取150L/(p·d)；α 为农村居民生活综合排水系数，取0.8。

通过计算，每百人农村生活污水处理量为12m^3/d。

13.2.3.2 可灌溉面积

每百人每月生活污水量可灌溉面积（见表13-3）计算公式为

$$S=30\eta_1\eta_2 q/m \tag{13-3}$$

式中：S 为每百人每月生活污水量可灌溉面积，m^3/月；η_1 为终端污水利用系数，取0.95；η_2 为灌溉水利用系数，管道输水灌溉取0.9；m 为净灌溉定额，m^3/亩。

表13-3　每百人每月生活污水量可灌溉面积表

作物品种	净灌溉定额/(m^3/亩)	可灌溉面积/亩
水稻	300～400	0.8～1.0
蔬菜	30～60	5～10
林木及草等	50～80	4～6

13.3 农田再生水安全灌溉回用技术

13.3.1 农村生活再生水稻田安全高效灌溉技术

13.3.1.1 田间水位调控技术模式

1. 田间水层控制标准

当再生水来水量充分，优先高水位调控；当再生水来水量不足，优先中水位调控。农村生活再生水灌溉稻田水位控制标准见表13-4，示意图见图13-1。

表13-4　农村生活再生水灌溉稻田水位控制标准

调控方案	上下限	返青期	分蘖前期	分蘖后期	拔节孕穗期	抽穗开花期	乳熟期
中水位调控	水位下限/mm	0	10	露田7～12d	10	10	10
	水位上限/mm	30	50	晒田	50	50	50
	蓄污上限/mm	50	70		100	100	100
高水位调控	水位下限/mm	0	40	露田7～12d	40	40	10
	水位上限/mm	30	60	晒田	60	60	60
	蓄污上限/mm	50	100		150	150	100

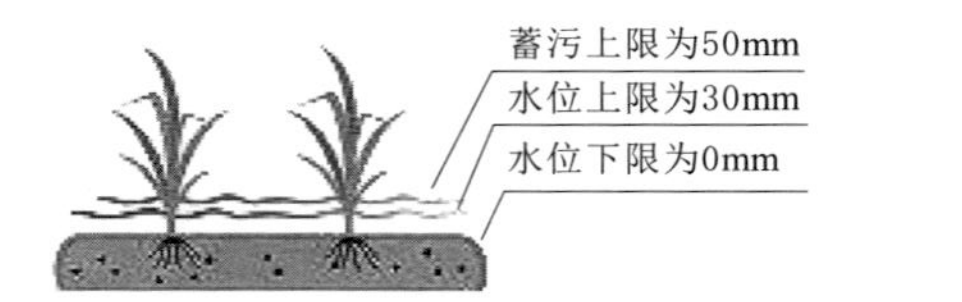

进行湿润灌溉，切不可大水灌溉；3～4叶期建立浅水层，保持田间湿润。

蓄污上限为70mm
水位上限为50mm
水位下限为10mm
◀分蘖前期

控水在20mm以下，再让其自由落干。

蓄污上限为70mm
晒田
露田7～12d
◀分蘖后期

当每丛分蘖有13～15个，且稻苗嫩绿，还有分蘖长势，这时加重露田，至田面开裂10mm左右。

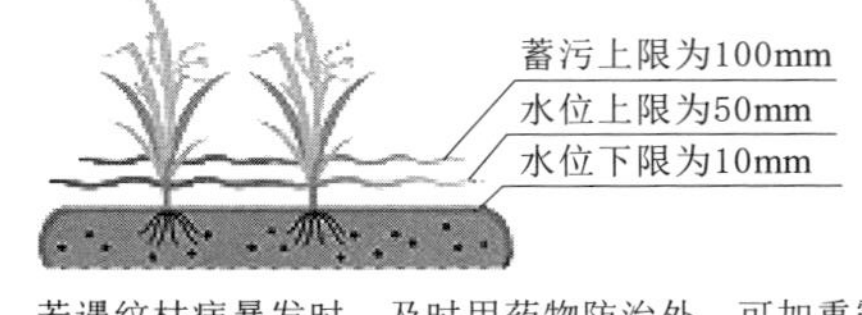

若遇纹枯病暴发时，及时用药物防治外，可加重露田，减低田间相对湿度，有利于抑制纹枯病等病害。

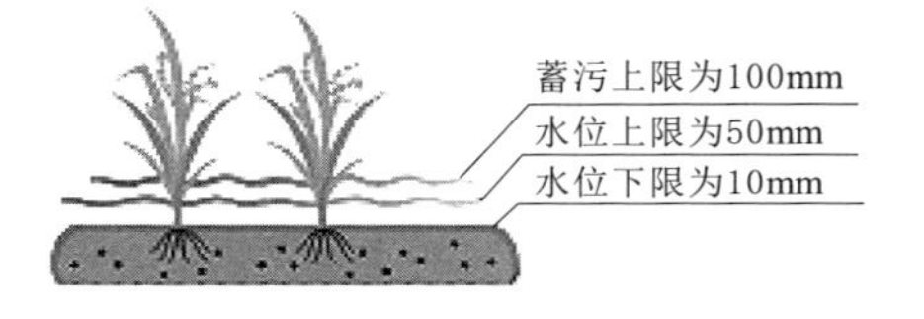

此时水稻还需要一定的水分，该时期加重露田程度，每次灌水后，落干露田到田面表土开裂10mm左右。

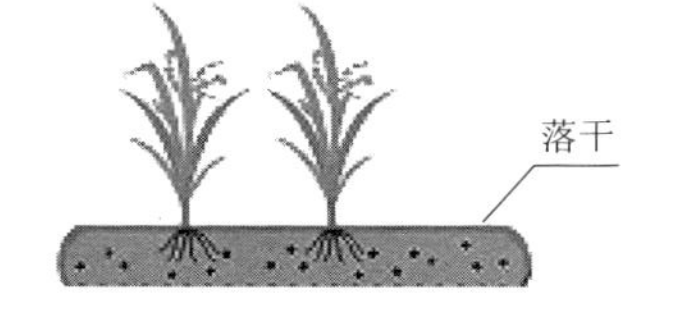

黄熟期，一般情况下不需要灌溉水，田间缺水时打开，让其自然落干。

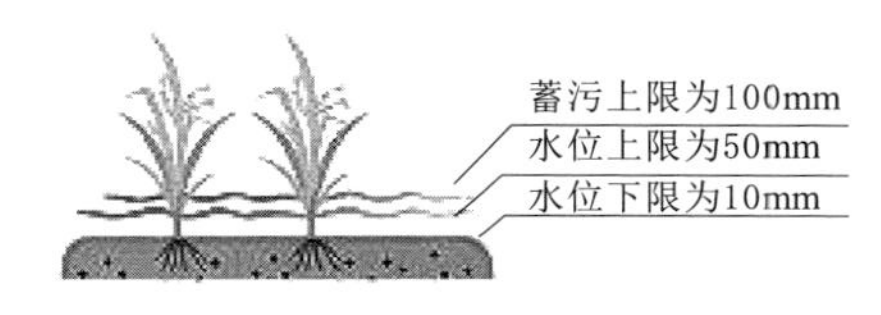

拔节孕穗期是需水高峰期，所以落干程度略轻，每次露田到田间无积水。

（a）中水位调控

图 13-1（一）　农村生活再生水灌溉稻田水位控制示意图

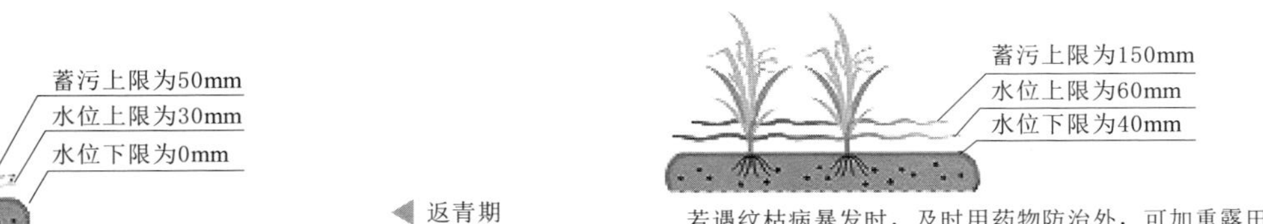

进行湿润灌溉，切不可大水灌溉；3～4叶期建立浅水层，保持田间湿润。

控水在20mm以下，再让其自由落干。

当每丛分蘖有13～15个，且稻苗嫩绿，还有分蘖长势，这时加重露田，至田面开裂10mm左右。

若遇纹枯病暴发时，及时用药物防治外，可加重露田，减低田间相对湿度，有利于抑制纹枯病等病害。

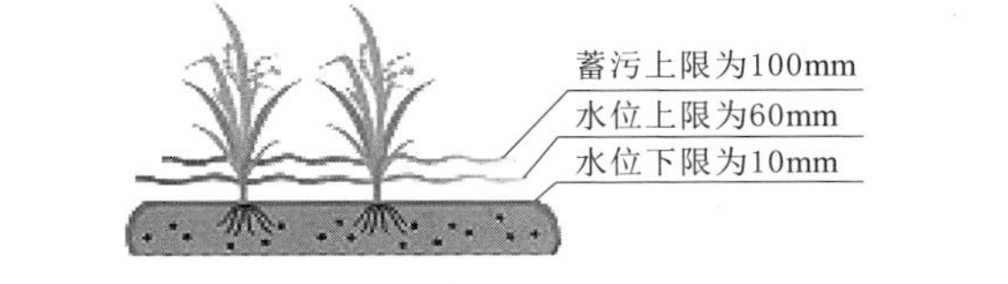

此时水稻还需要一定的水分，该时期加重露田程度，每次灌水后，落干露田到田面表土开裂10mm左右。

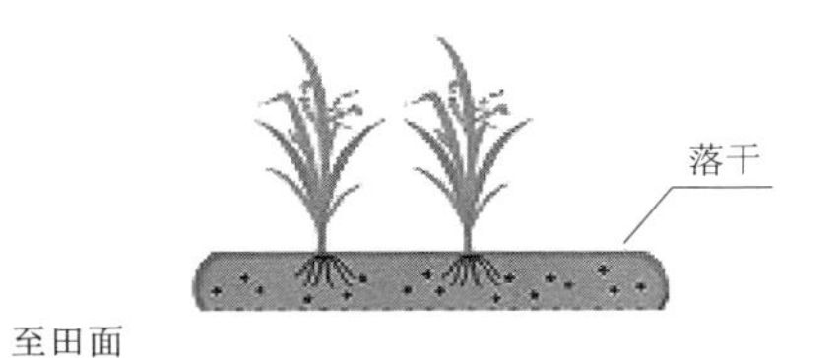

黄熟期，一般情况下不需要灌溉水，田间缺水时打开，让其自然落干。

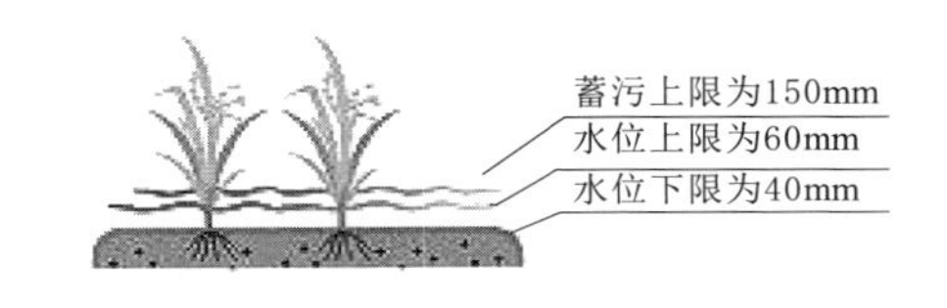

拔节孕穗期是需水高峰期，所以落干程度略轻，每次露田到田间无积水。

（b）高水位调控

图 13－1（二）　农村生活再生水灌溉稻田水位控制示意图

以中水位调控为例，各生育阶段实际操作要领如下：

（1）插秧时：保持田面水层为 25～30mm。

（2）返青期：薄水促返青，土壤保持湿润，田面无水层；若需灌溉，控制灌水上限为 30mm；若遇到降雨，田间最大蓄水深度 50mm。

（3）分蘖期：分蘖前期水层深度保持在 10～50mm，即每次灌水后，让水层“自然”降到 10mm，再灌水至 50mm；若遇到降雨或较大污水，最大蓄雨（蓄污）深度为 70mm，超过 70mm 时要排水。分蘖后期排干田面水层，晒田 7～12d（直到田面开裂，能看见白根），此期间不需灌溉，若有大的降雨，可蓄留 70mm 左右的雨量。

（4）拔节孕穗期至乳熟期：水层深度保持在 10～50mm，即每次灌水后，让水层“自然”降到 10mm，再灌水至 50mm；若遇降雨，田间最大蓄水深度 100mm，超过的雨量需要排出。

（5）黄熟期：田面无水层，自然落干。

2. 灌溉水源与水质

若农村生活污水一级处理出水（初沉/厌氧处理出水）水质达到 GB 5084 标准，可直接灌溉，二级处理出水（好氧段出水）、生态塘缓冲水（缓存单元出水）、河道水作为补充水源；若农村生活污水一级处理出水未达到 GB 5084 标准，二级处理出水达到 GB 5084 标准，应采用二级处理出水灌溉，生态塘缓冲水、河道水作为补充水源；若农村生活污水各处理等级出水均未达到 GB 5084 标准，不可用于农业灌溉。

3. 灌溉时期

水稻全生育期，即 5 月至 10 月底。

4. 灌溉水量区间

由第 3 章田间试验结果，获得中水位调控灌溉水量区间为 $4246\sim5091m^3/hm^2$（$280\sim340m^3$/亩），高水位调控灌溉水量区间为 $4925\sim6885m^3/hm^2$（$330\sim460m^3$/亩）。

13.3.1.2　施肥管理技术

1. 氮肥施肥技术

（1）施肥量：控制氮肥用量为常规用量的 70%～90%，即 $140\sim180kgN/hm^2$。

（2）施肥方式：分 3 次施氮肥，基肥、分蘖肥、拔节肥各 1 次；基肥∶分蘖肥∶拔节肥＝5∶3∶2。

（3）施肥时间：基肥在整田时施入，分蘖肥在移栽后 10～15d（分蘖前期）追肥；拔节肥在拔节孕穗期前 5d 施入。

2. 施肥技术要点

（1）采用浅水层泡田，并缩短泡田时间，尽量减少基肥通过渗漏及田面排水造成的流失。泡田时间早稻以 2～3d 为宜，单季稻、晚稻以 1～2d 为宜，泡田水深在满足耕作的前提下尽量浅，土地平整后田面保持 20～30mm 的水层。

（2）每次追肥时，根据天气预报选择适宜时机。要求追肥时田面有水层，以利于肥料养分溶解于水并分布均匀，但田面水层不宜太深，以控制在 30mm 以内为宜，同时特别要避免施肥后 2～3d 之内由于降雨而产生的田面排水所引起的肥料养分流失。

13.3.1.3 农艺与管理措施

1. 栽培措施

根据当地实际，选择适宜的水稻品种。一般播种时间在5月中下旬至6月初播种，10月底至11月初成熟，种植模式为移栽。

2. 农机措施

耕地平整，要求平整、洁净、细碎、沉实，地表高低落差不大于3cm，泥脚深度小于30cm，田面水层保持1～3cm。插秧，要求插苗均匀，深浅一致，一般漏插率≤5%，伤秧率≤4%，漂秧率≤3%，插秧深度在1～2cm。收割，要求留茬高度不超过10cm；全喂入水稻联合收割机总损失率≤3%，破碎率≤2%；半喂入水稻联合收割机总损失率≤2.5%，破碎率≤0.5%。

3. 病虫害防治措施

按照农业部门的病虫害测报及推荐的防治方案，及时用药，控制病虫害。

13.3.2 农村生活再生水经济作物灌溉方案

13.3.2.1 灌溉水质与水量

（1）对于苗木，可采用农村生活污水一级处理出水，出水水质应达到GB 5084标准，灌溉方式采用地面灌溉，灌溉用水定额区间为225～625m^3/hm^2（15～25m^3/亩）。

（2）对于蔬菜，可采用农村生活污水二级处理出水，出水水质应达到GB 5084标准，灌溉方式采用喷灌、微喷灌、滴灌等高效节水灌溉方式，其中萝卜灌溉用水定额约为400m^3/hm^2（约26.6m^3/亩），其他品种灌溉用水定额可参考表13-5。

表13-5　　农村生活再生水灌溉安全利用典型灌溉用水定额参考表

品　　种	灌 溉 方 式	灌溉用水定额/（m^3/亩）
谷物（玉米）	地面灌溉	20～40
豆类、油料、薯类等	地面灌溉/滴灌/微喷灌	15～30
棉、麻、烟草	地面灌溉	200～300
茶树	地面灌溉	60～90
草种植	地面灌溉	75～100
林木	地面灌溉	50～80
辣椒、西红柿	滴灌/微喷灌	30～60

13.3.2.2 灌溉方法

（1）纤维谷物、烟草、茶叶、草种植及林木等不可食用作物类别，可采用地面灌溉模式。

（2）谷物、豆类、油料等籽粒可食作物类别，可采用地面灌溉模式。

（3）对于蔬菜或薯类等根部可食作物类别，采用滴灌（微喷灌）等高效节水灌溉模式。

13.3.2.3 灌溉时期

作物全生育期均可采用相应等级的农村生活再生水进行灌溉。

13.3.2.4　施肥管理

为发挥农村生活再生水中氮素的有效性，提高农村生活再生水氮素与肥料氮利用效率，施肥量按照常规施肥量进行折减，折减比例为 10%～30%。

13.4　灌溉工程建设

13.4.1　输水工程

（1）管道布置。管网布设形式应根据污水处理终端、地形地貌、田间灌溉形式确定，宜平行于沟、渠、路，应避开填方区和可能产生滑坡或受山洪威胁的地带。当管道穿越路或构筑物时，应采取保护措施；当管道铺设在松软基础或可能发生不均匀沉陷的地段时，应对管道基础进行处理或增设支墩。

（2）设计流速。管道经济流速建议 1.0～1.5m/s，管内最小流速不宜小于 0.3m/s，最大流速不宜大于 2.0m/s。

（3）管材和管径。管道管材优先采用 PE 管；管径不小于 63mm。

（4）水泵选型。低扬程灌溉水泵可选用轴流泵，高扬程灌溉水泵可选用离心泵或混流泵，水深较大，可选用潜水泵。

（5）泵房。用地紧张的灌溉区块，可采用简易泵站或选用潜水泵不设泵房；条件允许可采用砖混结构泵房，面积不小于 $5m^2$。

13.4.2　缓存工程

13.4.2.1　容积确定

为解决农村生活污水排放连续性和农业灌溉用水间歇性之间的矛盾，需要配备污水缓存工程来调蓄农村生活污水，缓存工程容积根据污水处理站处理能力、污水排放量、灌溉周期、水质变化以及区域安全利用量等综合确定。处理后的农村生活污水在缓存工程中的有效停留时间一般不小于 15d，则每百人农村生活污水需配备 $180m^3$ 缓存设施。

浙江省农村污水处理站的污水处理能力为 150～400t/d，高峰期灌溉周期 5～7d，可供水量一般为 $750～2800m^3$，生态塘容积需大于该周期污水处理站的出水量。考虑到非灌溉期污水站的二级污水进入生态塘后，经生态塘进一步净化后才能排入河道，按一个净化周期 10～15d 考虑，则需要 $1500～6000m^3$ 的蓄水容积。考虑到灌溉面积、作物种类及灌溉用水定额，生态塘可供水量至少满足灌溉区域一次灌溉（最大可能）需水量，则生态塘容积需要在可供水量的基础上适当乘以一个放大系数。

13.4.2.2　生态系统搭建

以水量调蓄、水质净化为目标，兼具景观效果，以再力花、美人蕉、常绿鸢尾、大漂、聚草和睡莲等构建浮水植物＋挺水植物适配种植系统，以矮化枯草、伊乐藻和金鱼藻等构建水下森林，投放螺、蛤和小锦鲤等水生动物，构建浮水植物-挺水植物-沉水植物-水生动物健康水生态，水生植物可吸收水体中氮磷等污染物，水生动物可摄食水体中的藻类和细菌，保证水体生态平衡。

13.4.3　田间工程

农村生活污水再生灌溉回用田间工程与常规稻田不同：一方面需要提高格田田埂高

度，拦蓄污水或降雨，提高污水或降雨利用效率；另一方面需要在格田出口设排水设施，按照水稻各生育阶段田间允许淹水深度设置闸门高度，同时提高田间排水沟防渗要求，或采用管道排水，避免污水沿程漏损。

13.4.3.1 格田规格

（1）水田平整达到±3cm，对于田块高差超过10cm，建议分格布置。

（2）格田长度60～120m，宽度20～30m，格田田埂高度不低于30cm，压实度达到90%以上。格田示意图见图13-2。

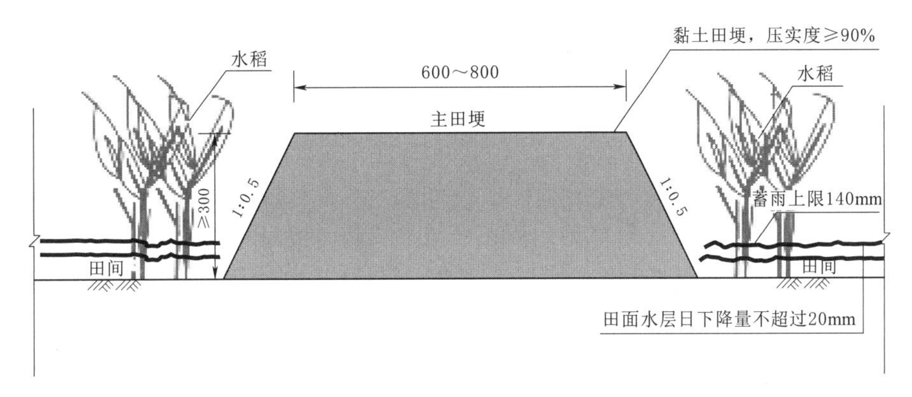

图13-2 格田示意图（单位：mm）

13.4.3.2 格田出口排水设施

需要在格田出口安装排水设施，用于田间控制排水。工作原理为按照水稻各生育阶段田间允许淹水深度设置闸门高度，当田间水位超过允许淹水深度时，排水口排水；当田间水深降到允许淹水深度，排水停止。

13.4.3.3 排水沟（U形沟）规格

（1）U形槽材料为C20混凝土。

（2）进水口间距平均20m，施工时可根据田块的分布情况作适当调整。

（3）水沟纵坡一般按田面高程确定，不允许倒坡，设计纵坡为1/1500～1/2500。

（4）预制U形沟内、外压破坏荷载等参数应符合《农田水利工程灌排渠用预制混凝土构件》（DB33/T 408—2003）中的相关规定。

（5）回填土要求为粉质黏土，压实度不小于0.91。

第 14 章　农村生活再生水灌溉示范工程

14.1　概述

世界上应用工业和生活污水进行灌溉已有近百年的历史，其中，美国、澳大利亚、日本和以色列等国家污水灌溉技术比较成熟。美国是世界上较早将污水再生利用于农业的国家之一。美国利用再生水灌溉农田的工程项目有 470 多个，占回用水工程项目的 88.8%，农业灌溉用水量占总再生水量的 62%。以色列属严重缺水国家，再生水已成为该国重要的水资源之一，农业灌溉用量占其污水处理总量的 42%。日本从 1997 年开始实行农村污水处理计划，处理后的污水水质稳定，多数引入农田灌溉水稻或果园。印度是农业大国，随着人口增加和经济的快速发展，水资源严重短缺，近年来已逐步建立了一些污水处理厂，将污水处理后用于灌溉。

我国是从 20 世纪 80 年代才逐步大力开发城市污水再生利用技术，但由于我国城市污水中工业废水占 40%~50%，比发达国家高得多，水质也恶劣得多，处理难度较大，处理费用也较高，造成了再生水灌溉一般仅限于局部绿地利用或处理厂内部绿地利用，与再生水灌溉的多元化需求极不相称。北京、天津、西安、大连等地已经开始系统地开展利用再生水灌溉的试验和推广工作，2002 年，大连经济技术开发区投资 1500 万元兴建的再生水自动喷灌系统投入使用，灌溉面积为 110 万 m^2，日灌溉能力为 3500t，规模居全国前列。天津开发区从 2001 年开始进行再生水植树试验，开发区再生水植树的用水量达到植树用水总量的 20%。目前我国污水回用主要针对城市污水，农村生活污水资源化回用还处于相对空白阶段。

浙江省永康市舟山镇作为杨溪水库灌区水源地，十分重视生态镇建设工作，但由于基础条件限制，在农村生活污水处理方面还存在一些不足：一方面，镇级万人规模污水处理工程经改造后，污水排放达到一级 A 标准，直接排入河道，排水水质虽然达标，但排水中氮、磷、有机物等污染物浓度仍然偏高，对水源水质产生了不良影响；另一方面，村级污水处理设施建设相对滞后，农村生活污水直接排入河道，对附近水源水质的影响更大。因此，在国家重点研发计划项目“南方城乡生活节水和污水再生利用关键技术研发与集成示范”（项目编号：2019YFC0408800）子任务“农村生活污水安全利用关键技术集成与示范”和水利部水利技术示范项目“浙江金华节水型社会创新试点关键技术应用与示范”（No. SF－201801）支持下，通过浙江省水利河口研究院（浙江省海洋规划设计研究院）、浙江大学、浙江省农业科学院、永康市水资源供水管理中心等单位的技术协作，于 2019 年年底，在永康市舟山镇围绕农村生活污水再生回用研究和示范开展了千人规模（村级）和万人规模（镇级）农村生活污水安全利用示范工程建设，于 2021 年 6 月完

成了总体建设任务，示范工程围绕农村生活污水处理、缓存与输送、安全回用环节，形成了集技术集成、设备研发、成果示范、试验研究为一体的再生水安全利用示范区。

14.2 农村生活污水安全利用关键环节

根据农村生活污水安全回用过程及其安全利用对象，农村生活污水安全利用工程建设包括以下3个环节。

（1）污水处理环节。该环节通过工程和管理措施，将农村生活污水处理到满足其利用对象要求的水质，包括厌氧处理、好氧处理、消毒处理等工程或设施。

（2）污水缓存环节。该环节通过生态塘、蓄水池等工程解决农业灌溉用水间歇性和农村生活污水产生连续性之间矛盾，服务于农村生活污水的水、肥资源充分利用。

（3）污水灌溉利用环节。该环节有两种回用途径即农田灌溉和生态景观补水。该环节通过灌溉管道工程、再生水安全高效灌溉技术、智能控制灌溉系统等实现农村生活污水灌溉回用；通过管道工程、生态和景观补水工程进行生态补水，实现农村生活污水基本全回用；本环节主要探讨污水灌溉回用环节。

14.3 千人规模示范工程

在舟山镇联村区（新楼村—大路任村）建成了1处以集污水处理设施、输水工程、缓存单元、田间灌溉工程为一体的农村生活污水安全利用示范工程，占地面积225亩，实现了联村区农村生活污水处理基本“全回用、全覆盖、智能化”，再生水流向如图14-1所示。示范区通过新建1处污水处理设施，经输水工程将处理后的农村生活污水接入缓存单元（生态塘），在灌溉需水期通过田间灌溉工程进行高效节水灌溉。田间各支管均配备了电磁阀，通过泵站控制系统、田间控制系统和用水计量系统的联动，实现精准灌溉。在非灌溉需水期，污水通过生态塘进一步净化后，达到《城市污水再生利用 景观环境用水水质》（GB/T 18921—2019）的要求，补充到生态环境中。

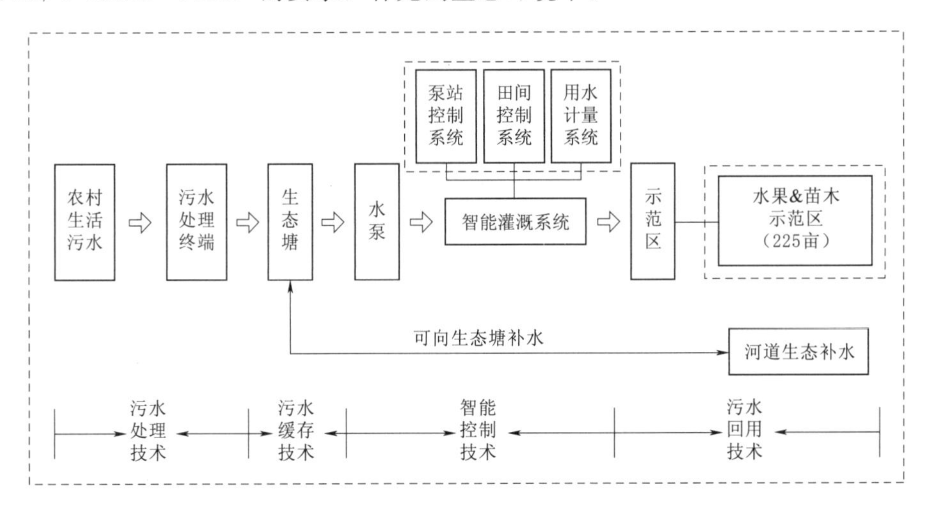

图14-1 千人规模示范再生水流向图

14.3.1　污水处理设施

千人规模示范工程污水处理终端（见图 14-2）位于高下杨村，占地面积 160m²，采用厌氧（A/O）＋基质生物过滤技术，过滤池面积负荷 1m³/(m²·d)，出水水质达到 DB 33/973 一级标准，断水一周后再启动仍不影响其处理效果，具有施工简单、投资省、微动力，处理及运行成本低，运行操作简单等优点。

图 14-2　千人规模示范工程污水处理终端

（1）排放标准。根据不同环境功能区的污水排放标准，新楼村及大路任村所属生态功能区为Ⅱ类水环境功能区。根据项目要求，污水以再生利用为主，再生利用受季节和天气制约。由此，该工程农村生活污水经治理后基本控制项目最高允许排放浓度执行《农村生活污水集中处理设施水污染物排放标准》(DB 33/973—2015）一级排放标准。

（2）工艺流程。该项技术示范采用厌氧（A/O）＋基质生物过滤技术，通过格栅井＋A/O 池＋基质生物过滤池的组合，完成处理规模为 150t/d 的农村生活污水资源化利用。出水色度、浊度、pH、COD_{Cr}、悬浮物（SS)、全盐量、阴离子表面活性剂、粪大肠菌群数等主要指标达到《农田灌溉水质标准》(GB 5084—2021）中规定的作物灌溉标准。

14.3.2　输水工程

采用管道输水灌溉，可以进一步减少水量损失和对周围土壤的影响。根据灌溉面积及污水处理终端的来水量、缓存单元的调蓄量、灌溉区域的利用量等因素，确定采用 1.0MPa *DN*90 PE 管。

14.3.3　缓存单元

千人规模示范工程缓存单元采用由浮水植物、挺水植物、沉水植物、水生动物构成的多功能生态塘。

（1）容积确定。联村污水处理站的污水处理能力为 150t/d，高峰期灌溉周期 5～7d，可供水量为 750～1050m³，生态塘容积需大于该周期污水处理站的出水量。考虑到非灌溉期污水站的二级污水进入生态塘后，经生态塘进一步净化后才能排入河道，按一个净化周期 10～15d 考虑，则需要 1500～2250m³ 的蓄水容积。联村区示范区面积 225 亩，以种植葡萄等经济作物考虑，生态塘水量至少满足示范区一次灌溉（最大可能）需水量，则需生态塘容积约 2500m³。考虑到联村生态塘所处位置的地形特点，以及对应示范面积最大一次灌水需水量，联村生态塘大小按占地面积 1500m²、深 2.0m 设计，最大蓄水容积约 3000m³。

（2）工艺参数。生态塘由浮水植物、挺水植物、沉水植物、水生动物构成（见图 14-3)。其中，以再力花、美人蕉、常绿鸢尾、大薸、聚草和睡莲构建了浮水植物＋挺水植物

适配种植系统，占水域面积 30%；以矮化枯草、伊乐藻和金鱼藻构建了沉水植物适配种植系统，种植密度 100～150 株/m^2；投加微生物菌剂 20g/m^2，3 次/月，水生系统稳定后停止投加；投加水生动物环绫螺 50g/m^2。通过试运行，生态塘水力停留时间初步可以达到 15d，解决了农村生活污水水质水量波动大和处理效果不稳定等问题。经生态塘调节后的农村生活污水，在灌溉需水期用于农田灌溉，在非灌溉需水期用于景观河道生态补水。

图 14-3　千人规模示范工程生态塘

(3) 出水水质。经生态塘调节处理后的农村生活污水经第三方单位连续进行三次水质检测，结果表明：在灌溉需水期，水质指标达到了《农田灌溉水质标准》（GB 5084—2021）要求；在非灌溉需水期，主要水质指标达到了《城市污水再生利用　景观环境用水水质》（GB/T 18921—2019）要求。

14.3.4　田间灌溉工程

田间灌溉工程包括泵站、灌溉管道、田间控制单元等。针对田间作物之间的用水差异性与土壤特殊性，在泵站首部安装了水泵控制器和远程传输控制设备，结合田间支管的电磁阀，实现苗木与经济作物区“土壤墒情-管道灌溉/喷微灌系统-灌溉给水泵”的智能化精准灌溉。田间水位传感器/土壤墒情传感器、流量计实时对田间水位/水分、水量进行监测，田间控制器对相关计量参数进行测量，通过无线将数据传输到中央控制器内，形成相关数据报表。田间灌溉采用农村生活再生水安全高效灌溉技术模式，通过泵站控制系统、田间控制系统和用水计量系统的联动控制，实现了农村生活污水的高效回用。

14.3.5　主要建设内容

示范区主要工程量（见表 14-1）如下：

(1) 建成污水处理站 1 座，处理能力为 150t/d，主要用于处理舟山镇新楼村和大路任村两个村的生活污水。

(2) 建成生态塘 1 个，占地面积 1500m^2，最大蓄水容积约 3000m^3。

(3) 建成泵站 1 座，位于生态塘旁。

(4) 铺设管道 2581m，其中 DN200 PE 管（1.0MPa）1075m，DN125 PE 管（1.0MPa）1313m，DN90 PE 管（1.0MPa）193m。

表 14-1　示范区主要工程量汇总表

序号	名称	项目	规格	单位	数量	备　注
1	污水处理终端	污水处理站	150t/d	座	1	一体化 A/O 池
2	生态塘	联村生态塘	1500m^2	处	1	生态砌块护岸及植物措施
3	泵站	联村泵站	12m^2	座	1	位于联村区块生态塘旁

续表

序号	名称	项目	规格	单位	数量	备　注
4	管道	干管	DN200	m	1075	PE（1.0MPa）
		支管	DN125	m	1313	PE（1.0MPa）
		出水管	DN90	m	193	PE（1.0MPa）
		管道配件	—	项	1	三通、闸阀等
5	其他	电磁阀	DN125	个	10	

14.3.6　实施效果

千人规模示范工程年可利用污水可节约淡水资源 5.47 万 t，预计年可削减污染物排放 COD 约 16t、氨氮约 1t、总氮约 2t、总磷约 0.27t。

14.4　万人规模示范工程

在舟山镇集镇区（舟三村）建成 1 处以集污水处理设施、输水工程、缓存单元、田间灌溉工程、撬装化设备、灌溉试验研究为一体的农村生活污水安全利用示范工程，占地面积 425 亩，实现了集镇区农村生活污水处理基本“全回用、全覆盖、智能化”，再生水流向如图 14-4 所示。示范区通过提升舟山镇现有的 1 处污水处理设施，经输水工程将处理后的农村生活污水接入缓存单元（生态塘），在灌溉需水期，在智能控制平台的自动控制下，通过田间灌溉工程进行高效节水灌溉。田间各支管均配备了电磁阀，通过泵站控制系

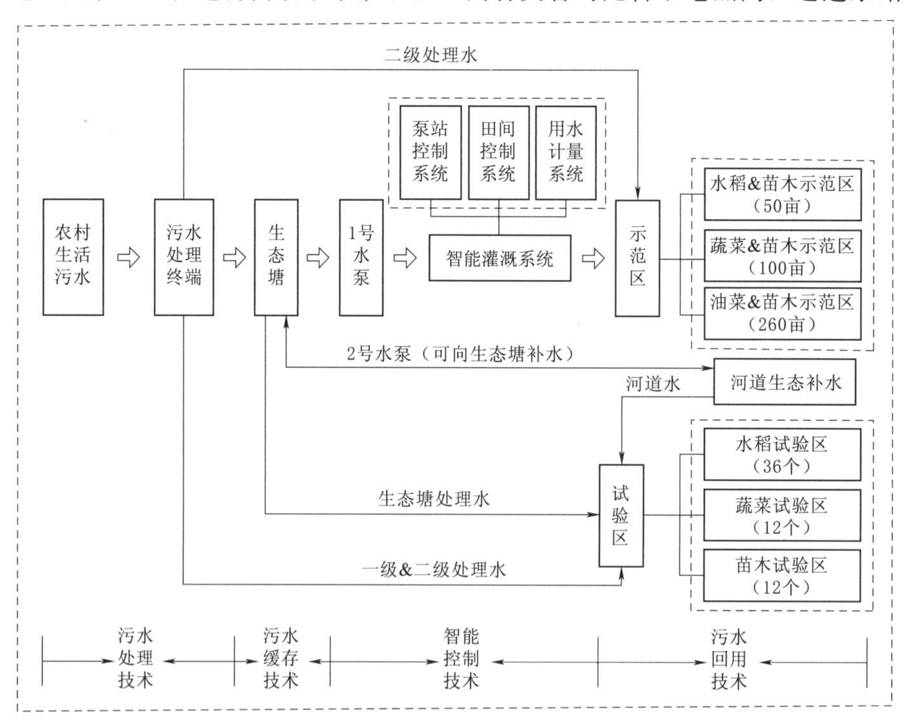

图 14-4　万人规模示范工程再生水流向图

统、田间控制系统和用水计量系统的联动，实现精准灌溉。万人规模示范工程不仅可以向示范区输水灌溉，还可以结合农村生活再生水灌溉高效利用与安全调控技术的试验要求，向试验区进行输水灌溉。在非灌溉需水期，通过生态塘、撬装化设备、生态沟渠进一步净化后，达到《城市污水再生利用　景观环境用水水质》（GB/T 18921—2019）的要求，补充到生态环境中。

14.4.1　污水处理设施

万人规模示范工程污水处理终端占地面积 680m²，采用 A/O 处理工艺，出水水质达到 GB 18918 一级标准，处理规模 400t/d。主要对现有污水处理站的填料进行更换，不对其处理规模和处理工艺进行调整。

14.4.2　输水工程

输水工程采用管道输水灌溉，可以进一步减少水量损失和对周围土壤的影响。根据灌溉面积及污水处理终端的来水量、缓存单元的调蓄量、灌溉区域的利用量等因素，确定采用 1.0MPa *DN* 90PE 管。

14.4.3　缓存单元

万人规模示范工程缓存单元采用由浮水植物、挺水植物、沉水植物、水生动物构成的多功能生态塘。

（1）容积确定。集镇污水处理站现状处理污水能力为 400t/d，高峰期灌溉周期 5～7d，则可供水量为 2000～2800m³，生态塘调蓄容积需大于该周期污水处理站的出水量。考虑到非灌溉期污水站的二级污水进入生态塘后，经生态塘进一步净化后才能排入河道，按一个净化周期 10～15d 考虑，则最大需要 4000～6000m³ 左右的蓄水容积。集镇区示范工程面积 425 亩，以主要种植水稻、蔬菜和苗木考虑，按生态塘水量至少满足项目区一次最大灌溉需水量，则需生态塘容积约 5000m³。综合以上三项供需平衡、调蓄和净化需求，集镇生态塘设计大小按占地面积按 3000m² 计，深 2.0m 左右，最大蓄水容积 6000m³。

（2）工艺参数。生态塘由浮水植物、挺水植物、沉水植物、水生动物构成（见图 14-5），工艺参数同千人规模，经生态塘调节后的农村生活污水，在灌溉需水期，经智能控制平台自动控制用于农田精准灌溉，在非灌溉需水期经生态塘、撬装化设备、生态沟渠进一步净化用于景观河道生态补水。

（3）出水水质。经生态塘调节处理后的农村生活污水经第三方单位连续三次水质检测，结果表明：在灌溉需水期，水质指标达到了《农田灌溉水质标准》（GB 5084—2021）要求；在非灌溉需水期，主要水质指标达到了《城市污水再生利用　景观环境用水水质》（GB/T 18921—2019）要求。

图 14-5　万人规模示范区生态塘

14.4.4 田间灌溉工程

田间灌溉工程包括泵站、灌溉管道、田间控制单元等。针对田间作物之间的用水差异性与土壤特殊性，在泵站首部安装了水泵控制器和远程传输控制设备，结合田间支管的电磁阀，实现苗木与经济作物区“土壤墒情-管道灌溉/喷微灌系统-灌溉给水泵”的智能化精准灌溉。田间水位传感器/土壤墒情传感器、流量计实时对田间水位/水分、水量进行监测，田间控制器对相关计量参数进行显示，通过无线将数据传输到中央控制器内，形成相关数据报表。田间灌溉采用农村生活再生水灌溉安全高效灌溉技术模式（详见第13章），通过泵站控制系统、田间控制系统和用水计量系统的联动控制，实现了农村生活污水的高效回用。

14.4.5 撬装化设备

撬装化设备（见图14-6），由浙江大学研发，包括生化反应器单元、电化学紫外联合消毒单元和贮水缓存单元。撬装化设备在灌溉需水期贮水进入灌溉系统前端，通过管道泵输出到田间，实现灌溉回用。在非灌溉需水期，贮水进入生态塘，进一步提升水质，最后通过生态沟渠和尾水湿地后补充至生态环境中。

图14-6 撬装化设备

14.4.6 智能灌溉控制系统

智能化灌溉控制系统是集自动控制技术、传感器技术、通信技术、计算机技术等于一体的灌溉管理系统。它可以与智能化生活污水处理撬装化设备联动，通过实时采集水质参数、田间水分（墒情）、水位数据，进行智能的灌溉控制，可以实现“田间水分/水位-管道灌溉-灌溉给水泵”智能精准灌溉。

14.4.6.1 需求分析

根据再生水和灌溉两方面的要求，系统需要解决以下几方面的问题：

（1）实现水质参数采集和传输。对处理后的再生水的水质进行监测，监测要素包括电导率、溶解氧、浊度。

（2）实现灌溉首部泵站的自动控制和计量。需要对撬装化设备内的灌溉水泵按照特定的指令进行控制，并实现灌溉水量的采集和传输。

（3）实现水稻水分（墒情）水位、旱作物水分（墒情）实时采集及数据传输。完成田间水分、水位传感器田间布设。

（4）实现对田间用水灌溉控制操作。完成田间电磁阀等控制设备的布设。

（5）具有友好的系统软件平台。系统平台将涉及灌溉的各项功能进行集成，并提供友好的操作界面。

14.4.6.2 系统架构设计

按照应用层级结构分，再生水智能灌溉系统主要由生产控制层、数据管理层和用户监控层。生产控制层包括现场设备及其实现的数据采集和传输功能；数据管理层主要是软件系统底层的数据库及网络底层应用；用户监控层是终端的应用功能，这个功能是通过终端设备对数据展示和相关控制。

按照系统实现功能分，再生水智能灌溉系统分为水质监测、水泵控制、水量计量、田间水分及水位监测、田间控制等单元，以及必须的采集和传输模块组成。

（1）系统平台：主要由微机设备及控制系统软件组成。微机设备与目前常用的计算机设备类似；控制系统软件，由信息采集与处理、信息数据显示、信息记录、阀门状态监控模块等组成。

（2）水质监测：包括电导率、溶解氧、浊度和监测传感器，以及采集器和数据传输模块。

（3）水泵控制：主要有水泵控制开关、中间继电器等。

（4）水量计量：主要仪器为流量计。

（5）田间水分及水位监测：包括田间水分传感器和水位传感器、采集器及数据传输模块。

（6）田块控制：电磁阀为用于控制管道过流的设备。

（7）田间输水：采用 PE 输水管道。

14.4.6.3 水分和水位控制策略

（1）水稻种植区。本书确定了 W2、W3 模式为水稻示范区水位控制标准。无论灌溉与否，田间水分传感器、水位传感器、流量计实时对田间水位、水分、水量进行监测，田间控制器对相关计量参数进行显示，田间控制器通过无线网络将数据传输到中央控制器内，形成相关数据报表。

（2）苗木与经济作物试区。苗木与经济作物试区控制参数为水分墒情，水位传感器作为辅助。初步确定灌溉前为土壤田间持水量的 60%～75%，灌溉后为土壤田间持水量的 90%左右。

14.4.6.4 系统功能

该系统集成了再生水处理和灌溉两个领域，实现了根据实时反馈的监测数据进行智能的灌溉控制。功能如下：

（1）实现了四项水质参数的采集和数据显示，并可以在平台上设置水质上限。当相关水质数据达到上限时，对再生水撬装化设备进行关闭操作，停止其运行。实现了无人值守安全运行的智能模式。

（2）实现了田间水分（墒情）、水位数据的采集和显示，系统中有多种灌溉操作模式。当切换到自动灌溉时，根据设计的水分和水位控制策略可以实现田间电磁阀的智能控制，实现智能精准灌溉。

（3）实现了多种灌溉策略的选择。定时灌溉，设置固定的灌溉时间进行灌溉；手动灌溉可以实现即时灌溉，人工自主打开或关闭灌溉。

（4）完成基于现场实际的 UI 设计。根据现场灌溉布设情况，进行了 UI 优化设计，清晰表述布设在现场的各项设备，实现线上实景化。

图 14－7 为系统的主界面，主要展示监测数据，其反映实时的数据情况，包括千人区

传感器数据（水分和水位）、万人区传感器数据（水分和水位）、气象数据、撬装化设备参数、流量计数据。

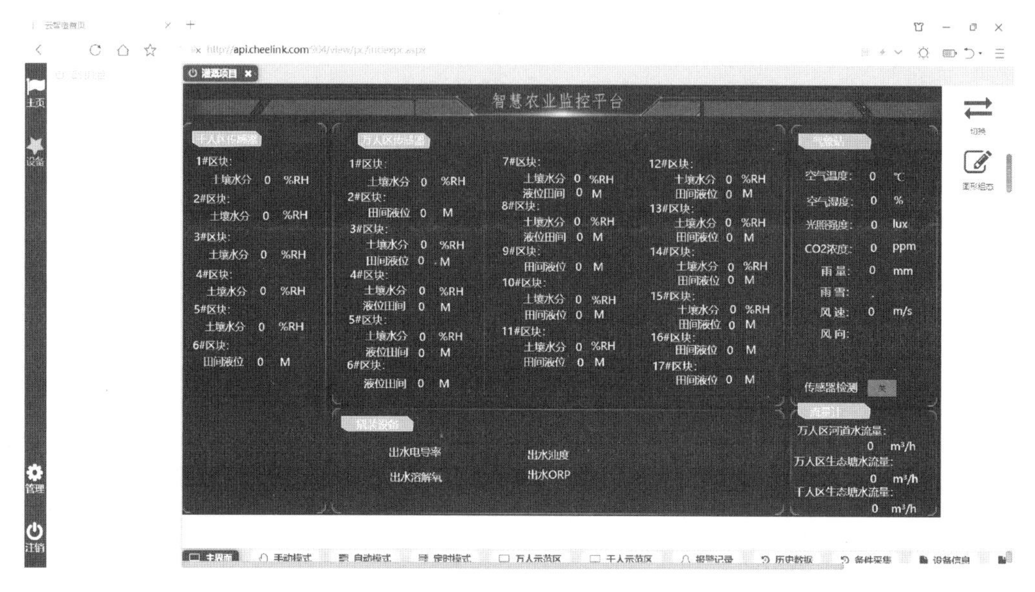

图 14 - 7　系统主界面

图 14 - 8 为系统手动模式界面。手动模式可实现对千人区、万人区等水泵及田间电磁阀的即时开关，以实现灌溉。用户在此模式下可以根据系统主界面的监测数据进行判断，然后进行相应的操作。

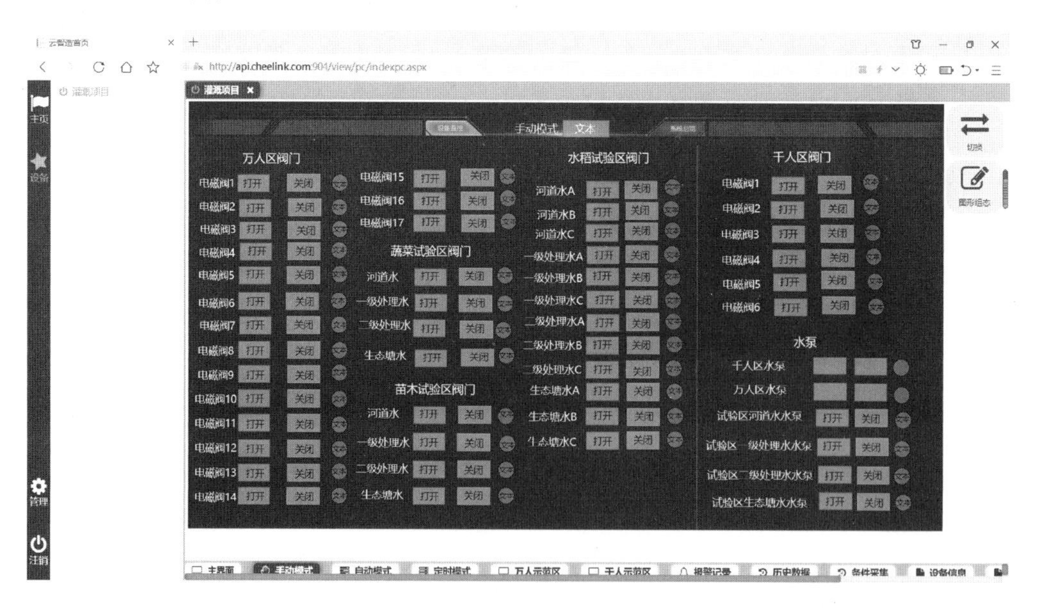

图 14 - 8　系统手动模式界面

图 14 - 9 为系统自动模式界面。自动模式通过设置水分上下限、田间水位（液位）上下限，根据主界面中的实时监测数据进行自动判断，自主打开相应的电磁阀。

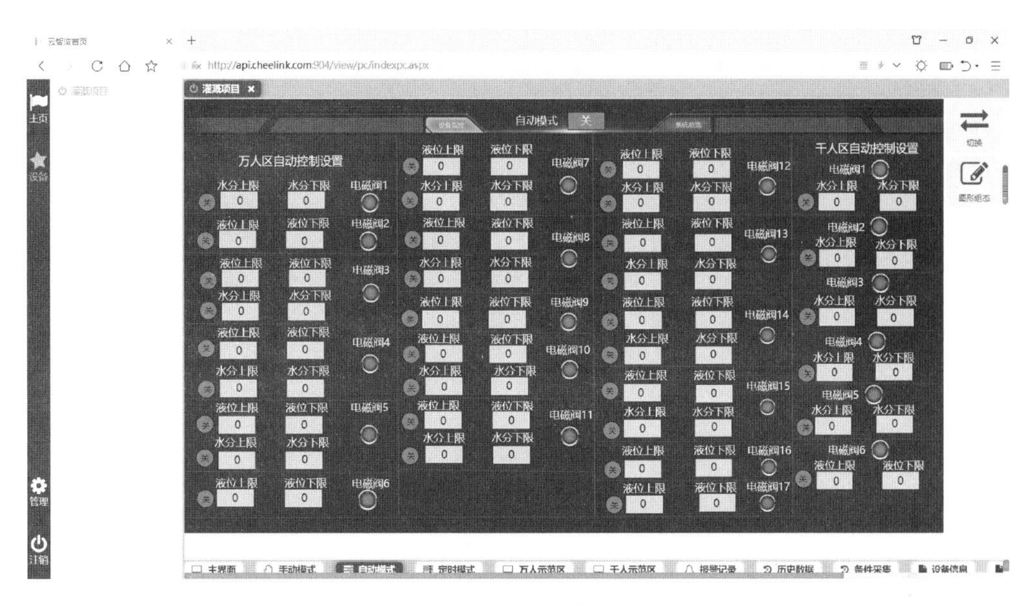

图 14-9　系统自动模式界面

图 14-10 为系统定时模式界面。灌溉系统软件完全与现场情况进行贴合，可更好地查看相关参数和进行相应的灌溉操作。

14.4.6.5　现场设备

图 14-11 为现场设备。

14.4.7　主要建设内容

14.4.7.1　示范区主要建设内容

示范区主要建设内容见表 14-2。

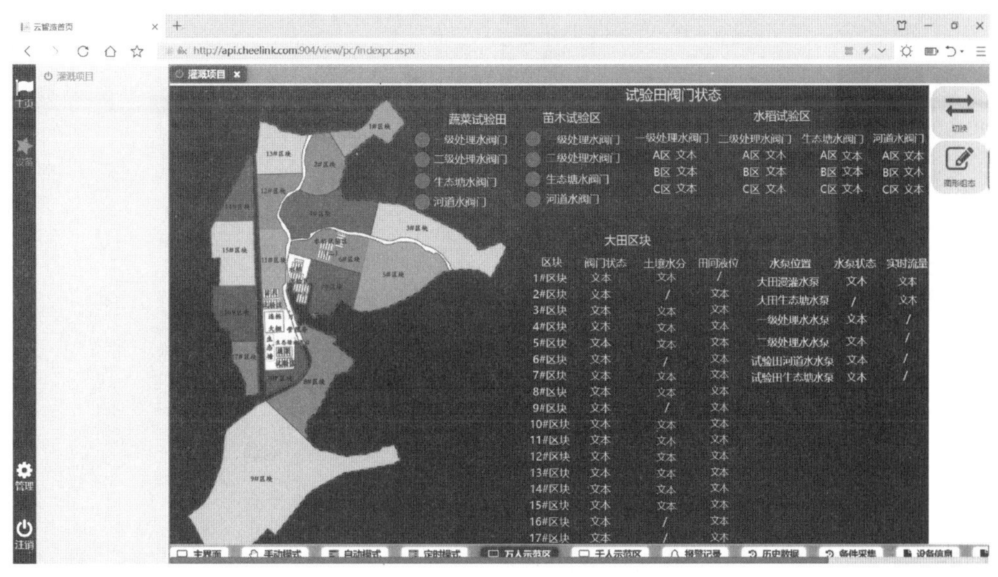

(a) 万人规模

图 14-10（一）　系统定时模式界面

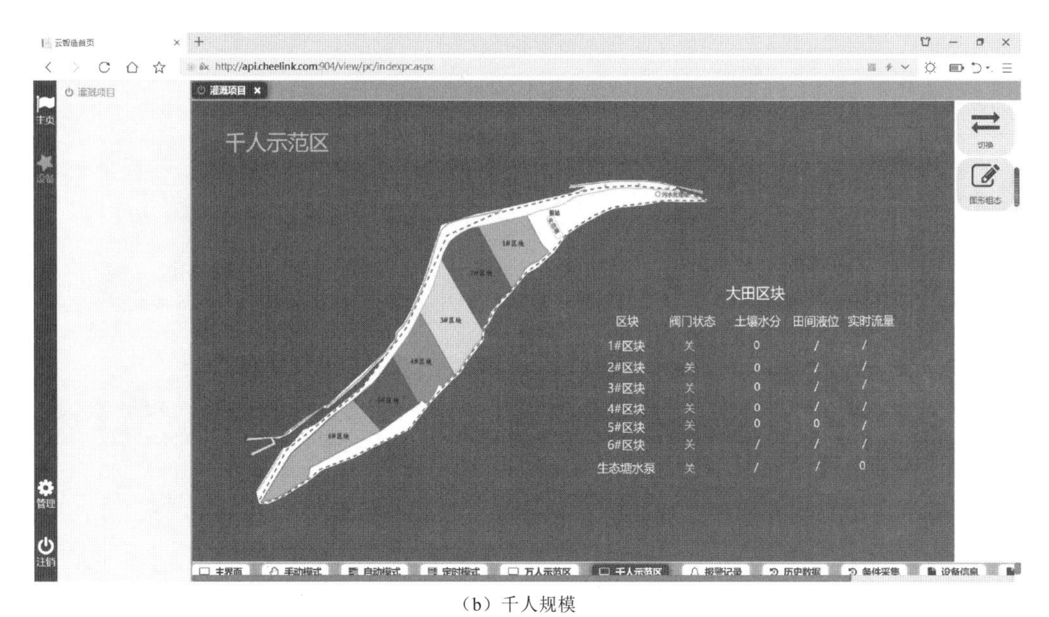

（b）千人规模

图 14-10（二）　系统定时模式界面

（1）建成生态塘 1 个，占地面积 $3000m^2$，蓄水容积约 $3000m^3$。

（2）建成泵站 2 座，其中，集镇 1 号泵站位于示范区中部试验大棚右侧，集镇 2 号泵站位于示范区西部舟山溪左岸。

（3）铺设管道 4195m，其中 *DN*200 PE 管（1.0 MPa）1880m，*DN*160 PE 管（1.0 MPa）

（a）现场采集、传输及控制模块

图 14-11（一）　现场设备

（b）田间电磁阀

（c）水分/水位探头

图 14-11（二） 现场设备

1022m，$DN125$ PE 管（1.0 MPa）1032m，$DN90$ PE 管（1.0 MPa）261m。

表 14-2 示范区主要建设内容汇总表

序号	名称	项目	规格	单位	数量	备注
1	生态塘	集镇生态塘	$3000m^2$	处	1	生态砌块护岸及植物措施
2	泵站	集镇 1 号泵站	$24m^2$	座	1	位于示范区中部试验大棚右侧
		集镇 2 号泵站	$15m^2$	座	1	位于示范区西部舟山溪左岸
3	管道	干管	$DN200$	m	1880	PE（1.0MPa）
		支管	$DN160$	m	1022	PE（1.0MPa）
		支管	$DN125$	m	1032	PE（1.0MPa）
		出水管	$DN90$	m	261	PE（1.0MPa）
		管道配件	—	项	1	三通、闸阀等
4	其他	电磁阀	$DN125$	个	13	

14.4.7.2 试验区主要建设内容

试验区主要建设内容汇总于表 14-3。

（1）试验小区建设。建设 60 个试验小区，其中水稻小区 36 个，蔬菜和苗木试验小区各 12 个，每个试验小区尺寸为 20m×5m。

（2）泵站建设。配备潜水泵 4 台。

（3）管道铺设。共铺设 $DN90$ PE 管（1.6MPa）1982m，滴灌 3840m（16mm，间距 30cm，流量 2.0L/h，壁厚 1.0mm）。

（4）自动控制系统。自动控制系统 1 套。

（5）配套设施。薄膜温室大棚 6 亩。

表 14-3 试验区主要建设内容汇总表

序号	名称	项 目	规格	单位	数量	备 注
1	试验小区	水稻区	20m×5m	个	36	土埂，土工布加塑料草坪覆盖
		蔬菜区	20m×5m	个	12	土埂，土工布加塑料草坪覆盖
		苗木区	20m×5m	个	12	土埂，土工布加塑料草坪覆盖
2	潜水泵	1 号潜水泵	QS20-39/3-4	个	1	位于污水处理站，接一级处理水
		2 号潜水泵	QS20-39/3-4	个	1	位于污水处理站，接二级处理水
		3 号潜水泵	QS20-39/3-4	个	1	位于生态塘东北岸，抽取生态塘净化水
		4 号潜水泵	QS20-39/3-4	个	1	位于舟山溪岸边，抽取清水
3	管道	输水管	*DN*90	m	1982	PE（1.6MPa）
		滴灌	*DN*16	m	3840	美国托罗 DRIP-IN 压力补偿式滴灌管（16mm，间距 30cm，流量 2.0L/h，壁厚 1.0mm）
4	控制系统	泵站控制器	定制	项	1	
		田间控制器	定制	套	1	
		水表	DN	个	20	
		电磁阀	雨鸟	个	20	
		无线数据通信模块	DC-04	项	2	
		其他附件（电线）		项	1	
5	配套设施	薄膜温室	连栋温室	m^2	2800	

14.4.8 实施效果

万人示范工程年可利用污水节约淡水资源 14.6 万 t，预计年可削减污染物排放 COD 约 43t、氨氮约 2.9t、总氮约 5.8t、总磷约 0.73t。

14.5 示范工程成效

（1）水质净化成效。基于农村生活污水的连续性和农业灌溉用水的间歇性之间的矛盾，示范工程通过配备生态塘，增加农村生活污水的缓存时间，最长可达 15d，在一定程度上调节了农村生活污水的水量和水质。经调节后的农村生活污水，在灌溉需水期，水质指标达到《农田灌溉水质标准》（GB 5084—2021）的要求，可用于农田灌溉。在非灌溉需水期，主要水质指标达到《城市污水再生利用 景观环境用水水质》（GB/T 18921—2019）的要求，可用于生态环境补水。

（2）节水、节肥、减排成效。水稻和经济作物生长期可分别消纳农村生活污水 240～470m^3/亩和 10～30m^3/亩，减少氮肥施用 1.4～3.6kg/亩，年减少农村生活污水排放约 20 万 t，可最大限度地消耗农村生活再生水，避免污水外排，减少新鲜水取用量且提高再生水利用率，为南方丰水地区农村生活污水再生高效安全利用提供了重要示范。

参考文献

曹言，王杰，王树鹏，等，2020. 气候变化下滇中地区水稻需水量与灌溉需水指数时空变化研究［J］. 干旱地区农业研究，38（5）：226-235.

曹玉钧，田军仓，沈晖，等，2021. 再生水灌溉对紫花苜蓿产量和品质的影响［J］. 灌溉排水学报，40（1）：55-61.

陈黛慈，王继华，关健飞，等，2014. 再生水灌溉对土壤理化性质和可培养微生物群落的影响［J］. 生态学杂志，33（5）：1304-1311.

陈鸿飞，庞晓敏，张仁，2017. 不同水肥运筹对再生季稻根际土壤酶活性及微生物功能多样性的影响［J］. 作物学报，43（10）：1507-1517.

陈凯文，俞双恩，李倩倩，等，2019. 不同水文年型下水稻节水灌溉技术方案模拟与评价［J］. 农业机械学报，50（12）：268-277.

陈卫平，吕斯丹，王美娥，等，2013. 再生水回灌对地下水水质影响研究进展［J］. 应用生态学报，24：1253-1262.

陈卫平，张炜铃，潘能，等，2012. 再生水灌溉利用的生态风险研究进展［J］. 环境科学，12：4-14.

陈治江，师秋菊，陈晓，2012. 乌鲁木齐市再生水灌溉对小白菜内源微生物的影响［J］. 安徽农业科学，40（35）：16979-16986.

陈子薇，应珊珊，刘银秀，等，2021. 不同施肥类型对稻田氮素流失的影响［J］. 水土保持学报，35（1）：36-43.

程先军，许迪，2012. 碳含量对再生水灌溉土壤氮素迁移转化规律的影响［J］. 农业工程学报，28（14）：85-90.

崔丙健，高峰，胡超，等，2019. 非常规水资源农业利用现状及研究进展［J］. 灌溉排水学报，38（7）：60-68.

邓少虹，林明月，李伏生，等，2014. 施肥对喀斯特地区植草土壤碳库管理指数及酶活性的影响［J］. 草业学报，23（4）：262-268.

范春辉，袁文静，辛意贝，2021. 生活源再生水短期灌溉对表层农业土壤理化性质的影响［J］. 沈阳师范大学学报（自然科学版），6：544-548.

范东芳，2019. 农村混合污水灌溉对农田土壤肥力和微生物多样性的影响［D］. 芜湖：安徽师范大学.

高远，林山杉，李天宇，等，2019. 再生水回灌对土壤理化性质及土壤细菌的影响［J］. 西北师范大学学报（自然科学版），55（4）：100-106.

龚雪，王继华，关健飞，等，2014. 再生水灌溉对土壤化学性质及可培养微生物的影响［J］. 环境科学，35（9）：3572-3579.

郭魏，齐学斌，李平，等，2017. 不同施氮水平下再生水灌溉对土壤细菌群落结构影响研究［J］. 环境科学学报，37（1）：280-287.

郭魏，齐学斌，李中阳，等，2015. 不同施氨水平下再生水灌溉对土壤微环境的影响［J］. 水土保持学报，29（3）：311-315，319.

郭魏，2016. 再生水灌溉对氮素生物有效性影响的微生物机制［D］. 北京：中国农业科学院.

郭晓明，马腾，陈柳竹，等，2012a. 污水灌溉区土壤肥力及酶活性特征研究［J］. 生态环境学报，21（1）：78-83.

郭晓明，马腾，催亚辉，等，2012b. 污灌时间对土壤肥力及土壤酶活性的影响［J］. 农业环境科学学报，31（4）：750－756.
韩焕豪，刘鑫焱，高蓉，等，2021. 水稻再生水灌溉下的节水减排效果［J］. 节水灌溉（12）：43－49.
韩烈保，周陆波，甘一萍，等，2006. 再生水灌溉对草坪土壤微生物的影响［J］. 北京林业大学学报，28（S1）：73－77.
韩洋，齐学斌，李平，等，2018. 再生水和清水不同灌水水平对土壤理化性质及病原菌分布的影响［J］. 灌溉排水学报，37（8）：32－38.
韩洋，乔冬梅，齐学斌，等，2020. 再生水灌溉水平对土壤盐分累积与细菌群落组成的影响［J］. 农业工程学报，36（4）：106－117.
侯京卫，范彬，曲波，等，2012. 农村生活污水排放特征研究述评［J］. 安徽农业科学，2：964－967.
侯利伟，黄占斌，苗战霞，等，2007. 再生水灌溉对玉米与大豆生长及水分利用效率的影响［J］. 中国生态农业学报，15（6）：35－39.
胡超，李平，樊向阳，等，2013. 减量追氮对再生水灌溉设施番茄产量及品质的影响［J］. 灌溉排水学报，32（5）：104－106.
胡超，徐国华，齐学斌，等，2011. 再生水分根交替地下滴灌对马铃薯品质和重金属积累影响［J］. 灌溉排水学报，30（3）：43－46.
黄冠华，查贵锋，冯绍元，等，2004. 冬小麦再生水灌溉时水分与氮素利用效率的研究［J］. 农业工程学报，20（1）：65－68.
黄占斌，苗战霞，侯利伟，等，2007. 再生水灌溉时期和方式对作物生长及品质的影响［J］. 农业环境科学学报（6）：2257－2261.
姜海斌，张克强，邹洪涛，等，2021. 减氮条件下不同施肥模式对稻田氮素淋溶流失的影响［J］. 环境科学，42（11）：5405－5413.
姜瑞雪，韩冬梅，宋献方，等，2020. 再生水补给河道周边水体特征：以北京潮白河顺义段为例［J］. 资源科学，42（12）：2419－2433.
焦志华，黄占斌，李勇，等，2010. 再生水灌溉对土壤性能和土壤微生物的影响研究［J］. 农业环境科学学报，29（2）：319－323.
焦志华，2010. 再生水灌溉对植物生长及土壤微生物生态系统的影响研究［D］. 北京：中国矿业大学.
靳孟贵，罗泽娇，梁杏，等，2012. 再生水地表回灌补给地下水的水质安全保障体系［J］. 地球科学：中国地质大学学报，37（2）：238－246.
居煇，李康，姜帅，等，2011. 再生水灌溉冬小麦的铅和镉累积分布研究［J］. 农业环境科学学报，30（1）：78－83.
居煇，李康，姜帅，2010. 再生水灌溉对冬小麦生长和产量的影响［J］. 生态环境学报，19（10）：2376－2380.
李宝贵，刘源，陶甄，等，2021. 前期灌溉养殖废水和再生水对土壤吸附镉能力的影响［J］. 农业环境科学学报，40（6）：1244－1255.
李丛舟，2019. 再生水河道渗透补给下的地下水水质演化特征分析［D］. 北京：中国地质大学（北京）.
李河，史海滨，李仙岳，等，2016. 建筑回填土中再生水灌溉对草坪草生长及土壤理化性质的影响［J］. 水土保持学报，30（5）：171－176.
李洪良，黄鑫，管郑颖，等，2011. 污水灌溉对地表水污染风险的量化分析［J］. 水利科技与经济，17（8）：1－3.
李厚昌，2019. 农村分散式生活污水处理尾水的稻田高效利用技术研究［D］. 扬州：扬州大学.
李竞，马红霞，郑恩峰，2017. 再生水灌溉对园林植物叶片生理及根际土壤特性的影响［J］. 水土保持研究，24（4）：70－76.
李久生，栗岩峰，赵伟霞，2015. 喷灌与微灌水肥高效安全利用原理［M］. 北京：中国农业出版社.
李平，樊向阳，齐学斌，等，2013a. 加氯再生水交替灌溉对土壤氮素残留和马铃薯大肠菌群影响［J］. 中国农学通报，29（7）：82－87.

李平，郭魏，韩洋，等，2019. 外源施氮对再生水灌溉设施土壤氮素矿化特征的影响［J］. 灌溉排水学报，38：40－46.

李平，胡超，樊向阳，等，2013b. 减量追氮对再生水灌溉设施番茄根层土壤氮素利用的影响［J］. 植物营养与肥料学报，19（4）：972－979.

李萍，吴鹏举，钟敏，等，2017. 再生水景观回用系统中病原微生物消长的规律研究［J］. 科学技术与工程，25：350－353.

李晓娜，刘桂英，武菊英，等，2009. 再生水灌溉对禾本科牧草产量和水分利用效率的影响［J］. 灌溉排水学报，28（6）：81－83.

李晓娜，武菊英，孙文元，等，2011. 再生水灌溉对苜蓿、白三叶生长及品质的影响［J］. 草地学报，19（3）：463－467.

李欣，2017. 农村生活污水农业利用的可行性及其对作物与土壤的影响研究［D］. 杭州：浙江大学.

李欣红，史咲頔，马瑾，等，2019. 浙江省农田土壤多环芳烃污染及风险评价［J］. 农业环境科学学报，38（7）：1531－1540.

李艳，楼春华，杨胜利，等，2018. 再生水灌溉对土壤和蔬菜多环芳烃含量影响研究［J］. 北京水务，6：13－19.

李一，刘宏权，陈任强，等，2022. 再生水灌溉对作物和土壤的影响［J］. 灌溉排水学报，41（S1）：26－33，43.

李莹，高蓉，黄英，等，2017. 洱海流域水稻再生水灌溉节水减污能力浅析［J］. 中国农村水利水电，12：13－16，21.

李源，祝惠，阎百兴，等，2015. 干湿交替对黑土氮素转化及酶活性的影响研究［J］. 干旱区资源与环境，10：142－146.

李智，王怡，王文怀，2021. 不同水源补给对景观水体水质及浮游动物的影响［J］. 中国给水排水，37（5）：91－96，105.

李中阳，樊向阳，齐学斌，等，2012. 城市污水再生水灌溉对黑麦草生长及土壤磷素转化的影响［J］. 中国生态农业学报，20（8）：1072－1076.

栗岩峰，李久生，赵伟霞，等，2015. 再生水高效安全灌溉关键理论与技术研究进展［J］. 农业机械学报，46（6）：102－110.

刘洪禄，马福生，许翠平，等，2010. 再生水灌溉对冬小麦和夏玉米产量及品质的影响［J］. 农业工程学报，26（3）：82－86.

刘辉，范东芳，黄引娣，等，2019. 农村混合污水灌溉对土壤养分含量、酶活性及微生物多样性的影响［J］. 生态学杂志，38（8）：2426－2432.

刘金荣，杨有俊，郑明珠，等，2013. 再生水灌溉对冷季型草坪草生长的影响［J］. 草业科学，30（8）：1149－1155.

刘梦娟，王雪梅，季宏兵，2021. 再生水农业灌溉对重金属累积的研究进展［J］. 灌溉排水学报，40（S2）：77－80.

刘笑吟，王海明，王钥，等，2021. 节水灌溉稻田蒸发蒸腾过程及其比例变化特征研究［J］. 农业机械学报，52（7）：271－282.

刘雅文，薛利红，杨林章，等，2018. 生活污水尾水灌溉对麦秸还田水稻幼苗及土壤环境的影响［J］. 应用生态学报，29（8）：2739－2745.

刘增进，柴红敏，李宝萍，2013. 不同再生水灌溉制度对冬小麦生长发育的影响［J］. 灌溉排水学报，32（5）：71－74.

吕谋超，蔡焕杰，陈新明，2007. 污水灌溉对番茄生理特性及土壤环境的影响［J］. 灌溉排水学报，26（6）：26－29.

马丙菊，常雨晴，景文疆，等，2019. 水稻水分高效利用的机理研究进展［J］. 中国稻米，25（3）：

15-20.
马福生，刘洪禄，吴文勇，等，2008. 再生水灌溉对冬小麦根冠发育及产量的影响［J］. 农业工程学报，24（2）：57-63.
马资厚，薛利红，潘复燕，等，2016. 太湖流域稻田对3种低污染水氮的消纳利用及化肥减量效果［J］. 生态与农村环境学报，32（4）：570-576.
孟翔燕，周凌云，张忠学，等，2019. 不同灌溉模式对水稻生长、水分和辐射利用效率的影响［J］. 农业机械学报，50（11）：285-292.
莫宇，高峰，王宇，等，2022. 不同施氮条件下再生水灌溉对土壤理化性质及脲酶活性的影响［J］. 灌溉排水学报，41（1）：95-100.
潘能，侯振安，陈卫平，等，2012. 绿地再生水灌溉土壤微生物量碳及酶活性效应研究［J］. 环境科学，33（12）：4081-4087.
裴亮，颜明，陈永莲，等，2012. 再生水灌溉环境生态效应研究进展［J］. 水资源与水工程学报，23（3）：15-21.
裴亮，张体彬，梁晶，等，2013. 再生水滴灌土壤中氮素的动态变化规律［J］. 河海大学学报（自然科学版），41（1）：70-74.
祁丽荣，郭振苗，高江永，2017. 不同处理等级污水中氮素对农田土壤环境的影响［J］. 农业工程，7（1）：44-47.
仇振杰，2017. 再生水地下滴灌对土壤酶活性和大肠杆菌（*Escherichia coli*）迁移的影响［D］. 北京：中国水利水电科学研究院.
商放泽，杨培岭，任树梅，2013. 再生水灌溉对深层包气带土壤盐分离子的影响［J］. 农业机械学报，44（7）：98-106，97.
宋佳宇，单保庆，2012. 塘-湿地系统中芦苇对再生水氮磷吸收能力研究［J］. 环境科学与技术，35（10）：16-19.
孙波，王晓玥，吕新华，2017. 我国60年来土壤养分循环微生物机制的研究历程——基于文献计量学和大数据可视化分析［J］. 植物营养与肥料学报（6）：1590-1601.
王慧颖，徐明岗，马想，等，2018. 长期施肥下我国农田土壤微生物及氨氧化菌研究进展［J］. 中国土壤与肥料（2）：1-12.
王磊，周璐瑶，胡静博，等，2022. 再生水灌溉对稻田重金属分布的影响［J］. 排灌机械工程学报，40（8）：842-849.
王璐璐，田军仓，徐桂红，等，2020. 再生水滴灌对黄瓜叶绿素、光合、产量及品质的影响［J］. 灌溉排水学报，39（5）：18-25.
王美娥，陈卫平，焦文涛，2012. 再生水灌溉土壤人工合成麝香累积模型模拟［J］. 环境科学，33：4121-4126.
王巧环，陈卫平，王效科，等，2012. 城市绿化草坪再生水灌溉对地下水水质影响研究［J］. 环境科学，33（12）：4127-4132.
王燕，程东会，檀文炳，等，2020. 土壤微生物群落结构对生活源和工业源再生水灌溉的差异化响应［J］. 环境科学，41（9）：4253-5261.
王燕，2021. 不同来源再生水灌溉土壤中新型污染物与微生物群落的互作关系［D］. 西安：长安大学.
王鸯妮，2018. 典型石漠化地区农村生活污水处理及处理后污水灌溉对蔬菜品质的影响研究——以凌云县为例［D］. 南宁：广西大学.
王勇，彭致功，白玲晓，2012. 再生水灌溉下草地早熟禾耗水特征及灌溉制度研究［J］. 节水灌溉，1：39-43.
王志超，史海滨，李仙岳，等，2016. 回填土下再生水灌溉对玉米生长及土壤理化性质的影响［J］. 水土保持学报，30（1）：196-202.

吴卫熊，何令祖，邵金华，等，2016. 清水、再生水灌溉对甘蔗产量及品质影响的分析［J］. 节水灌溉（9）：74-78.

吴文勇，许翠平，刘洪禄，等，2010. 再生水灌溉对果菜类蔬菜产量及品质的影响［J］. 农业工程学报，26（1）：36-40.

夏绮文，李炳华，何江涛，等，2021. 潮白河再生水生态补给河道区浅层地下水氮转化［J］. 环境科学研究，34（3）：618-628.

辛宏杰，刘青勇，卜庆伟，等，2012. 再生水灌溉对玉米产量、品质及重金属影响的试验研究［J］. 灌溉排水学报，31（6）：98-102.

徐桂红，田军仓，王璐璐，等，2019. 再生水滴灌对番茄光合、产量及品质的影响［J］. 节水灌溉，10：83-87.

徐洪斌，吕锡武，李先宁，等，2007. 太湖流域农村生活污水污染现状调查研究［J］. 农业环境科学学报，（S2）：375-378.

徐小元，孙维红，吴文勇，等，2010. 再生水灌溉对典型土壤盐分和离子浓度的影响［J］. 农业工程学报，26（5）：34-39.

许翠平，吴文勇，刘洪禄，等，2010. 再生水灌溉对叶菜类蔬菜产量及品质影响的试验研究［J］. 灌溉排水学报，29（5）：23-26.

严爱兰，郑知金，戚毅婷，2015. 农村生活污水一级处理水灌溉对青菜生长品质影响［J］. 排灌机械工程学报，33（4）：352-355.

严兴，罗刚，陈琼贤，等，2015. 污水处理厂再生水灌溉对蔬菜中重金属污染的试验研究及风险性评价［J］. 环境工程，33（S1）：640-645.

杨建国，黄冠华，黄权中，等，2003. 污水灌溉条件下草坪草耗水规律与灌溉制度初步研究［J］. 草地学报，11（4）：329-333.

杨晓东，吕光辉，何学敏，等，2017. 艾比湖湿地自然保护区 4 种典型群落间土壤酶活性的变化［J］. 干旱区研究，34（6）：1278-1285.

叶澜涛，孙书洪，2015. 华北地区苜蓿再生水灌溉研究［J］. 节水灌溉（6）：55-57.

于法稳，侯效敏，郝信波，2018. 新时代农村人居环境整治的现状与对策［J］. 郑州大学学报（哲学社会科学版），51（3）：64-68.

俞映倞，薛利红，杨林章，2013. 太湖地区稻田不同氮肥管理模式下氨挥发特征研究［J］. 农业环境科学学报，32（8）：1682-1689.

查贵锋，黄冠华，冯绍元，等，2003. 夏玉米污水灌溉时水分与氮素利用效率的研究［J］. 农业工程学报，19（3）：63-67.

张崇邦，金则新，柯世省，2004. 天台山不同林型土壤酶活性与土壤微生物、呼吸速率以及土壤理化特性关系研究［J］. 植物营养与肥料学报，10（1）：51-56.

张翠英，汪永进，徐德兰，等，2014. 污灌对农田土壤微生物特性影响研究［J］. 生态环境学报，3：490-495.

张楠，季民，张克强，等，2006. 灌溉绿地再生水全盐量对两种草坪草生长影响的研究［J］. 农业环境科学学报，24（6）：1229-1232.

张悦，2013. 江苏省农村生活污水处理设施运行及尾水稻田利用的安全性研究［D］. 南京：南京农业大学.

张志华，陈为峰，石岳峰，等，2009. 再生水灌溉对苜蓿生长发育和品质的影响［J］. 应用生态学报，20（11）：2659-2664.

赵全勇，李冬杰，孙红星，等，2017. 再生水灌溉对土壤质量影响研究综述［J］. 节水灌溉（1）：53-58.

赵忠明，陈卫平，焦文涛，等，2012. 再生水灌溉对土壤性质及重金属垂直分布的影响［J］. 环境科学，33（12）：4094-4099.

中华人民共和国环境保护部，2017. 2016 中国环境状况公报［R］. 北京：中华人民共和国环境保护部.

钟永梅，2016. 农村生活污水治理的现状分析与对策研究［D］. 杭州：浙江大学.

周新伟，沈明星，陆长婴，等，2014. 再生水灌溉对白菜产量、品质及土壤化学性状的影响［J］. 江苏农业科学，42（1）：130－133.

周媛，李平，齐学斌，等，2016b. 不同施氮水平对再生水灌溉土壤释氮节律的影响［J］. 环境科学学报，36（4）：1369－1374.

周媛，齐学斌，李平，等，2015. 再生水灌溉对作物生长及土壤养分影响研究进展［J］. 中国农学通报，31（12）：247－251.

周媛，齐学斌，李平，等，2016a. 再生水灌溉年限对设施土壤酶活性的影响［J］. 灌溉排水学报，1：22－26.

朱琳跃，蓝家程，孙玉川，等，2020. 典型岩溶区土壤和地下水中多环芳烃的分布特征及健康风险研究［J］. 环境科学学报，40（9）：1－14.

朱伟，李中阳，高峰，2015. 再生水灌溉对不同类型土壤的小白菜水分利用效率及品质的影响［J］. 河南农业大学学报，49（2）：199－202.

ADROVER M，FARRUS E，MOYA G，et al.，2012. Chemical properties and biological activity in soils of Mallorca following twenty years of treated wastewater irrigation［J］. Journal of Environmental Management，95：S188－S192.

ADROVER M，MOYA G，VADELL J，2017. Seasonal and depth variation of soil chemical and biological properties in alfalfa crops irrigated with treated wastewater and saline groundwater［J］. Geoderma，286：54－63.

AL－LAHHAM O，EL－ASSI N M，FAYYAD M，2003. Impact of treated wastewater irrigation on quality attributes and contamination of tomato fruit［J］. Agricultural Water Management，61：51－62.

ALKHAMISI S A，AHMED M，AL－WARDY M，et al.，2017. Effect of reclaimed water irrigation on yield attributes and chemical composition of wheat（*Triticum aestivum*），cowpea（*Vigna sinensis*），and maize（*Zea mays*）in rotation［J］. Irrigation Science，35（2）：87－98.

ALMUKTAR S，SCHOLZ M，2016. Mineral and biological contamination of soil and Capsicum annuum irrigated with recycled domestic wastewater［J］. Agricultural Water Management，167：95－109.

ANASTASIS C，ANA A，JOSEP M B，et al.，2017. The potential implications of reclaimed wastewater reuse for irrigation on the agricultural environment：The knowns and unknowns of the fate of antibiotics and antibiotic resistant bacteria and resistance genes－A review［J］. Water Research，123：448－467.

ANEKWE J E，MOHAMED A A，STUART H，2017. Pharmaceuticals and personal care products（PPCPs）in the freshwater aquatic environment［J］. Emerging Contaminants，3（1）：1－16.

AYRES R M，STOTT R，LEE D L，et al.，1992. Contamination of lettuces with nematode eggs by spray irrigation with treated and untreated wastewater［J］. Water Science and Technology，26（7/8）：1615－1623.

BAKER－AUSTIN C，WRIGHT M S，STEPANAUSKAS R，et al.，2006. Co－selection of antibiotic and metal resistance［J］. Trends Microbiol，14（4）：176－182.

BASTIDA F，TORRES I F，ABADIA J，et al.，2019. Comparing the impacts of drip irrigation by freshwater and reclaimed wastewater on the soil microbial community of two citrus specie［J］. Agricultural Water Management，203：53－62.

BASTIDA F，TORRES I F，ROMERO－TRIGUEROS C，et al.，2017. Combined effects of reduced irrigation and water quality on the soil microbial community of a citrus orchard under semi－arid conditions［J］. Soil Biology and Biochemistry，104：226－237.

BECERRA－CASTRO C，LOPES A R，VAZ－MOREIRA I，et al.，2015. Wastewater reuse in irriga-

tion: A microbiological perspective on implications in soil fertility and human and environmental health [J]. Environmental International, 75 (4): 117 - 135.

BIRD J A, HERMAN D J, FIRESTONE M K, 2011. Rhizosphere priming of soil organic matter by bacterial groups in a grassland soil [J]. Soil Biology and Biochemistry, 43: 718 - 725.

BRZEZINSKA M, TIWARI S, STEPNIEWSKA Z, et al., 2006. Variation of enzyme activities, CO_2 evolution and redox potential in an Eutric Histosol irrigated with wastewater and tap water [J]. Biology and Fertility of Soils, 43 (1): 131 - 135.

CAKMAKCI T, SAHIN U, 2021. Improving silage maize productivity using recycled wastewater under different irrigation methods [J]. Agricultural Water Management, 255: 107051.

CANDELA L, FABREGAT S, JOSA A, et al., 2007. Assessment of soil and groundwater impacts by treated urban wastewater reuse. A case study: Application in a golf course (Girona, Spain) [J]. Science of the Total Environment, 374: 26 - 35.

CAO Y S, TIAN Y H, YIN B, et al., 2013. Assessment of ammonia volatilization from paddy fields under crop management practices aimed to increase grain yield and N efficiency [J]. Field Crops Research, 147: 23 - 31.

CHAGANTI V N, GANJEGUNTE G, NIU G, et al., 2020. Effects of treated urban wastewater irrigation on bioenergy sorghum and soil quality [J]. Agricultural Water Management, 228: 105894.

CHEN B W, HE R, YUAN K, et al., 2016. Polycyclic aromatic hydrocarbons (PAHs) enriching antibiotic resistance genes (ARGs) in the soils [J]. Environmental Pollution, 220: 1005 - 1013.

CHEN J, TANG C, YU J, 2006. Use of ^{18}O, ^{2}H and ^{15}N to identify nitrate contamination of groundwater in a wastewater irrigated field near the city of Shijiazhuang, China [J]. Journal of Hydrology, 326 (1 - 4): 367 - 378.

CHEN P, NIE T Z, CHEN S H, et al., 2019. Recovery efficiency and loss of ^{15}N - labelled urea in a rice - soil system under water saving irrigation in the Songnen Plain of Northeast China [J]. Agricultural Water Management, 222: 139 - 153.

CHEN W P, XU J, LU S D, et al., 2013b. Fates and transport of PPCPs in soil receiving reclaimed water irrigation [J]. Chemosphere, 93: 2621 - 2630.

CHEN WP, LU S D, PENG C, et al., 2013a. Accumulation of Cd in agricultural soil under long - term reclaimed water irrigation [J]. Environmental Pollution, 178: 294 - 299.

CHEN W P, LU S D, PAN N, et al., 2015. Impact of reclaimed water irrigation on soil health in urban green areas [J]. Chemosphere, 119: 654 - 661.

CHEN W P, WU L S, FRANKERBERGER W T, et al., 2008. Soil enzyme activities of long - term reclaimed wastewater irrigated soils [J]. Journal of Environmental Quality, 37 (5): S36 - S42.

CHEN Z J, SHI Q J, CHEN X, 2012. Impacts of irrigation with reclaimed water on endophytic bacteria in Chinese cabbage in Urumqi City [J]. Agricultural Science & Technology, 11: 2355 - 2357.

CIRELLI G L, CONSOLIA S, LICCIARDELLO F, et al., 2012. Treated municipal wastewater reuse in vegetable production [J]. Agricultural Water Management, 104: 163 - 170.

COSTANZO S D, MURBY J, BATES J, 2005. Ecosystem response to antibiotics entering the aquatic environment [J]. Mar. Pollut. Bull., 51: 218 - 223.

CUI B J, GAO F, HU C, et al., 2019. Effect of different reclaimed water irrigation methods on bacterial community diversity and pathogen abundance in the soil - pepper ecosystem [J]. Environmental Science, 40 (11): 5151 - 5163.

CUI E P, FAN X Y, HU C, et al., 2022. Reduction effect of individual N, P, K fertilization on antibiotic resistance genes in reclaimed water irrigated soil [J]. Ecotoxicology and Environmental Safety,

231: 113185.

DAVID Z, SILVIA M P, RAMON B, et al., 2019. Salt accumulation in soils and plants under reclaimed water irrigation in urban parks of Madrid (Spain) [J]. Agricultural Water Management, 213: 468-476.

DING Y, WANG W, SONG R, et al., 2017. Modeling spatial and temporal variability of the impact of climate change on rice irrigation water requirements in the middle and lower reaches of the Yangtze River, China [J]. Agricultural Water Management,, 193: 89-101.

DU B, HADDAD S P, SCOTT W C, et al., 2015. Pharmaceutical bioaccumulation by periphyton and snails in an effluent-dependent stream during an extreme drought [J]. Chemosphere, 119: 927-934.

DZ A, RB B, SM A, et al., 2019. Influence of reclaimed water irrigation in soil physical properties of urban parks: A case study in Madrid (Spain) [J]. Catena, 180: 333-340.

EPA, 2012. Guidelines for water reuse [M]. Washington, D. C.: United States Environmental Protection Agency.

EPB, 2014. Treated municipal wastewater irrigation guidelines [M]. Saskatchewan: Environmental Protection Board.

ESSANDOH H M, TIZAOUI C, MOHAMED M H, et al., 2011. Soil aquifer treatment of artificial wastewater under saturated conditions [J]. Water Research, 45: 4211-4226.

FILIP Z, KANAZAWA S, BERTHELIN J, 2000. Distribution of microorganisms, biomass ATP, and enzyme activities in organic and mineral particles of a long-term wastewater irrigated soil [J]. Journal of Plant Nutrition and Soil Science, 163 (2): 143-150.

FRANKENBERGER W T, BINGHAM F T, 1982. Influence of salinity on soil enzyme activities [J]. Soil Science Society of America Journal, 46: 1173-1177.

GAO S, XU P, ZHOU F, et al., 2016. Quantifying nitrogen leaching response to fertilizer additions in China's crop land[J]. Environmental Pollution, 211: 241-251.

GOTTSCHALL N, TOPP E, METCALFE C, et al., 2012. Pharmaceutical and personal care products in groundwater, subsurface drainage, soil, and wheat grain, following a high single application of municipal biosolids to a field [J]. Chemosphere, 87 (2): 194-203.

GREEN V S, STOTT D E, CRUZ J C, et al., 2009. Tillage impacts on soil biological activity and aggregation in a Brazilian Cerrado Oxisol [J]. Soil and Tillage Research, 92 (1-2): 114-121.

GUO W, ANDERSEN M N, QI X B, et al., 2017. Effects of reclaimed water irrigation and nitrogen fertilization on the chemical properties and microbial community of soil [J]. Journal of Integrative Agriculture, 16 (3): 679-690.

GWENZI W, MUNONDO R, 2008. Long-term impacts of pasture irrigation with treated sewage effluent on nutrient status of a sandy soil in Zimbabwe [J]. Nutrient Cycling in Agroecosystems, 82 (2): 197-207.

HASHEM M S, GUO W, QI X B, et al., 2022. Assessing the effect of irrigation with reclaimed water using different irrigation techniques on tomatoes quality parameters [J]. Sustainability, 14 (5): 1-19.

HEINZE S, CHEN Y N, EL-NAHHAL Y, et al., 2014. Small scale stratification of microbial activity parameters in Mediterranean soils under freshwater and treated wastewater irrigation [J]. Soil Biology and Biochemistry, 70: 193-204.

HU Y Q, WU W Y, XU D, et al., 2021. Occurrence, uptake, and health risk assessment of nonylphenol in soil-celery system simulating long-term reclaimed water irrigation [J]. Journal of Hazardous Materials, 406: 124773.

HUANG X R, XIONG W, LIU W, et al., 2017. Effect of reclaimed water effluent on bacterial communi-

ty structure in the Typha angustifolia L. rhizosphere soil of urbanized riverside wetland, China [J]. Journal of Environmental Sciences, 55 (5): 58 - 68.

HUANG Y, ZHANG Z, LI Z, et al., 2022. Evaluation of water use efficiency and optimal irrigation quantity of spring maize in Hetao Irrigation District using the Noah - MP Land Surface Model [J]. Agricultural Water Management, 264 (3): 107498.

HUBNER U, MIEHE U, JEKEL M, 2012. Optimized removal of dissolved organic carbon and trace organic contaminants during combined ozonation and artificial groundwater recharge [J]. Water Research, 46 (18): 6059 - 6068.

IBEKWE A M, GONZALEZ - RUBIO A, SUAREZ D L, 2018. Impact of treated wastewater for irrigation on soil microbial communities [J]. Science of the Total Environment, 622/623: 1603 - 1610.

JORGE P F, CARMEN T C, MAC L, 2011. Intra - annual variation in biochemical properties and the biochemical equilibrium of different grassland soils under contrasting management and climate [J]. Biology and Fertility of Soils, 47 (6): 633 - 645.

JUNG K, JANG T, JEONG H, et al., 2014. Assessment of growth and yield components of rice irrigated with reclaimed wastewater [J]. Agricultural Water Management, 138: 17 - 25.

JUNG K W, YOON C G, JANG J H, et al., 2005. Investigation of indicator microorganism concentrations after reclaimed water irrigation in paddy rice pots [J]. Journal of The Korean Society of Agricultural Engineers, 47 (4): 75 - 85.

KALAVROUZIOTIS I K, ROBPLAS P, KOUKOULAKIS P H, et al., 2008. Effects of municipal reclaimed wastewater on the macro - and micro - elements status of soil and of *Brassica oleracea* var. *Italica*, and *B - oleracea* var. *Gemmifera* [J]. Agricultural Water Management, 95 (4): 419 - 426.

KARACA A, CETIN S C, TURGAY O C, et al., 2010. Soil enzymes as indication of soil quality [M]. Soil Enzymology: 119 - 148.

KASS A, GAVRIELI I, YECHIELI Y, et al., 2005. The impact of fresh water and wastewater irrigation on the chemistry of shallow groundwater: A case study from the Israeli Coastal Aquifer [J]. Journal of Hydrology, 300 (1 - 4): 314 - 331.

KATZ B G, GRIFFIN D W, DAVIS J H, 2009. Groundwater quality impacts from the land application of treated municipal wastewater in a large karstic spring basin: Chemical and microbiological indicators [J]. Science of the Total Environment, 407: 2872 - 2886.

KATZ B G, GRIFFIN D W, 2008. Using chemical and microbiological indicators to track the impacts from the land application of treated municipal wastewater and other sources on groundwater quality in a karstic springs basin [J]. Environmental Geology, 55 (4): 801 - 821.

KINNEY C A, FERLONG E T, WERNER S L, et al., 2006. Presence and distribution of wastewater - derived pharmaceuticals in soil irrigated with reclaimed water [J]. Environmental Toxicology and Chemistry: An International Journal, 25: 317 - 326.

KLAY S, CHAREF A, AYED L, et al., 2010. Effect of irrigation with treated wastewater on geochemical properties (saltiness, C, N and heavy metals) of isohumic soils (Zaouit Sousse perimeter, Oriental Tunisia) [J]. Desalination, 253 (1 - 3): 180 - 187.

KONG X, JIN D C, JIN S L, et al., 2018. Responses of bacterial community to dibutyl phthalate pollution in a soil - vegetable ecosystem [J]. Journal of Hazardous Materials, 353: 142 - 150.

KWUN S K, YOON C G, CHUNG I M, 2001. Feasibility study of treated sewage irrigation on paddy rice culture [J]. Journal of Environmental Science and Health (Part A), 36 (5): 807 - 818.

LEVY G, FINE P, BAR - TAL A, 2011. Treated wastewater in agriculture: use and impacts on the soil environments and crops [M]. Hoboken, New Jersey, US: John Wiley & Sons.

LI B, CAO Y, GUAN X, et al., 2019. Microbial assessments of soil with a 40 - year history of reclaimed wastewater irrigation [J]. Science of The Total Environment, 651: 696 - 705.

LI J S, WEN J, 2016. Effects of water managements on transport of *E. coli* in soil - plant system for drip irrigation applying secondary sewage effulent [J]. Agricultural Water Management, 178: 12 - 20.

LI L T, HE J X, GAN Z W, et al., 2021c. Occurrence and fate of antibiotics and heavy metals in sewage treatment plants and risk assessment of reclaimed water in Chengdu, China [J]. Chemosphere, 272: 129730.

LI S, LI H, LIANG X, et al., 2009. Phosphorus removal of rural wastewater by the paddy - rice - wetland system in Tai Lake Basin [J]. Journal of Hazardous Materials, 171 (1): 301 - 308.

LI Y, LIU H L, ZHANG L, et al., 2021a. Phenols in soils and agricultural products irrigated with reclaimed water [J]. Environmental Pollution, 276: 116690.

LI Y Y, XIAO M H, 2021b. Evaluation of irrigation - drainage scheme under water level regulation based on TOPSIS in Southern China [J]. Polish Journal of Environmental Studies, 30 (1): 235 - 246.

LIU Z X, TIAN J C, LI W C, et al., 2021. Migration of heavy metal elements in reclaimed irrigation water - soil - plant system and potential risk to human health [J]. Asian Agricultural Research, 13 (10): 317711.

LU H F, QI X B, LI P, et al., 2022. Effects of Bacillus subtilis and Saccharomyces cerevisiae inoculation on soil bacterial community and rice yield under combined irrigation with reclaimed and fresh water [J]. International Journal of Agricultural and Biological Engineering, 3: 33 - 46.

LYU S, CHEN W, ZHANG W, et al., 2016. Wastewater reclamation and reuse in China: Opportunities and challenges [J]. Journal of Environmental Sciences, 39 (1): 86 - 96.

LYU S D, WU L S, WEN X F, et al., 2021. Effects of reclaimed wastewater irrigation on soil - crop systems in China: A review [J]. Science of The Total Environment, 813: 152531.

MAHJOUB O, MAUFFRET A, MICHEL C, et al., 2022. Use of groundwater and reclaimed water for agricultural irrigation: Farmers' practices and attitudes and related environmental and health risks [J]. Chemosphere, 295: 133945.

MCBURNETT L R, HOLT N T, ALUM A, et al., 2018. Legionella - A threat to groundwater: Pathogen transport in recharge basin [J]. Science of the Total Environment, 621: 1485 - 1490.

MCPHERSON J B, 1979. Land treatment of wastewater at Werribee: past, present and future [J]. Progress Water Technology, 11: 15 - 31.

NIKOLAOU A, MERIC S, FATTA D, 2007. Occurrence patterns of pharmaceuticals in water and wastewater environments [J]. Analytical and Bioanalytical Chemistry, 387: 1225 - 1234.

ORANGE COUNTY WATER DISTRICT, 2017. Groundwater Replenishment System [R]. 2016 Annual Report.

POLLICE A, LOPEZ A, LAERA G, et al., 1998. Tertiary filtered municipal wastewater as alternative water source in agriculture: a field investigation in Southern Italy [J]. Science, 40: 160 - 167.

POLLICE A, LOPEZ A, LAERA G, et al., 2004. Tertiary filtered municipal wastewater as alternative water source in agriculture: a field investigation in Southern Italy [J]. Science of the Total Environment, 324 (1 - 3): 201.

PRASSAD P, BASU S, BEHERA N, 1995. A comparative account of the microbiological characteristics of soils under natural forest, grassland and crop field from Eastern India [J]. Plant and Soil, 175 (1): 85 - 91.

QIAN Y, MECHAM B, 2005. Long - term effects of recycled wastewater irrigation on soil chemical prop-

erties on golf course fairways [J]. Agronomy Journal, 97 (3): 717 - 721.

QIAN Y L, LIN Y H, 2019. Comparison of soil chemical properties prior to and five to eleven years after recycled water irrigation [J]. Journal of Environmental Quality, 48 (6): 1758 - 1765.

QIU Z, LI J, ZHAO W, 2017. Effects of lateral depth and irrigation level on nitrate and *Escherichia coli* leaching in the North China Plain for subsurface drip irrigation applying sewage effluent [J]. Irrigation Science, 35 (6): 469 - 482.

QUAN Z, LI S, ZHU F, et al., 2018. Fates of ^{15}N - labeled fertilizer in a black soil - maize system and the response to straw incorporation in Northeast China [J]. Journal of Soils and Sediments, 18: 1441 - 1452.

RAMIREZ K S, CRAINE J M, FIERER N, 2012. Consistent effects of nitrogen amendments on soil microbial communities and processes across biomes [J]. Global Change Biology, 18 (6): 1918 - 1927.

RIETZ D N, HAYNES R J, 2003. Effects of irrigation - induced salinity and sodicity on soil microbial activity [J]. Soil Biology and Biochemistry, 35 (6): 845 - 854.

ROBERTS J, KUMAR A, D U J, et al., 2016. Pharmaceuticals and personal care products (PPCPs) in Australia's largest inland sewage treatment plant, and its contribution to a major Australian river during high and low flow [J]. Science of Total Environment, 541: 1625 - 1637.

ROY R P, PRASAD J, JOSHI A P, 2008. Changes in soil properties due to irrigation with paper industry wastewater [J]. Journal of Environmental Science and Engineering, 50 (4): 277 - 282.

SHANG F Z, REN S M, YANG P L, et al., 2016. Modeling the risk of the salt for polluting groundwater irrigation with recycled water and ground water using HYDRUS - 1 D [J]. Water Air & Soil Pollution, 227 (6): 189. 1 - 189. 22.

SHANG F Z, YANG P L, REN S M, et al., 2020. Effects of irrigation water and N fertilizer types on soil microbial biomass and enzymatic activities [J]. Transactions of the Chinese Society of Agricultural Engineering (Transactions of the CSAE), 36 (3): 107 - 118.

SHANNAG H K, AL - MEFLEH N K, FREIHAT N M, 2021. Reuse of wastewaters in irrigation of broad bean and their effect on plant - aphid interaction [J]. Agricultural Water Management, 257: 107156.

SHUKLA G, VARMA A, 2011. Soil enzymology [M]. New York: Springer.

TIMM A U, ROBERTI D R, STRECK N A, et al., 2014. Energy partitioning and evapotranspiration over a rice paddy in Southern Brazil [J]. Journal of Hydrometeorology, 15 (5): 1975 - 1988.

TOZE S, 2006. Reuse of effluent water - benefits and risks [J]. Agricultural Water Management, 80: 147 - 159.

TRUU M, TRUU J, HEINSOO K, 2009. Changes in soil microbial community under willow coppice: The effect of irrigation with secondary - treated municipal wastewater [J]. Ecological Engineering, 35 (6): 1011 - 1020.

TURLAPATI S A, MINOCHA R, BHIRAVARASA P S, et al., 2013. Chronic N - amended soils exhibit an altered bacterial community structure in Harvard Forest, MA, USA [J]. FEMS Microbiology Ecology, 83 (2): 478 - 493.

UDDIN M, CHEN J X, QIAO X L, et al., 2019. Bacterial community variations in paddy soils induced by application of veterinary antibiotics in plant - soil systems [J]. Ecotoxicology and Environmental Safety, 167: 44 - 53.

UGULU I, KHAN Z I, SHEIK Z, et al., 2021. Effect of wastewater irrigation as an alternative irrigation resource on heavy metal accumulation in ginger (*Zingiber officinale* Rosc.) and human health risk from consumption. [J]. Arabian Journal of Geosciences, 14 (8): 702.

VALENTINA L，2005. Water reuse for irrigation：agriculture，landscapes，and turf grass [M]. CPC PRESS.

VERGINE P，SALIBA R，SALERNO C，et al.，2015. Fate of the fecal indicator *Escherichia coli* in irrigation with partially treated wastewater [J]. Water Research，85：66-73.

WANG F H，QIAO M，LYU Z E，et al.，2014. Impact of reclaimed water irrigation on antibiotic resistance in public parks，Beijing，China [J]. Environmental Pollution，184：247-253.

WANG M E，PENG C，CHEN W P，et al.，2013. Ecological risks of polycyclic musk in soils irrigated with reclaimed municipal wastewater [J]. Ecotoxicology and Environmental Safety，97：242-247.

WANG Z，LI J S，LI Y F，2017. Using reclaimed water for agricultural and landscape irrigation in China：A review [J]. Irrigation and Drainage，66：672-686.

WU L，XU J，ZHANG Y，et al.，2010. Impact of long-term reclaimed wastewater irrigation on agricultural soils：A preliminary assessment [J]. Journal of Hazardous Materials，183：780-786.

WU W Y，MA M，HU Y Q，et al.，2021. The fate and impacts of pharmaceuticals and personal care products and microbes in agricultural soils with long term irrigation with reclaimed water [J]. Agricultural Water Management，251：106862.

WU Y，WANG H，ZHU J B，2022. Influence of reclaimed water quality on infiltration characteristics of typical subtropical zone soils：a case study in South China [J]. Sustainability，14 (8)：1-20.

XIAO M H，LI Y Y，JIA Y，et al.，2022. Mechanism of water savings and pollution reduction in paddy fields of three typical areas in Southern China [J]. International Journal of Agricultural and Biological Engineering，15 (1)：199-207.

XIAO M H，LI Y Y，LU B，et al.，2018. Response of physiological indicators to environmental factors under water level egulation of paddy fields in Southern China [J]. Water，10 (12)：1772.

XU J，WU L S，CHEN W P，et al.，2019. Pharmaceuticals and personal care products (PPCPs)，and endocrine disrupting compounds (EDCs) in runoff from a potato field irrigated with treated wastewater in Southern California [J]. Journal of Health Science，55：306-310.

YANG Z，LIU S，ZHENG D，et al.，2006. Effect of cadium，zinc and lead on soil enzyme activities [J]. Journal of Environmental Sciences，18 (6)：1135-1141.

ZHANG H P，CHEN S Y，ZHANG Q K，et al.，2020. Fungicides enhanced the abundance of antibiotic resistance genes in greenhouse soil [J]. Environmental Pollution，259：113877.

ZHOU Y，LI P，QI X B，et al.，2016. Influence of nitrogen rate on nitrogen release pattern in soil irrigated with reclaimed wastewater [J]. Acta Science Circumstance，36：1369-1374.

ZHUANG Y，ZHANG L，LI S，et al.，2019. Effects and potential of water-saving irrigation for rice production in China [J]. Agricultural Water Management，217：374-382.

ZOLTI A，GREEN SJ，BEN MORDECHAY E，et al.，2019. Root microbiome response to treated wastewater irrigation [J]. Science of the Total Environment，655：889-907.

彩　图

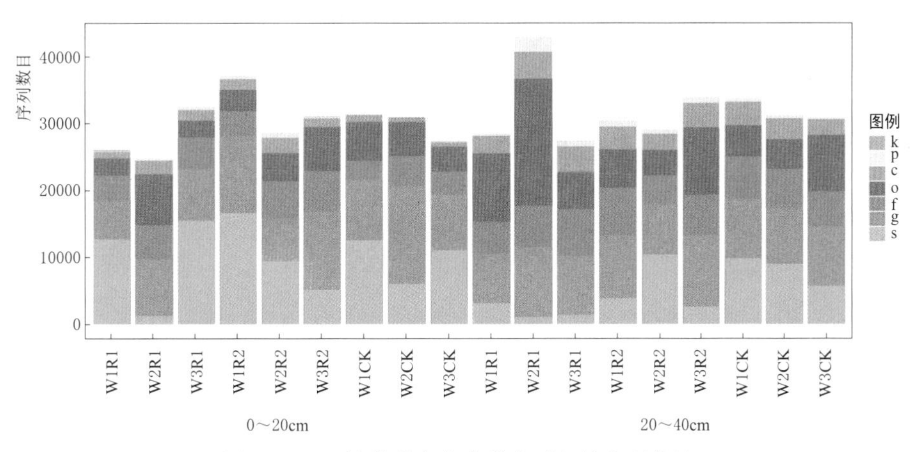

图 9-3　土壤样品在各分类水平上的序列数目

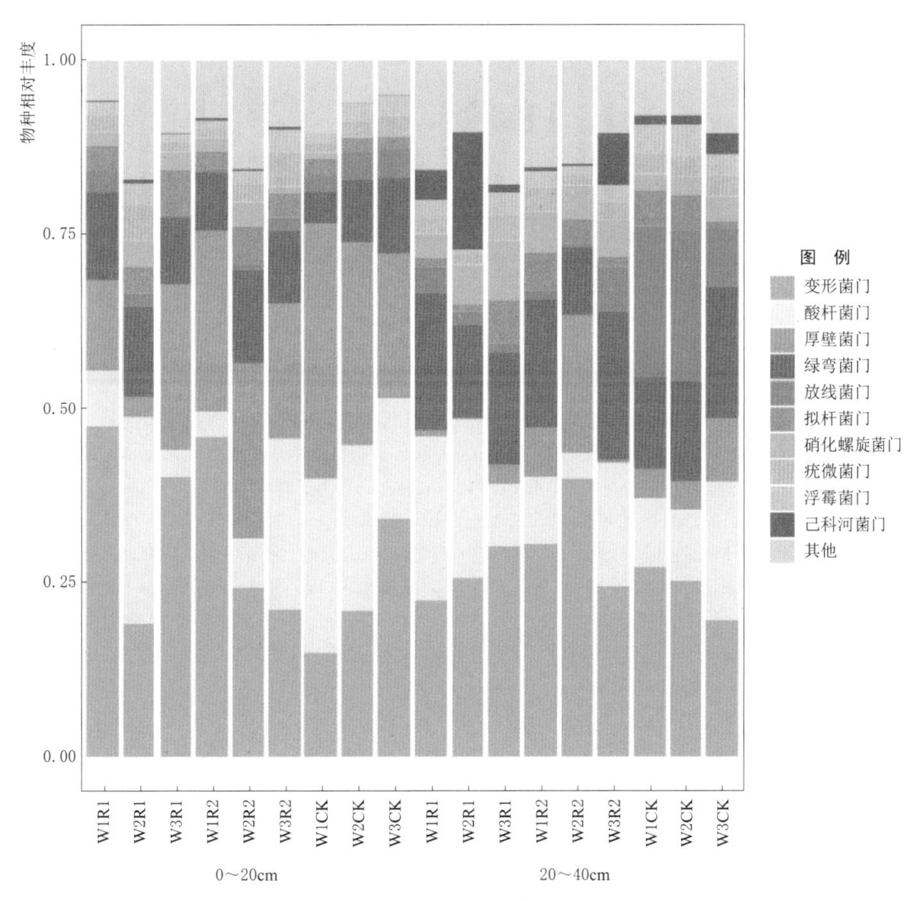

图 9-4　门水平上的物种相对丰度柱形图

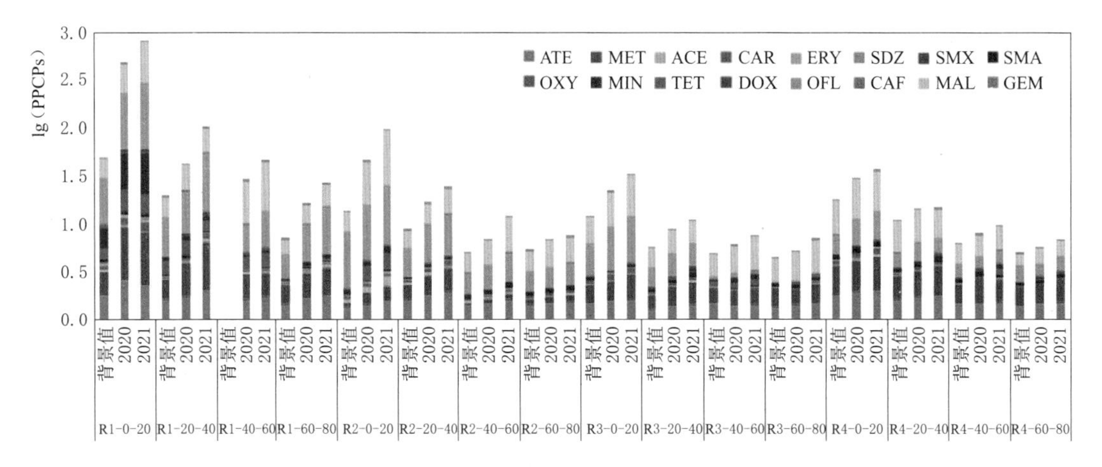

（a）不同灌溉水源

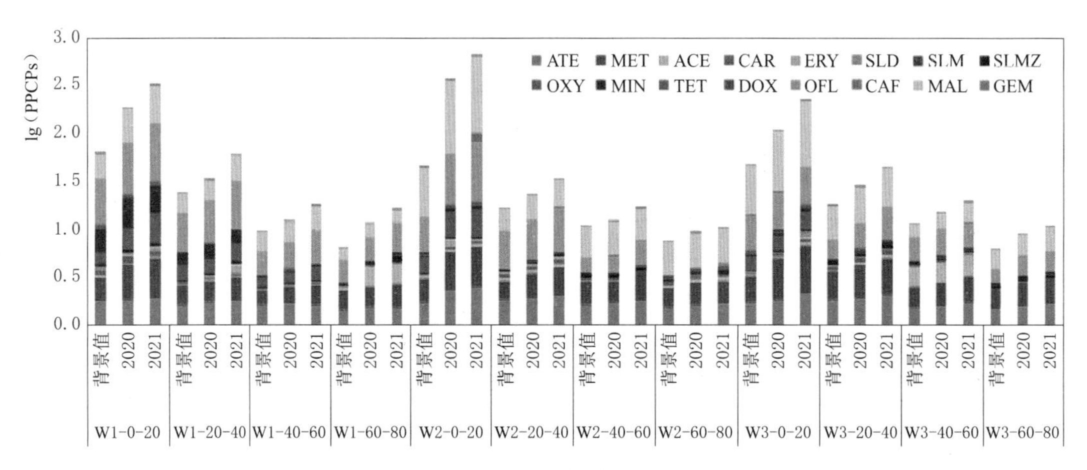

（b）不同水位调控

图 10-5　不同灌溉水源和水位调控条件下稻田 PPCPs 含量变化

说明：1. ATE（Atenolol）为阿替洛尔，MET（Metoprolol）为美特洛尔，ACE（Acetaminophen）为对乙酰氨基酚，CAR（Carbamazepine）为卡马西平，ERY（Erythromycin）为红霉素，SLD（Sulfadiazine）为磺胺嘧啶，SLM（Sulfamethoxazole）为磺胺甲噁唑，SLMZ（Sulfamethazine）磺胺二甲嘧啶，OXY（Oxytetracycline）为土霉素，MIN（Minocycline）为米诺环素，TET（Tetracycline）为四环素，DOX（Doxycycline）为多西环素，OFL（Ofloxacin）氧氟沙星，CAF（Caffeine）为咖啡因，MAL（Malathion）为马拉硫磷，GEM（Gemfibrozil）为吉非罗齐；2. R1-0～20、R1-20～40、R1-40～60、R1-60～80 分别为 R1 水源 0～20cm、20～40cm、40～60cm、60～80cm 土层；W1-0～20、W1-20～40、W1-40～60、W1-60～80 分别为 W1 水位 0～20cm、20～40cm、40～60cm、60～80cm 土层。

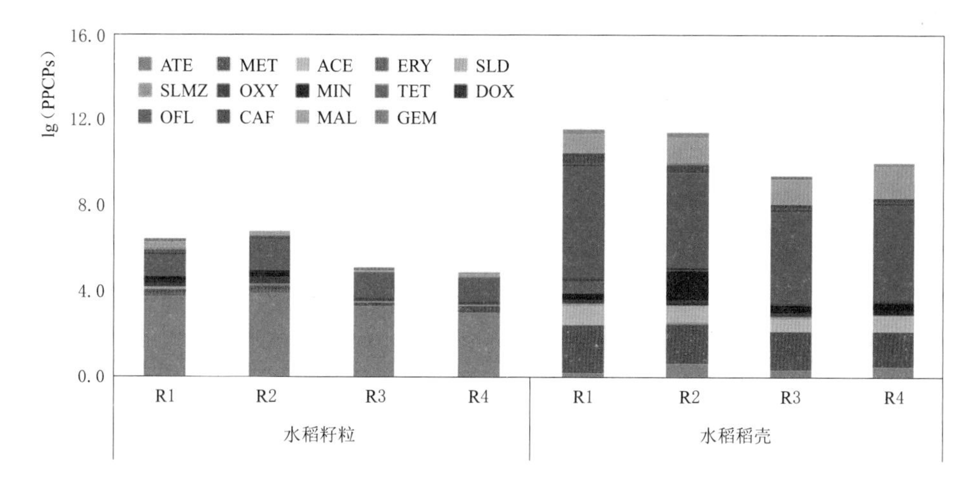

说明：1. ATE（Atenolol）为阿替洛尔，MET（Metoprolol）为美特洛尔，ACE（Acetaminophen）为对乙酰氨基酚，ERY（Erythromycin）为红霉素，SLD（Sulfadiazine）为磺胺嘧啶，SLMZ（Sulfamethazine）磺胺二甲嘧啶，OXY（Oxytetracycline）为土霉素，MIN（Minocycline）为米诺环素，TET（Tetracycline）为四环素，DOX（Doxycycline）为多西环素，OFL（Ofloxacin）氧氟沙星，CAF（Caffeine）为咖啡因，MAL（Malathion）为马拉硫磷，GEM（Gemfibrozil）为吉非罗齐。

图 10－6　不同灌溉水源下水稻稻谷 PPCPs 含量变化